PANZER

PANZER

MODELLE AUS ALLER WELT VON 1915 BIS HEUTE

Robert Jackson

Parragon

Bath New York Singapore Hong Kong Cologne Delhi Melbourne

Text: Robert Jackson

Lektorat: Sarah Uttridge

Layout: Graham Curd

Bildredaktion: Kate Green und Terry Forshaw

Parragon Books Ltd

Queen Street House

4 Queen Street

Bath BA1 1HE, UK

Übersetzung: Ralf Burau, Mönchengladbach; Scriptorium, Köln

Satz und Projektmanagement: trans texas publishing, Köln

ISBN 978-1-4075-7742-5

Printed in Spain

Bildnachweis:

Alle Bilder © Art-Tech/Aerospace, außer:

Alcaniz Freson's S.A: 18(o); 41; 49(u); 56; 59(o); 60(u); 62(u); 63(u); 64(u); 73(u); 74; 80; 83(u); 88; 89(r); 135; 165(u); 179(r); 195(u); 249. **Amber Books:** 8(u); 10(u); 19(u); 42(u); 50(u); 51; 53(u); 59(u); 65(o); 66(o); 69; 92(u); 102; 103(u); 104(o); 106(beide); 108(u); 110; 114; 119(o); 120(beide); 121(u); 123(u); 126; 138/9(u); 142(u); 144(beide); 149–50(beide); 152; 157(o); 159(o); 160(u); 172(u); 182(o); 189(o); 193(l); 198; 200(o); 210; 215(u); 217(u); 218(o); 219(o); 221(o); 228(u); 233(u); 234/5(u); 236; 242(o); 259(o); 262; 272(u); 273; 278(u); 283; 284(u).

Art-Tech/MARS: 97(u); 138(o); 196(beide); 207–208(alle); 216; 220; 222; 231(beide); 232; 239; 242(u); 243(u). **BAE Systems:** 7(o), 11; 253(beide); 292–293(beide); 314(beide). **Bovington Tank Museum:** 24–26(alle); 30(o); 31; 33–34(beide); 37; 46–47(beide); 55; 57; 70–71(beide); 82(o); 101; 111–113(alle); 133; 148; 151(o); 161; 174(o); 180(u). **Corbis:** 163 (o). **Daimler-Chrysler:** 248(beide). **De Agostini:** 226/227(u). **Christopher Foss:** 136; 197; 206; 246; 266–267(beide); 275; 279(o); 282; 285; 288; 295; 299; 301–302(beide); 304; 308–309(beide); 311. **Terry J. Gander:** 27(u); 28–29(beide); 145. **Rheinmetall Landsysteme GmbH:** 291(u); 313(beide); 315(beide). **Richard Stickland:** 13(o); 38(o); 39–40(beide); 79(u); 93; 100(o); 122(o); 131; 143; 166; 190; 252; 269; 276; 303; 307. **TRH:** 7(u); 8(o); 12; 13(u); 14; 17(u); 19(o); 20; 21(o); 23; 27(o); 30(u); 32; 35–36(beide); 42(o); 43–44(beide); 45(u); 48; 52; 54; 58; 60(o); 61(o); 62(o); 63(o); 67–68(beide); 72; 73(o); 77; 78(o); 79(o); 81(o); 83(o); 85–86(alle); 87(u); 89(l); 90; 94(beide); 98; 100(u); 105; 107; 108(ol); 108(or); 109(u); 115(o); 116–117(beide); 119(u); 121(o); 123(o); 132(u); 137(beide); 140–141(alle); 146(u); 153(u); 154(u); 156; 160(o); 164(u); 165(o); 167(o); 168–169(beide); 170(o); 172(o); 175; 176(u); 177(beide); 179(l); 181(u); 184; 186(o); 187(u); 188; 193(r); 194(o); 199; 200(u); 202–204(alle); 211(o); 212(u); 213; 215(o); 219(u); 224(u); 225; 229(o); 230; 238; 241; 247; 250; 255(u); 256–257(beide); 261; 264; 265(u); 272(o); 284(o); 297(u); 306. **US DOD/US Army:** 9(u); 254; 263(u); 297(o).

Inhalt

EINLEITUNG

Ernest Swindon war britischer Pionieroffizier. Im September 1914 erkannte er, dass die Fronten im Grabenkrieg zu erstarren drohten. Er schlug den Bau von gepanzerten Kampffahrzeugen vor, die die Grabensysteme des Feindes durchbrechen konnten. Die Franzosen hatten ähnliche Ideen, obwohl ihre ersten Konzepte lediglich gepanzerte Raupenschlepper vorsahen, die die Stacheldrahtverhaue überwinden sollten.

Oben: *Der leichte Panzer M24 Chaffee war mit einem 75-mm-Geschütz bewaffnet und wurde 1944 in Dienst gestellt. In der Nachkriegszeit diente er als Vorbild für eine neue Serie von Kampffahrzeugen.*

Links: *Ein Großteil der sowjetischen Panzerwaffe bestand in den 1950er- und 1960er-Jahren aus den Kampfpanzern T-54 und T-55. Sie sind die meistproduzierten Panzer der Geschichte.*

Der erste britische Angriff mit Panzern des Typs Mark I fand am 15. September 1916 statt und hatte nur begrenzten Erfolg. Am 20. November 1917 starteten die Briten die erste, breit angelegte Panzeroffensive der Geschichte, als 476 Panzer bei Cambrai eine 20 Kilometer breite Bresche durch die am stärksten befestigten Abschnitte der Siegfriedstellung erzwangen. Auf der anderen Seite setzten die Deutschen nie mehr als 13 Panzer ein und blieben für die Dauer des Krieges bei den Panzern zahlenmäßig unterlegen. Im Gegensatz dazu hatten die Briten im Juli 1918 eine Gesamtzahl von 1184 Panzern an der Westfront im Einsatz. Zum ersten Gefecht zwischen Panzern kam es am 24. April 1918, als drei britische Mark IV auf drei deutsche A7V trafen. Ein deutscher Panzer wurde ausgeschaltet, obgleich vorher drei leicht gepanzerte britische Panzer des Typs Whippet außer Gefecht gesetzt worden waren.

Es gab erste Versuche, die Einsätze der Panzereinheiten von Flugzeugen aus zu koordinieren und zu unterstützen. Der umfangreichste Kampfeinsatz von Panzern im Ersten Weltkrieg fand am 8. August 1918 statt. An diesem Tag überraschten 604 alliierte Panzer ein erschöpftes deutsches Armeekorps und überrannten es.

Links: *Leichte Vickers-Panzer auf dem Vormarsch durch die Wüste. Sie stellten sich während der Schlachten des Zweiten Weltkrieges als praktisch wirkungslos heraus und waren nur für Aufklärungszwecke sinnvoll.*

Aus den Erfahrungen des Ersten Weltkrieges hatten die deutschen Offiziere ihre Lehren gezogen. Obwohl die Briten in den 1920er-Jahren als Erste mit komplett motorisierten Kampfeinheiten experimentierten, setzten sie ihre Panzer lediglich zur Unterstützung der Infanterie oder zu Aufklärungszwecken ein. Die Deutschen entwarfen eine andere Strategie. Unter der Führung von General Hans von Seeckt entwickelten sie den Panzer zu einem Instrument des Bewegungskrieges und erfanden die klassische Blitzkrieg-Taktik. Hierbei stießen die Spitzen der Panzerdivisionen nach Luftangriffen beispielsweise der Junkers Ju 87 Stuka (Sturzkampfbomber) weit in feindliches Territorium vor und schufen Korridore, die von schnell nachrückenden motorisierten Infanterieverbänden ausgeweitet und gehalten werden konnten.

Diese Taktik bewährte sich beim Frankreichfeldzug und in Nordafrika, obgleich sie im Verlauf des Krieges zunehmend von der alliierten Luftüberlegenheit vereitelt wurde. Dennoch waren die deutschen Panzer immer noch in der Lage, den Alliierten hohe Verluste beizufügen. So zum Beispiel in Tunesien in der Schlacht am Kasserine-Pass, in deren Verlauf die deutsche 21. Panzerdivision 103 amerikanische Panzer zerstörte. Die Taktik funktionierte auch zu Beginn des Überfalls auf Russland – bis zum Auftauchen der T-34 und der schweren Panzer der KW-Serie. Sie waren ein Schock für die deutschen Truppen, da sie selbst panzerbrechender Munition widerstanden. Die Deutschen legten ein Rüstungsprogramm für eine schlagkräftige und äußerst stark gepanzerte Generation von Panzern auf. So entstanden der Tiger und der Panther. Der 43 Tonnen schwere Panther, der eine Höchstgeschwindigkeit von 45 km/h und eine 75-mm-Kanone aufwies, war wohl der beste Panzer, der im Zweiten Weltkrieg hergestellt wurde. Elemente seiner Konzeption fanden sich bei Nachkriegspanzern wie dem britischen Centurion wieder.

Der Centurion war in den 1950er-Jahren mit seinem stabilisierten 83,4-mm- bzw. 105-mm-Geschütz ein herausragendes Exemplar. Als die Briten ihn 1960 auszumustern begannen, waren andere Staaten an seinem Erwerb interessiert, und so wurde er noch bis in die 1990er-Jahre eingesetzt. Zusammen mit dem amerikanischen M48 richtete er im Sechs-Tage-Krieg 1967 in israelischen Diensten großen Schaden unter den ägyptischen Panzern russischer Herkunft an.

Die Entwicklung der Panzer gipfelte in zwei hervorragenden Konzeptionen, die in den Golfkriegen von 1991 und 2003 zum Einsatz kamen. Der amerikanische M1 Abrams und der britische Challenger zerstörten die Panzer sowjetischer Herkunft mit Leichtigkeit. Sie werden sicherlich an der Seite des Panthers in die Militärgeschichte eingehen als die schlagkräftigsten Panzer, die je gebaut wurden.

Unten: *Der Centurion kam zu spät, um noch in den entscheidenden Kämpfen des Zweiten Weltkrieges eingesetzt zu werden, obwohl einige noch bei kleineren Operationen zur Infanterie-Unterstützung verwendet wurden. Zu ernsthaften Kampfeinsätzen des Centurion kam es erst im Koreakrieg.*

Während des Zweiten Weltkrieges wurden Panzer immer kampfstärker, deswegen wurde die Entwicklung von Jagdpanzern zunehmend dringlich. Im Verlauf des Krieges wurde dieser Panzertyp im Arsenal jeder Streitkraft ein Bestandteil mit ständig wachsender Bedeutung. In einigen Fällen waren die Konstruktionen improvisiert, und man setzte häufig Pak-Geschütze auf jedwedes Chassis. Diese Fahrzeuge boten ihren Bedienmannschaften nur unzureichenden Schutz durch Panzerung.

Die Deutschen übernahmen die Führung bei der Entwicklung effektiver Jagdpanzer, als sie sich mit den russischen T-34 konfrontiert sahen. Manche Versuche, wie der Elefant, waren sehr schwerfällig und ihre Kampfeinsätze hatten katastrophale Ergebnisse. Aber später bauten die Deutschen einige herausragende Jagdpanzer wie den kleinen, tödlichen Hetzer und den Jagdpanzer IV, wohingegen die Amerikaner den exzellenten M18 Hellcat in die Schlacht schickten. Allerdings verschwand in den Jahren nach dem Zweiten Weltkrieg der Jagdpanzer als eigenständige Panzerkategorie weitgehend.

Heutzutage steht den Armeen eine Vielzahl von spezialisierten Panzerfahrzeugen zur Verfügung, die für jede nur erdenkliche Aufgabe entwickelt worden sind. Die Pioniereinheiten etwa besitzen eine beachtliche Palette von Minenräumsystemen. Eines davon ist ein Panzer mit Minen-Dreschflegeln, der von den Briten im Zweiten Weltkrieg für die Landung auf den Stränden der Normandie gebaut worden war. Diese Minenräumer hatten an ihrer Vorderseite eine rotierende Trommel, an der schwere, mit Gewichten versehene Eisenketten befestigt waren. Die Ketten schlagen auf dem Boden auf, bringen die Minen durch

Oben: *Der auf den ersten Blick Furcht einflößende PzKpfw VI Tiger II erwies sich als zu schwerfällig, als dass er in einer offensiven Funktion hätte eingesetzt werden können. Er konnte auch leicht von Tieffliegern mit Luft-Boden-Raketen außer Gefecht gesetzt werden, wie 1944 nach der Landung in der Normandie die Kämpfe bei Falaise bewiesen.*

Links: *Mit einem der besten Panzer heutzutage, dem M1 Abrams, wurden die Panzervorstöße in beiden Golfkriegen gegen den Irak geführt. Er wird permanent aufgerüstet, um auch weit bis ins 21. Jahrhundert schlagkräftig zu bleiben.*

Links: *Der kleine tödliche Hetzer mit seiner starken Bewaffnung und seiner niedrigen Silhouette war einer der wirkungsvollsten und am besten konzipierten Jagdpanzer des Zweiten Weltkrieges.*

Druck oder Erschütterung vorzeitig zur Explosion und räumen für nachfolgende Panzer einen ausreichend breiten Streifen des Minenfeldes. Eine andere Variante eines Minenräumpanzers hat an der Vorderseite eine Halterung mit Rollen, die genügend Druck auf den Boden ausüben, um die Minen auszulösen und unschädlich zu machen. Gleichzeitig ist diese Vorrichtung zu schwer und solide gebaut, um selbst Schaden zu nehmen.

Der Räumschild bietet eine weitere sehr effektive und kampferprobte Lösung für das Problem der Minenräumung und hat gegenüber anderen Methoden wesentliche Vorteile. Er schiebt alle Minen aus dem Weg und beseitigt damit auch etwaige Zweifel, ob auch wirklich alle unschädlich gemacht wurden. Ohne die Beweglichkeit zu beeinträchtigen, kann ein Räumschild problemlos an allen schweren Panzern angebracht werden. Ein weiterer Pluspunkt des Räumschildes ist, dass er den Panzerverbänden sofort zu Verfügung steht, wenn man ein Minenfeld entdeckt hat.

Bei der Operation Desert Storm 1991 kam das volle Repertoire an speziellen Fahrzeugen zum Einsatz, die modernen Pioniereinheiten heute zur Verfügung stehen. Diese Fahrzeuge durchbrachen die Verteidigungslinien, die die Iraker vom Persischen Golf bis zur irakischen Grenze um das besetzte Kuwait herum gezogen hatten. Bevor die Infanterie- und Panzerdivisionen ihre Ziele angriffen, hatten die Pioniere mit ihren Spezialpanzern die Aufgabe, die Gräben mit Plastikrohren zu füllen und so Übergänge zu schaffen; ebenso wurden Brückenlegepanzer eingesetzt.

Die alliierten Pioniereinheiten brachten an zahlreichen Stellen der sogenannten „Saddam-Linie“ ihr gesamtes Arsenal zum Einsatz. Die 1. US-

Unten: *Der zweifelsohne bekannteste Panzer der Alliierten war der M4 Sherman, den man hier als spezialisierten Minenräumpanzer sieht. Seine Aufgabe war es, mit seinen Ketten einen sicheren Weg durch die deutschen Minenfelder an den Stränden der Normandie zu räumen.*

Links: *Der hervorragende Challenger 2 wurde 1998 von der britischen Armee in Dienst gestellt, das letzte der 386 Exemplare im April 2001 ausgeliefert und der Export nach Oman 2001 abgeschlossen. Der Challenger 2 erlebte Kampfeinsätze in Bosnien, im Kosovo und im Irak.*

Infanteriedivision, deren Spitzname wegen der großen roten Ziffer auf ihrem Wappen „Big Red One“ ist, führte einen klassischen Angriff auf die irakischen Verteidigungsstellungen durch. Dies ermöglichte der britischen 1. Panzerdivision, die gegnerischen Stellungen schnell und ungehindert zu überwinden.

Hubschrauber setzten Aufklärungseinheiten jenseits der Sandwälle ab, um eine Abschirmung gegen irakische Gegenangriffe zu gewährleisten. Dann rissen Räumpanzer Lücken in die äußeren Sandwälle, damit Panzer ihre Positionen zur Feuerunterstützung der vorrückenden Infanterie einnehmen konnten. Während der ganzen Operation belegte Artillerie die rückwärtigen irakischen Stellungen mit Feuer. Pionierschlepper zogen durch die Breschen in den Sandwällen, die von den gepanzerten Planierraupen M9 Ace geschlagen worden waren, und zündeten Sprengleitern in den Minenfeldern, sodass Schneisen durch die Gefahrenzone entstanden. Pioniere markierten die gesicherten Bereiche. Panzergräben füllten sie mit Bündeln von Plastikrohren.

Hatten die Challenger-Kampfpanzer das Hindernis überwunden, schoben die amerikanischen Pioniere mit Bulldozern Sand über die Faschinen, damit Pisten für die Nachschubfahrzeuge der 1. Infanteriedivision entstanden. Alles in allem schlug die „Big Red One“ in einem Abschnitt von etwa drei Kilometern 16 Schneisen durch die Verteidigungslinien. Sie verlegte ihre eigenen Panzer und die Artillerie in den Norden, um die Flanke des britischen Vorstoßes zu decken. Währenddessen attackierte und vernichtete weiter nördlich die 1. US-Panzerdivision die Republikanische Garde der Iraker, deren russische Panzer keine Gegner für den amerikanischen M1 Abrams waren.

Schützenpanzer unterstützten die vorrückenden Panzerverbände und hielten mit deren Tempo mit. Sie waren für die Infanterie unverzichtbar als Truppentransporter, beispielsweise der exzellente Warrior der Briten und der amerikanische Bradley. Die Operation Desert Storm war eine Lehrstunde dafür, wie man alle Arten von Panzerfahrzeugen schulbuchmäßig effektiv einsetzt, und – aufseiten der Iraker – wie man es besser nicht tun sollte.

Dieses Buch erzählt die Geschichte des Panzers – von seinem ersten Einsatz, um den festgefahrenen Grabenkrieg des Ersten Weltkrieges aufzubrechen, bis in die heutige Zeit, wo Panzer und andere Panzerfahrzeuge im „Krieg gegen den Terrorismus“ hilfreich sind. Vieles hat sich in technologischer Hinsicht in den ersten Jahren des 21. Jahrhundert getan, und dennoch: Obwohl ständig Fortschritte bei der Entwicklung der Feuerkraft und der Feuerleitsysteme gemacht werden, gleicht die grundlegende Rolle des Panzers und der gepanzerten Kampffahrzeuge noch immer derjenigen, die die Fahrzeuge zu Beginn ihrer Entstehung spielten.

Kapitel 1

STREBEN NACH BEWEGLICHKEIT

Die ersten Panzer wurden im Ersten Weltkrieg an der Westfront eingesetzt. Sie waren nicht nur langsam, sondern auch äußerst anfällig für Artilleriebeschuss. Führend bei der Entwicklung von leichten und schnellen Panzern zur Unterstützung der Infanterie waren seit 1917 französische Ingenieure. Durch die erhöhte Geschwindigkeit und Beweglichkeit dieser neuen Panzergeneration entstand die Notwendigkeit gepanzerter Transportfahrzeuge, in denen die Infanteristen in das Gefecht gebracht werden konnten.

Oben: *Der Vickers gehörte bei seiner Einführung in den 1920er-Jahren zu den schnellsten Panzern. Er hatte auch als einer der ersten sein Geschütz in einem drehbaren Turm.*

Links: *Ein Mark-I-Panzer auf dem Weg ins Gefecht bei Thiepval im September 1916. Das Drahtgeflecht sollte vor Handgranaten schützen. Das Steuerrad am Heck des Panzers wurde schnell wieder ausrangiert.*

Da nur schwache Motoren verfügbar waren, musste man, um die Panzer schneller und beweglicher zu machen, auf eine stärkere Panzerung verzichten. Dieser Umstand wurde ihnen bei zahlreichen Gelegenheiten in kleineren Konflikten zwischen den beiden Weltkriegen zum Verhängnis: Kleine, leicht bewaffnete Panzer waren zwar beweglich, fielen aber regelmäßig der neu entwickelten Panzerabwehr-Artillerie zum Opfer.

Die Konflikte der 1930er-Jahre zeigten, dass man drei Typen gepanzerter Kampffahrzeuge benötigte: schwere Kampfpanzer, die gleich einem „Rammbock" die gegnerischen Verteidigungsstellungen aufbrechen sollten, mittelschwere Panzer zur Erweiterung der geschaffenen Bresche und leichte Panzer zur schnellen Aufklärung oder Gefechtsführung.

Daneben ließen Versuche in der Zeit zwischen den Weltkriegen viele Verwendungsmöglichkeiten erkennen – vom Brückenlegen bis zur Flussdurchquerung unter Wasser.

Streben nach Beweglichkeit

1915 Großbritannien

LITTLE WILLIE LANDSHIP

Little Willie war zwar ein primitives Modell, aber dennoch das erste funktionierende gepanzerte Kampffahrzeug der Welt. Es wurde auf Initiative der britischen Admiralität, insbesondere Winston Churchills, entwickelt.

Unten: *Zu Geheimhaltungszwecken gab man dem ersten Panzerfahrzeug die Tarnbezeichnung „Tank". Dieser Name wurde fester Bestandteil der englischen Sprache.*

Erstaunlicherweise war es ausgerechnet die britische Admiralität, die im Ersten Weltkrieg den Anstoß zur Entwicklung gepanzerter Kampffahrzeuge gab. Winston Churchill, damals Erster Lord der Admiralität, richtete ein Komitee ein, das eine Machbarkeitsstudie für ein Kampffahrzeug erstellen sollte. Das ursprünglich zum Transport von Truppen vorgesehene Fahrzeug sollte tiefe und breite Gräben überqueren sowie Maschinengewehrfeuer widerstehen können.

Ein Prototyp

Die nächsten Schritte unternahm Colonel Ernest Swinton, offizieller Kriegsberichterstatter beim Generalstab des britischen Expeditionskorps in Frankreich. Er erörterte die Idee für ein Kettenfahrzeug auf der Grundlage von Vorkriegsschleppern mit einem Freund, Maurice Hankey, Sekretär des Nationalen Verteidigungsrates in London. Das Ergebnis war ein 18 Tonnen schwerer Prototyp für ein gepanzertes Kettenfahrzeug, das einen drehbaren Geschützturm erhalten sollte und „Little Willie" genannt wurde. Es wurde von Fosters of Lincoln hergestellt und seit Anfang 1916 getestet. Schließlich wurde das Modell ausrangiert, weil es nicht die erforderliche Fähigkeit zur Grabenüberquerung hatte. Dennoch wurden Antrieb, Fahrwerk und Kettenmechanik von späteren Kampffahrzeugen übernommen. Seine Form erinnerte an einen (Wasser-) Tank und wurde als Bezeichnung in den Sprachgebrauch übernommen.

Technische Daten

Bewaffnung: (geplant) ein 40-mm-Geschütz; ein 7,7-mm-Maxim-MG und eine variable Anzahl von 7,7-mm-Lewis-MG

Panzerung: 6 mm

Besatzung: 4

Maße: Länge 5,45 m; Breite 2,80 m; Höhe 3,05 m

Gewicht: 18 289 kg

Antrieb: ein Daimler-6-Zylinder mit 78,29 kW (105 PS) bei 1000 U/min

Höchstgeschwindigkeit: 3,2 km/h

Reichweite: unbekannt

Streben nach Beweglichkeit

1916 Frankreich

CHAR D'ASSAULT ST. CHAMOND

Der turmlose Char d'Assault St. Chamond war der Vorläufer aller Selbstfahrlafetten und wurde vor allem im Ersten Weltkrieg eingesetzt.

Technische Daten

Bewaffnung: eine 75-mm-Feldkanone 1897; vier 8-mm-Hotchkiss-MG
Panzerung: maximal 17 mm
Besatzung: 9
Maße: Länge 8,83 m; Breite 2,67 m; Höhe 2,36 m
Gewicht: 23 000 kg
Antrieb: ein Panhard-4-Zylinder-Benzinmotor mit 67,1 kW (90 PS) und Elektroantrieb
Höchstgeschwindigkeit: 12 km/h (Straße)
Reichweite: 60 km (Straße)

Eigentlich gehörte dieser Panzer in die Kategorie der Sturmgeschütze. Er basierte auf dem Chassis sowie dem Kettenantrieb eines Raupenschleppers der Firma Holt und wies gravierende Mängel bei der Geländegängigkeit auf. Wegen der Länge der Wanne, die das Schwenken des Geschützes einengte, war sein taktischer Nutzen sehr begrenzt. Trotzdem wurde er von April 1917 bis zum Ende des Krieges mit einigem Erfolg eingesetzt und gilt als Vorläufer der Selbstfahrlafetten. Das Fahrzeug wurde von Oberst Rimailho entworfen und von dem Unternehmen Homécourt in St. Chamond hergestellt. Einer der Nachteile dieses Modells war, dass der Benzinmotor erst noch den Elektromotor der Ketten antrieb – was zu einer erheblichen Gewichtzunahme führte. Ein anderes Problem ergab sich aus der Länge der Wanne, die vorne und hinten weit über die Kette hinausragte, sodass der Panzer in unebenem Terrain oft stecken blieb.

Oben: *Die Länge und Sperrigkeit der Wanne im Vergleich zur Kürze des Kettenantriebs machten den Char d'Assault St. Chamond in vielen Situationen unbeweglich und schwer zu handhaben.*

Nachschubtransporter

Nach und nach wurde der St. Chamond durch effektivere Kampffahrzeugen ersetzt; einige wurden jedoch zu Nachschubtransporter umgerüstet und bis Kriegsende eingesetzt.

Streben nach Beweglichkeit

1916 Frankreich

SCHNEIDER CHAR D'ASSAULT

Auch der Schneider Char d'Assault hatte viele Konstruktionsfehler und erlitt hauptsächlich durch Artilleriebeschuss hohe Verluste.

Oben: *Ein Schneider-Panzer auf dem Weg zur Front bei L'Eglantiers sur l'Oise.*

Rechts: *Die Entwickler des Schneider Char d'Assault machten den Fehler, eine große, sperrige Wanne auf einen viel zu kurzen Kettenantrieb zu setzen. Dadurch wurde er beim Queren von Hindernissen instabil.*

Den Anstoß zum Schneider Char d'Assault gab J. E. Estienne, der hierfür den Kettenantrieb der Holt-Schlepper eingehend untersuchte. Der Vertrag zur Entwicklung des Konzepts ging an das Unternehmen Schneider, das bereits gepanzerte Schlepper für die französische Armee hergestellt hatte. Im Januar 1915 reiste Chefentwickler Eugene Brillié, der schon an der Entwicklung spanischer Panzerwagen beteiligt gewesen war, selbst in die USA, um die Holt-Schlepper zu untersuchen. Er kam mit einem Entwurf für einen Tracteur Blindé et Armé (gepanzerter und bewaffneter Schlepper) zurück, der auf dem Chassis des Baby Holt basierte. Die Konstruktion war ein einfacher, gepanzerter Kasten auf einem Schlepperchassis mit einem 75-mm-Geschütz auf der rechten Seite und kugelförmigen Blenden für zwei Maschinengewehre. Im Einsatz litt der Schneider Char d'Assault unter den gleichen Fehlern wie der St. Chamond – auch seine Wanne ragte zu weit über das kurze Fahrwerk hinaus.

Fatale Schwächen

Die Fehler des Schneider Char d'Assault offenbarten sich dramatisch im April 1917 in der Schlacht am Chemin des Dames. Von 132 eingesetzten Panzern wurden nicht weniger als 76 zumeist durch Artilleriefeuer zerstört.

Technische Daten

Bewaffnung: ein 57-mm-Geschütz; zwei 8-mm-Hotchkiss-MG

Panzerung: 11 mm

Besatzung: 7

Maße: Länge 6,32 m; Breite 2,05 m; Höhe 2,30 m

Gewicht: 12 500 kg

Antrieb: ein Schneider-4-Zylinder-Benzinmotor mit 41 kW (55 PS)

Höchstgeschwindigkeit: 8 km/h

Reichweite: 80 km (Straße)

Streben nach Beweglichkeit

1916 Großbritannien

MARK I

Oben: *Der Drahtverschlag auf diesem Mark I sollte vor Handgranaten schützen.*

Es waren britische Panzer, die den festgefahrenen Stellungskrieg überwanden. Eines der ersten dieser Fahrzeuge war der Mark I – laut, stickig und anfällig für Pannen.

Technische Daten

Bewaffnung: zwei 57-mm-Geschütze; ein 7,7-mm-Hotchkiss-MG
Panzerung: 6–12 mm
Besatzung: 8
Maße: Länge 9,70 m; Breite 4,12 m; Höhe 2,41 m
Gewicht: 28 450 kg
Antrieb: ein Daimler-6-Zylinder-Benzinmotor mit 111,8 kW (150 PS) bei 1000 U/min
Höchstgeschwindigkeit: 6 km/h
Reichweite: 37 km

Der Panzer Mark I von 1916, zuerst unter dem Namen Centipede (Tausendfüßler), dann als Big Willie und schließlich als Mother bekannt, entsprang dem Bedarf nach einem Kettenfahrzeug, das mehr als 3,50 m breite Gräben überwinden konnte. Die Ketten liefen um die ganze rhombenförmige Wanne, und an den Seiten hatte er Ausbuchtungen als Gehäuse für das 57-mm-Geschütz oder das Maschinengewehr. Der erste Test fand am 16. Januar 1916 statt. Nach nur dreiwöchiger Erprobung erging die Bestellung über 100 Exemplare des Panzers, nun unter dem Namen Mark I, und das Training der ersten Besatzungen begann.

Oben: *Anfänglich wurde der Mark I mit einem Steuerrad am Heck gelenkt. Es hatte aber nur eine unzureichende Wirkung. Eine effektive Steuerung gelang erst, als man die Ketten mit Bremsen ausstattete.*

Ausblick auf die Zukunft

Am 15. September 1916 wurden zum ersten Mal 32 Mark I eingesetzt. Einige Tage später unterstützte ein einzelner Tank einen Infanterievorstoß, wobei es in Zusammenarbeit mit einem tief fliegenden Flugzeug gelang, die gegnerische Stellung einzunehmen. Dieses enge Zusammenwirken von Heer und Luftwaffe war ein Hinweis auf zukünftige Taktiken.

Streben nach Beweglichkeit

1917 Frankreich

RENAULT FT-17

Als bester Panzer seiner Zeit blieb der Renault FT-17 auch viele Jahre nach dem Ersten Weltkrieg im Dienst. In einigen Ländern war er noch 1939 im Einsatz.

Technische Daten

Bewaffnung: ein 37-mm-Geschütz; ein oder zwei MG

Panzerung: 12 mm

Besatzung: 2

Maße: Länge (mit Heckstütze) 5,00 m; Breite 1,71 m; Höhe 2,13 m

Gewicht: 6590 kg

Antrieb: ein wassergekühlter Renault-4-Zylinder-Benzinmotor mit 26 kW (35 PS)

Höchstgeschwindigkeit: 8 km/h

Reichweite: 35 km

Der leichte Panzer Renault FT-17 wurde 1917 entwickelt und hatte großen Einfluss auf die zukünftige Konzeption von Panzern. Er wies einen oben auf der Wanne montierten, drehbaren Turm und einen Heckmotor auf. Da die französische Armeeführung schwerere Panzer bevorzugte, wäre der FT-17 beinahe nicht produziert worden. Aber General Jean-Baptiste Eugène Estienne überzeugte Entscheidungsträger des Kriegsministeriums davon, dass der leichte FT-17 eine wertvolle Unterstützung der Infanterie wäre. Die ersten FT-17 wurden im März 1917 ausgeliefert und griffen seit Mai 1918 in die Kampfhandlungen ein. Im Juli desselben Jahres verfügte Frankreich über eine ausreichende Stückzahl, sodass 480 bei Soissons einen erfolgreichen Gegenangriff durchführen konnten. Seit dem Sommer 1918 wurden die FT-17 auch vom US-Expeditionskorps eingesetzt. Dieses Modell und seine Varianten, zum Beispiel Befehlsfahrzeuge, fanden auch noch Jahre nach dem Ersten Weltkrieg Verwendung. Da die Produktionskapazitäten von Renault nicht ausreichten, wurde der Panzer auch von einigen anderen Firmen gefertigt.

Oben: *Der Renault FT-17 war das erfolgreichste unter den frühen gepanzerten Kampffahrzeugen, obschon er schwierig in der Wartung war. Die Produktionszahlen gingen in die Tausende.*

Unten: *Dieser FT-17 hat anstatt des üblichen genieteten einen gegossenen Turm. Der FT-17 wurde zuerst im Mai 1918 im Kampf eingesetzt und bald in großen Stückzahlen hergestellt.*

Streben nach Beweglichkeit

1917 Deutschland

A7V STURMPANZERWAGEN

Der A7V Sturmpanzerwagen war Deutschlands erster funktionstüchtiger Panzer. Er wurde im März 1918 erfolgreich bei der Michael-Offensive eingesetzt und nahm am ersten Gefecht zwischen Panzern teil.

Oben: *Der A7V war mit sechs Maschinengewehren ausgerüstet und musste daher eine große Besatzung aufnehmen. Dementsprechend eingeschränkt, eng und unbequem war sein Innenraum.*

Technische Daten

Bewaffnung: ein 57-mm-Geschütz; sechs 7,92-mm-MG

Panzerung: maximal 30 mm

Besatzung: 18–22

Maße: Länge 8,00 m; Breite 3,05 m; Höhe 3,30 m

Gewicht: 30 480 kg

Antrieb: zwei Daimler-Benz-4-Zylinder-Benzinmotoren, jeder mit 74,5 kW (100 PS)

Höchstgeschwindigkeit: 12 km/h (Straße)

Reichweite: 40 km (Straße)

Im Ersten Weltkrieg hatte die Entwicklung von Panzerfahrzeugen für die Deutschen eine wesentlich geringere Priorität als für die Briten und Franzosen, da sie sich an der Westfront auf den Stellungskrieg konzentrierten und nur begrenzte Einsatzmöglichkeiten für die neue Waffe sahen. Erst im November 1916 begann die Abteilung 7 Verkehrswesen A7V (daher die identische Bezeichnung des Fahrzeuges) des preußischen Kriegsministeriums mit der Entwicklung eines Panzers. Bis Januar 1917 hatte man einen Entwurf auf der Basis eines Holt-Fahrwerks erstellt. Nach kurzer Erprobung erging eine Bestellung über 100 Stück des 30 Tonnen schweren Panzers – den A7V Sturmpanzerwagen.

Oben: *Der A7V war der erste funktionstüchtige deutsche Panzer, der mit Erfolg im März 1918 bei der Michael-Offensive eingesetzt wurde. Er nahm auch an dem ersten Panzergefecht der Geschichte teil.*

Die Michael-Offensive

Es gelang lediglich, 20 A7V herzustellen. Zur Verstärkung ihrer Panzerwaffe verwendeten die Deutschen daher erbeutete britische und französische Panzerfahrzeuge. Trotzdem spielten vier A7Vs und fünf erbeutete Mark IV eine entscheidende Rolle bei der Michael-Offensive am 21. März 1918. Sie griffen nach fünfstündigem Artilleriefeuer an und schlugen bei St. Quentin eine acht Kilometer breite Bresche in die britische Front.

Streben nach Beweglichkeit

1917 Großbritannien

1917 MARK IV TANK

Im November 1917 nahm der britische Mark IV am ersten Masseneinsatz von Panzern bei Cambrai teil. Erste Erfolge konnten jedoch nicht ausgeweitet werden, da Erfahrung und taktische Grundsätze noch fehlten.

Der nur mit einem 83-kW- (125-PS-) Motor ausgestattete Mark IV war hoffnungslos untermotorisiert und erreichte nur in flachem und ebenem Gelände nennenswerten Schwung. Zudem war er im Einsatz schwierig zu steuern. Die achtköpfige Besatzung musste sich in einen heißen, lauten und beengten Innenraum zwängen, in dem eine Verständigung meist unmöglich war. Die verstärkte Panzerung schützte ihn zwar vor Geschossen der Infanterie, aber durch seine Größe und Schwerfälligkeit war er gegenüber der Artillerie leicht verwundbar, zumal er bei einem Treffer schnell ausbrannte.

Ungefedertes Fahrwerk

Das ungefederte Fahrwerk des Mark IV machte es schwierig, während der Fahrt ein Ziel anzuvisieren. Dennoch verbreitete der Panzer Angst und Schrecken unter den

Oben: *Obgleich schwer und unbeweglich, war der Mark IV ein ernst zu nehmender Gegner und stiftete Angst und Schrecken in den deutschen Reihen. Für die achtköpfige Besatzung war er wegen der Enge und der fehlenden Federung mehr als ungemütlich.*

Technische Daten

Bewaffnung: ein 57-mm-Geschütz; vier 7,7-mm-MG bei der „weiblichen" Version
Panzerung: 12 mm
Besatzung: 8
Maße: Länge 8,05 m; Breite 3,91 m; Höhe 2,49 m
Gewicht: 28 450 kg
Antrieb: ein Daimler-Benzinmotor mit 83 kW (125 PS)
Höchstgeschwindigkeit: 6 km/h
Reichweite: 56 km

Oben: *Der schwer bewaffnete Mark IV war zwar durch seine starke Panzerung vor panzerbrechenden Geschossen der Infanterie geschützt, für Artilleriebeschuss allerdings sehr anfällig.*

Unten: *Wegen seiner Umlaufkette war der Mark IV besser in der Lage, schwierige Hindernisse zu überwinden, als damalige französische oder deutsche Panzer. Hier zeigt er seine Grabenüberschreitfähigkeit.*

deutschen Truppen, die entsetzt waren von seinem scheinbar unaufhaltsamen Vordringen über Gräben und Hindernisse hinweg, die bis dahin als unüberwindlich gegolten hatten.

Angriff bei Cambrai

Am 20. November 1917 schlugen 476 britische Panzer in einem massierten Angriff eine 19 km breite und 4 km tiefe Bresche in den stärksten Abschnitt der Siegfriedstellung bei Cambrai. Es war das erste Mal, dass gepanzerte Kampffahrzeuge eine bedeutende Rolle im Gefecht spielten; doch mit 179 verlorenen Panzern war der Preis hoch. Trotzdem hätte dies den entscheidenden Durchbruch bedeuten können, wenn die britische Infanterie nicht ihren Vormarsch bei jedem einzelnen gegnerischen Bollwerk unterbrochen hätte, anstatt mit den Panzern weiter schnell in die Tiefe vorzustoßen. So kam der Angriff zum Stillstand und gab den Deutschen die Gelegenheit, die Lücke in ihrer Frontlinie abzuriegeln.

Panzergefechte

Bei Villers-Bretonneux fand am 24. April 1918 das erste Gefecht zwischen gegnerischen Panzerverbänden, britischen Mark IV und deutschen A7V, statt. Fünfzehn deutsche Panzer stießen in drei Gruppen gegen ihre Angriffsziele vor, den Wald von Aquenne und die Dörfer Villers-Bretonneux und Cachy. Die drei Führungspanzer griffen die britische Infanterie vor Villers-Bretonneux an und wurden von drei Mark IV abgefangen, von denen einer mit einem 57-mm-Geschütz und die anderen nur mit Maschinengewehren bewaffnet waren. In einem langwierigen Gefecht setzte der Mark IV mit dem 57-mm-Geschütz einen A7V außer Gefecht und traf die zwei anderen – allerdings ohne erkennbare Wirkung. Der Feuerwechsel spielte sich über eine Distanz von ca. 370 m ab.

Streben nach Beweglichkeit

1917 **Großbritannien**

MARK A (WHIPPET)

Im Gegensatz zu vorhergehenden britischen Konzepten war dieser mittelschwere Panzer mit einem drehbaren Gefechtsturm ausgestattet. Ihm kam während der deutschen Michael-Offensive 1918 eine herausragende Rolle bei dem kämpfenden Rückzug der britischen Armee zu.

Oben: *Ein bemerkenswertes Detail des Whippet war seine Rinne, durch die die Kette von Matsch gereinigt wurde. Ein weiteres Erkennungsmerkmal war die komplexe Form des Turms.*

Rechts: *Der Whippet hatte in einigen Ausführungen große weiße und rote Erkennungsstreifen, um zu verhindern, dass er von den eigenen Truppen unter Beschuss genommen wird. Er sollte die von schweren Panzern geschaffenen Durchbrüche ausnutzen und erweitern.*

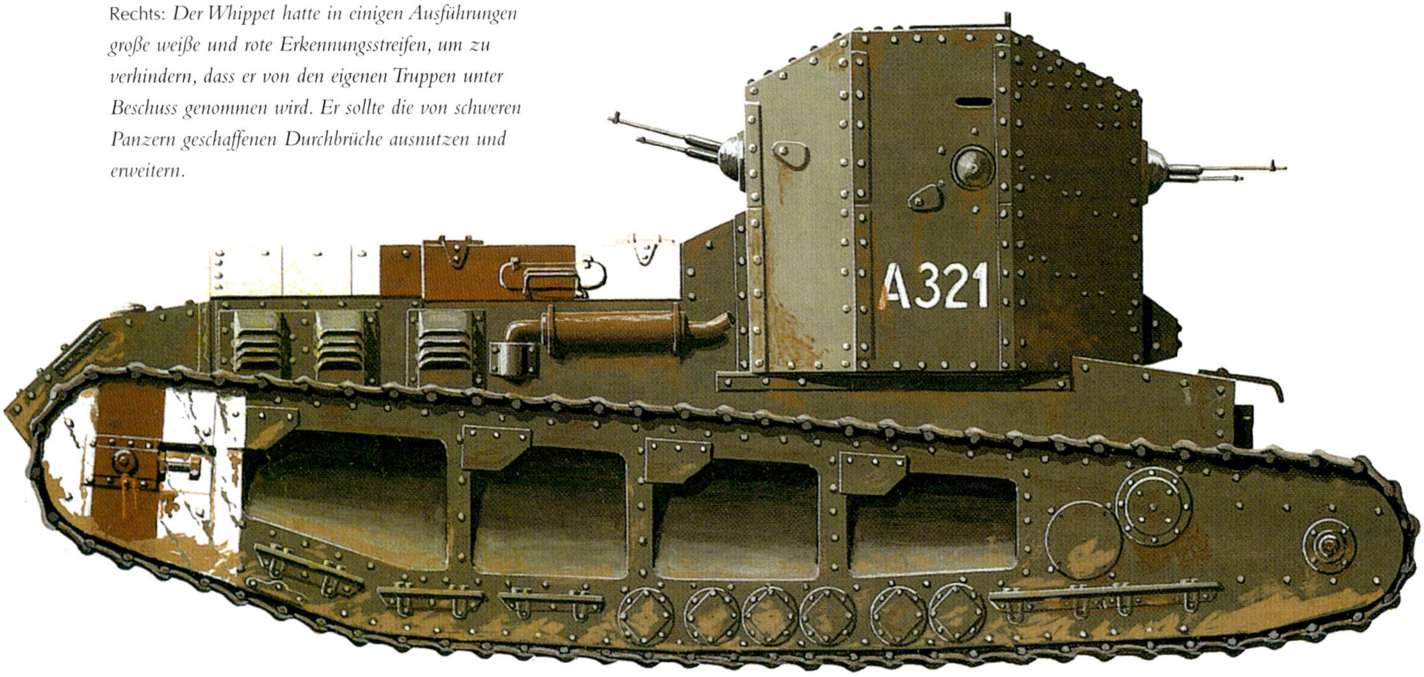

Der mittelschwere britische Panzer Whippet wurde entwickelt, um mit seiner Schnelligkeit die taktischen Vorteile auszunutzen, die sich nach dem Durchstoßen der feindlichen Linien mit schweren Panzern ergaben. Er war kaum schwächer gepanzert als der Mark IV, konnte aber schnell in großen Stückzahlen gebaut werden. Der erste Prototyp wurde im Februar 1917 getestet; bereits im März wurden 200 Exemplare bestellt. Die ersten Whippets waren im Dezember einsatzbereit. Sieben von ihnen nahmen im April 1918 an dem zweiten Gefecht zwischen Panzern bei Villers-Bretonneux und Cachy teil. Das geschah wenige Minuten, bevor die britischen Mark IV in den Kampf eingriffen. Bei diesem Gefecht wurden ein Whippet von einem deutschen A7V zerstört und ein weiterer beschädigt, aber die übrigen kampffähigen Whippets überraschten zwei deutsche Infanterie-Bataillone auf offenem Feld und forderten 400 Opfer unter ihnen. Schon vorher hatte der Whippet während der deutschen Frühlingsoffensive 1918 wertvolle Dienste bei der Deckung des Rückzuges der britischen Divisionen geleistet. Er fand auch in einigen Nachkriegseinsätzen der britischen Armee Verwendung.

Technische Daten

Bewaffnung: vier 7,7-mm-Hotchkiss-MG

Panzerung: 5–14 mm

Besatzung: 3

Maße: Länge 6,09 m; Breite 2,61 m; Höhe 2,74 m

Gewicht: 14 225 kg

Antrieb: ein Doppel-Taylor-JB4-Benzinmotor mit 37,85 kW (50 PS)

Höchstgeschwindigkeit: 13 km/h

Reichweite: 64 km

Streben nach Beweglichkeit

1918 Frankreich

FCM CHAR 2C

Unten: *Die schiere Masse des Char 2C, die den Soldaten wie einen Zwerg erscheinen lässt, wird auf diesem 1940 aufgenommenen Bild deutlich. Der Hauptteil der Bestellung wurde nach dem Waffenstillstand 1918 zurückgezogen.*

Der Char 2C war einer der schwersten Panzer, die jemals gebaut wurden. Er wurde in großer Stückzahl bestellt, aber nach dem Waffenstillstand 1918 nur in wenigen Exemplaren hergestellt.

Technische Daten

Bewaffnung: ein 75-mm-Geschütz; vier 8-mm-Hotchkiss-MG
Panzerung: maximal 45 mm
Besatzung: 12
Maße: Länge 10,27 m; Breite 2,95 m; Höhe 4,00 m
Gewicht: 69 000 kg
Antrieb: zwei Daimler oder Maybach-6-Zylinder-Benzinmotoren mit insgesamt 387,7 kW (520 PS)
Höchstgeschwindigkeit: 12 km/h
Reichweite: 100 km

Um die Entwicklung dieses überschweren französischen Panzers rankten sich verschiedene politische Intrigen, die zum Teil von General Estienne ausgingen. Er erkannte, dass der Char 2C beträchtliche finanzielle Mittel beanspruchen würde, die seinem Lieblingsprojekt, dem FT-17, fehlen würden. Auf der anderen Seite hatte General Mouret, der im französischen Kriegsministerium für die Entwicklung der motorisierten Einheiten verantwortlich war, von der Firma FCM vermutlich Bestechungsgelder für das Projekt angenommen. So bestand er auf der Fertigung von drei Prototypen, die 30, 40 bzw. 65 Tonnen wiegen sollten. Keiner dieser Prototypen konnte vor Ende des Ersten Weltkrieges fertiggestellt werden. Aber der Oberbefehlshaber der französischen Armee, Marschall Philippe Pétain, forderte 300 Stück der schwersten Variante für März 1919. Der Hauptteil dieser Bestellung wurde nach dem Waffenstillstand Ende 1918 jedoch zurückgezogen: Lediglich ein 69-Tonnen-Prototyp und zehn Serienmuster wurden 1921 an die französische Armee ausgeliefert. Bei Ausbruch des Zweiten Weltkrieges waren sie immer noch in Dienst, und ein von der deutschen Wehrmacht erobertes Exemplar wurde zu Ausstellungszwecken nach Berlin gebracht.

Streben nach Beweglichkeit
1918 Großbritannien

MARK IX TANK

Die Briten waren 1917 führend bei der Entwicklung von Schützenpanzern. Sie sollten der Infanterie Beweglichkeit und Schutz geben.

Unten: *Der Mark IX konnte 30 Infanteristen oder 10 Tonnen Nachschub transportieren.*

Der britische Mark IX war der erste Schützenpanzer der Welt. Er wurde von Leutnant G. R. Rackham entworfen. Die ursprünglichen Anforderungen an die Wanne waren sehr komplex. So sollte diese mit Ausbuchtungen für seitliche Geschütze versehen werden können, falls ein anderes Panzerprojekt, der Mark VIII, sich nicht bewähren würde. Die Firma Armstrong, Whitworth & Co. aus Newcastle upon Tyne bekam den Zuschlag für die Produktion, und die Herstellung von zwei Prototypen begann im September 1917. Bis November 1918 konnten nur drei Mark IX fertiggestellt werden. Insgesamt verließen 34 Stück das Werk.

Gepanzerter Krankenwagen

Der Mark IX sollte 30 voll ausgerüsteten Soldaten Raum bieten und konnte als Nachschubfahrzeug 10 160 kg Ladung transportieren. Die Wanne hatte acht Gewehrblenden. Der Mark IX blieb auch nach dem Krieg im Dienst, mindestens ein Exemplar wurde zu einem gepanzerten Sanitätsfahrzeug umgebaut. Der einzige noch existierende Mark IX steht im britischen Panzermuseum Bovington.

Technische Daten

Bewaffnung: ein 7,7-mm-Hotchkiss-MG

Panzerung: 12 mm

Besatzung: 4 plus 30 Infanteristen oder 10 160 kg Ladung

Maße: Länge 9,78 m; Breite 4,11 m; Höhe 2,64 m

Gewicht: 26 950 kg

Antrieb: ein Ricardo-6-Zylinder-Benzinmotor mit 111,8 kW (150 PS)

Höchstgeschwindigkeit: 6 km/h

Reichweite: 32 km

Streben nach Beweglichkeit

1918 Großbritannien

MARK C (HORNET)

Unten: *Der mittelschwere Panzer Mark C war ein bewegliches Kampffahrzeug, aber bei Kriegsende wurden alle Pläne aufgegeben, ihn in großen Stückzahlen zu produzieren.*

Wie zahlreichen gepanzerten Kampffahrzeugen war dem mittelschweren Panzer Mark C nur eine kurze Karriere vergönnt. Er wurde zwar im großen Umfang geordert, aber bei Kriegsende umgehend storniert.

Technische Daten

Bewaffnung: vier 7,7-mm-Hotchkiss-MG

Panzerung: 6–14 mm

Besatzung: 4

Maße: Länge 7,90 m; Breite 2,71 m; Höhe 2,94 m

Gewicht: 20 320 kg

Antrieb: ein Ricardo-6-Zylinder-Benzinmotor mit 111,8 kW (150 PS)

Höchstgeschwindigkeit: 13 km/h

Reichweite: 120 km

Der britische Panzer Mark C, auch als Hornet bekannt, kam zu spät, um noch ins Kampfgeschehen des Ersten Weltkrieges eingreifen zu können. Er war Ergebnis einer Rivalität zwischen zwei früheren Kollegen: Sir William Tritton von William Foster & Co. und Major Walter Gordon Wilson. Tritton hatte 1917 hinter Wilsons Rücken den Mark A Whippet entworfen, und so konstruierte Wilson ein Konkurrenzmodell, den Mark B. Tritton antwortete darauf, indem er seinen Chefentwickler William Rigby anwies, ein noch besseres Fahrzeug zu entwerfen, den Mark C. Anfänglich wurde eine Bestellung über 200 Exemplare erteilt, die später auf 600 Stück erhöht und bei Kriegsende storniert wurde. Zu diesem Zeitpunkt befanden sich 36 halbfertige Fahrzeuge auf dem Fließband, die fertiggestellt und mit 14 weiteren Panzern, die man aus schon produzierten Teilen zusammenbauen konnte, an das 2nd Tank Battalion ausgeliefert wurden. Bei Auseinandersetzungen in Übersee nach dem Ersten Weltkrieg kam der Mark C nicht zum Einsatz, da er als zu wertvoll angesehen wurde.

Streben nach Beweglichkeit

1918 USA

HOLT GAS-ELECTRIC TANK

Der Holt Gas-Electric Tank war der erste Panzer, der in den USA entwickelt wurde. Allerdings war die Konstruktion zu kompliziert und durch das hohe Gewicht in der Leistungsfähigkeit eingeschränkt.

Unten: *Der Holt Gas-Electric Tank basierte auf den Raupenschleppern der Holt Manufacturing Company. Es wurde lediglich ein einziger Prototyp hergestellt.*

Der Holt Gas-Electric Tank, der erste in den USA entwickelte Panzer, war ein Gemeinschaftsprojekt der Holt Manufacturing Company (die spätere Caterpillar Inc.) und der General Electric Company. Ein Prototyp wurde 1918 fertiggestellt und zeigte die umfangreichen Erfahrungen, die Holt bei der Produktion von Raupenschleppern gesammelt hatte – das Fahrwerk war überarbeitet worden und trug zehn Rollen an jeder Seite. Der 4-Zylinder-Motor war mit einem GEC Generator ausgestattet, der einen Elektromotor pro Kette antrieb. Ein Konzept, das auch bei dem französischen Char D'Assault St. Chamond angewendet worden war. Um eine Überhitzung des Getriebes zu verhindern, musste ein kompliziertes Wasserkühlungssystem eingebaut werden. Als Bewaffnung war ein 75-mm-Geschütz vorgesehen, das in der Front der Wanne eingelassen war. Außerdem hatte dieser Panzer an den Seiten Ausbuchtungen für jeweils ein Maschinengewehr.

Lediglich ein einziger Holt Gas-Electric Tank wurde gebaut. Erprobungen zeigten, dass seine Leistungen insbesondere auf aufgeweichtem Boden gänzlich unbefriedigend waren, und das Konzept wurde aufgegeben.

Technische Daten

Bewaffnung (geplant): eine 75-mm-Haubitze; zwei 7,62-mm-MG

Panzerung: 15 mm

Besatzung: 6

Maße: Länge 5,03 m; Breite 3,12 m; Höhe 2,38 m

Gewicht: 25 400 kg

Antrieb: ein Holt-4-Zylinder-Benzinmotor mit 67 kW (90 PS) als Generator für die zwei Elektroantriebe der Ketten

Höchstgeschwindigkeit: 10 km/h

Reichweite: unbekannt

Streben nach Beweglichkeit
1918 USA

MARK VIII INTERNATIONAL TANK

Unten: *Der Mark VIII wurde kurz nach dem Ersten Weltkrieg an die US-Armee ausgeliefert.*

Der 1917 entworfene Mark VIII International Tank war eine frühe internationale Rüstungskooperation Großbritanniens und der USA.

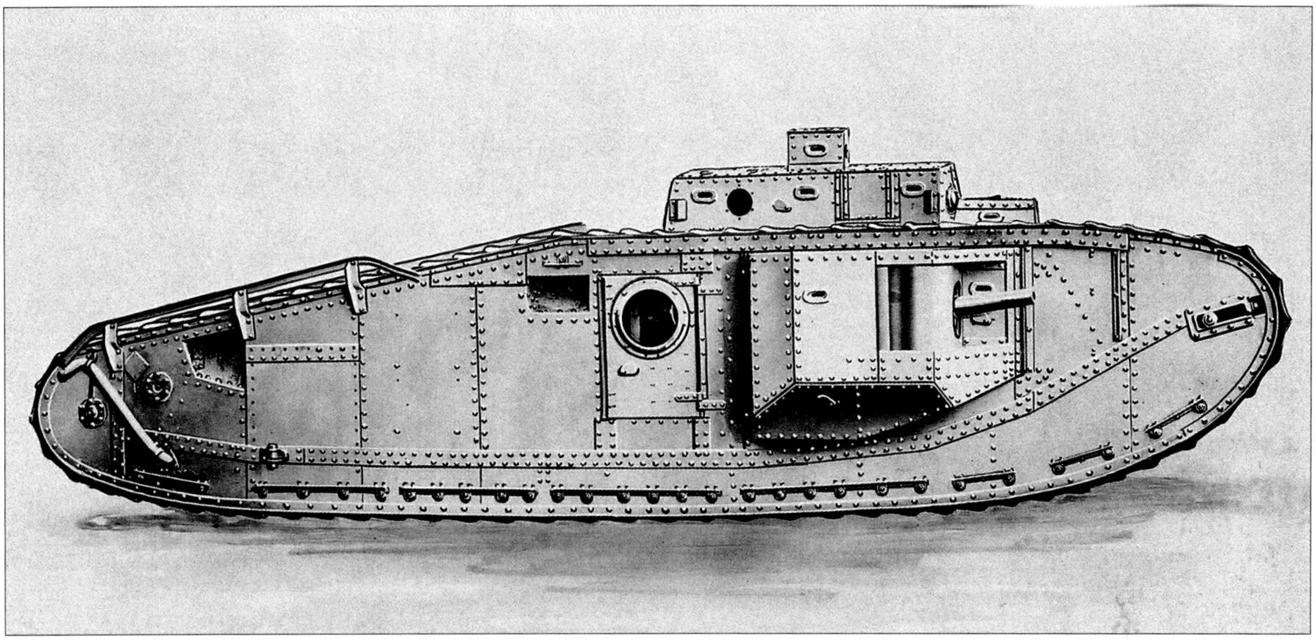

Technische Daten

Bewaffnung: zwei 57-mm-Geschütze; sieben 7,62-mm-Browning-MG
Panzerung: 16 mm
Besatzung: 11
Maße: Länge 10,40 m; Breite 3,81 m; Höhe 3,12 m
Gewicht: 37 592 kg
Antrieb: ein Ricardo-12-Zylinder-Benzinmotor mit 223,9 kW (300 PS)
Höchstgeschwindigkeit: 10 km/h
Reichweite: 80 km

Der angloamerikanische Mark VIII war das erste gepanzerte Kampffahrzeug, das in internationaler Kooperation produziert wurde. Im Juni 1917, zwei Monate nachdem die USA Deutschland den Krieg erklärt hatten, wandten sich die Amerikaner an die Briten, um Panzer für ihr Marine Corps zu erwerben. Der zu dieser Zeit modernste britische Panzer war der Mark VI. Die Amerikaner glaubten, von ihm eine leistungsstärkere Version bauen zu können. Kurz danach nahmen sie das Projekt in Angriff und verständigten sich mit den Briten auf das ehrgeizige Unternehmen, bis Ende 1918 1500 Mark VIII herzustellen, wobei die Einzelteile aus beiden Ländern kommen sollten. Die Erprobung der Prototypen endete erst nach Ende des Krieges und die USA entschieden, 100 Mark VIII zu fertigen. Diese wurden in den Jahren 1919 und 1920 produziert und an das 67th Infantry (Tank) Regiment ausgeliefert. Die Briten bestellten ursprünglich insgesamt 1500 Exemplare von verschiedenen Firmen, aber nur ein Prototyp und 24 weitere wurden aus bereits produzierten Bauteilen fertiggestellt.

Oben: *Die Entwicklung von den früheren, rautenförmigen Panzerfahrzeugen hin zu den Formen moderner Panzer ist hier gut erkennbar.*

Streben nach Beweglichkeit
1918 USA

SIX-TON MODEL 1917

In der ersten Zeit nach dem Ersten Weltkrieg verlegten sich viele Länder darauf, die französischen und britischen Panzerkonzeptionen zu kopieren. Mit Eigenentwicklungen jedoch ließ man sich Zeit.

Das sechs Tonnen wiegende Kampffahrzeug war eine amerikanische Kopie des Renault FT-17. Ungefähr 950 Stück wurden in den USA in Lizenz gebaut, zusätzlich zu den etwa 500 Einheiten, die aus Frankreich geliefert wurden. Der FT-17 blieb für einige Zeit das Rückgrat der US-Panzerverbände. Von den in den Staaten produzierten Fahrzeugen dienten 374 zur Infanterieunterstützung und 50 Stück als Funkbefehlswagen. Im Zweiten Weltkrieg wurden einige Fahrzeuge Kanada und Großbritannien zu Ausbildungszwecken überlassen. Die Amerikaner stationierten sie auch auf den Philippinen und Hawaii. Sie kamen in fast allen Krisengebieten der 1920er- und 1930er-Jahre zum Einsatz und spielten im polnisch-russischen Krieg 1920, im spanischen und im chinesischen Bürgerkrieg eine Schlüsselrolle. Die französische Armee hatte 1940 immer noch acht Bataillone mit jeweils 63 FT-17 und drei unabhängige Kompanien von je zehn Panzern. Viele von ihnen wurden von den Deutschen beschlagnahmt und zur Verteidigung von Flugfeldern und für Sicherungsaufgaben in den besetzten Gebieten eingesetzt.

Technische Daten

Bewaffnung: ein 37-mm-Geschütz oder ein 7,62-mm-Colt-MG
Panzerung: 17 mm
Besatzung: 2
Maße: Länge 5,00 m, mit Heckanbauten (M1917A1) 5,28 m; Breite 1,90 m; Höhe 2,30 m
Gewicht: 6580 kg
Antrieb: ein modifizierter Buda-HU-4-Zylinder-Benzinmotor mit 31,34 kW (42 PS)
Höchstgeschwindigkeit: 9 km/h; (M1917A1: 16 km/h)
Reichweite: 48 km (Straße)

Unten: *Die US-Armee war einer von vielen ausländischen Käufern des Renault FT-17. Er war anfänglich das Rückgrat der amerikanischen Panzerverbände.*

Streben nach Beweglichkeit

⚒ **1923 Italien**

FIAT 3000

Der zuverlässige und leicht herzustellende FIAT 3000 war ein weiterer Sprössling des bemerkenswerten kleinen französischen FT-17, der in den 1920er-Jahren der am weitesten verbreitete leichte Panzer war.

Technische Daten

Bewaffnung: ein 37-mm-Geschütz und ein 6-mm-MG oder zwei 6,5-mm-MG

Panzerung: 16 mm

Besatzung: 2

Maße: Länge 3,58 m; Breite 1,66 m; Höhe 2,20 m

Gewicht: 5500 kg

Antrieb: ein FIAT-4-Zylinder-Benzinmotor mit 48,5 kW (65 PS) bei 1700 U/min

Höchstgeschwindigkeit: 24 km/h (Straße)

Reichweite: 95 km

Der FIAT 3000 war die italienische Version des Renault FT-17. Am 1. Oktober 1927 erhielten fünf Bataillone 180 dieser Kampffahrzeuge und bildeten das erste italienische Panzerregiment. Der FIAT 3000 hatte eine relativ kurze Karriere in der italienischen Armee, weil er bereits in den frühen 1930er-Jahren durch eine neue Generation von Panzern der Firma Ansaldo aus Genua ersetzt wurde. Einer der ersten dieser neuen Panzer war der Carro Veloce (schneller Panzer) CV 33, der auf einem britischen Entwurf basierte. Trotzdem fand der Fiat 3000 noch viele Jahre als Ausbildungspanzer Verwendung. 1935 erwies er sich während des Abessinienkrieges als effektiv bei der Bekämpfung leicht bewaffneter Infanterie.

Oben: *Schlecht eingeparkt. Die Verwandschaft des Fiat 3000 mit dem FT-17 ist trotz des Kopfstandes dieses Fahrzeuges zu erkennen.*

Es ist unbekannt, ob der FIAT 3000 im Zweiten Weltkrieg zum Einsatz kam, obwohl er wahrscheinlich 1941 an der Verteidigung der ostafrikanischen Kolonien teilnahm, die für die italienischen Truppen mit einer Niederlage endete. Bekannt ist, dass er 1936 bei dem italienischen Expeditionskorps in Spanien eingesetzt war.

Streben nach Beweglichkeit

1923 Großbritannnien

VICKERS MARK I UND MARK II

Als die britische Armee die mittelschweren Panzer von Vickers in Dienst stellte, gehörten sie zu den schnellsten ihrer Klasse. Ihre Bewaffnung war gut, aber die Panzerung ungenügend.

Unten: *Der Vickers Mark I wird als erster „Schnellpanzer" angesehen. Der Hauptgrund für seine Geschwindigkeit war die Federung des Fahrwerks.*

Diese als mittelschwer klassifizierten Panzer waren in den 1920er-Jahren ein weiterer Versuch beim Streben nach höherer Beweglichkeit. Die Konzeption des Kampfraumes und die Konstruktionsgrundsätze waren zeitgenössischen Konkurrenten weit voraus, genauso wie die Zuverlässigkeit und die Reichweite von 240 Kilometern. Die beiden Panzertypen waren darüber hinaus aufgrund des gefederten Fahrwerks sehr schnell, auch wenn die Ketten eine entsprechend kürzere Lebensdauer hatten. Ihre 47-mm-Hochgeschwindigkeitsgeschütze waren speziell zur Bekämpfung anderer Panzer entwickelt worden. Der größte Nachteil der Vickers-Panzer war die ungenügende, nur 8 mm dicke Panzerung der Frontpartie. Die Entwickler waren angewiesen worden, einen Turm mit maximaler Effizienz zu konstruieren. Der Kommandant war dabei neben dem Richtschützen untergebracht, um eine schnelle Zielaufnahme und Feuerfolge zu ermöglichen. Die gewählte Drei-Mann-Anordnung wurde zum Standard für die meisten nachfolgenden Turmkonzeptionen.

Technische Daten

Bewaffnung: ein 47-mm-Geschütz; vier 7,7-mm-MG

Panzerung: 6,25–8 mm

Besatzung: 5

Maße: Länge 5,33 m; Breite 2,78 m; Höhe 2,68 m

Gewicht: 13 411 kg

Antrieb: ein Armstrong-Siddeley-V-8-Benzinmotor mit 67 kW (90 PS)

Höchstgeschwindigkeit: 21 km/h

Reichweite: 240 km

Links: *Die Vickers Mark I und II gehörten zu den ersten Panzern, deren Hauptbewaffnung in einem Drehturm untergebracht war.*

Streben nach Beweglichkeit

1928 Sowjetunion

MS (T-18)

Nachdem sie lange auf ausländische Panzer angewiesen war, entwickelte die Sowjetunion ein eigenes Konzept in Form des T-18 – des ersten in einer Reihe von Panzern, die in dem herausragenden T-34 gipfelte.

Technische Daten

Bewaffnung: ein 37-mm-Modell-1916-Geschütz; zwei 7,62-mm-Hotchkiss-MG

Panzerung: 6–22 mm

Besatzung: 2

Maße: Länge 3,50 m; Breite 1,76 m; Höhe 2,12 m

Gewicht: 5410 kg

Antrieb: ein FIAT-6-Zylinder-Benzinmotor mit 29,8 kW (40 PS) bei 1500 U/min

Höchstgeschwindigkeit: 16 km/h

Reichweite: 60 km

Dieser Panzer war der erste funktionierende sowjetische Eigenbau. Er litt zwar unter vielen Schwächen, wie zum Beispiel einer Untermotorisierung und zu schwacher Bewaffnung, dennoch sammelte die Rote Armee mit diesem Modell erste wichtige Erfahrungen in der Entwicklung und Produktion von Panzern. Der Prototyp wurde 1928 gebaut, im folgenden Jahr in Dienst gestellt und bis 1931 produziert. Die Konzeption des T-18 orientierte sich an den Spezifikationen für einen leichten Infanteriepanzer, die 1924 von einem neu gegründeten Panzerausschuss ausgegeben worden waren. Der erste Prototyp bekam die Bezeichnung T-16, die nach einigen Verbesserungen des Motors und der Wannenform in T-18 geändert wurde. Die Bezeichnung MS des Herstellers stand für Malije Soprovosdinija, was übersetzt „kleiner Begleiter" bedeutet. Der Panzer wurde vom Leningrader Bolschewik-Betrieb gefertigt. Nachdem er 1932 vom Fronteinsatz abgezogen wurde, fand der MS (T-18) in Ausbildungseinheiten weitere Verwendung. Eine Besonderheit war, dass im Turm das 37-mm-Geschütz und das Maschinengewehr im 45-Grad-Winkel zueinander angebracht waren.

Unten: *Der T-18 war der Vorläufer einer langen Reihe von sowjetischen Panzern, die zu der Technologie der im Zweiten Weltkrieg eingesetzten Panzer führte.*

Streben nach Beweglichkeit

1928 Großbritannien

VICKERS SIX-TON TANK

Der leichte Six-Ton Tank von Vickers war Vorbild für viele Panzer, die in den 1920er-Jahren überall auf der Welt entwickelt wurden. In einigen Fällen wurde er bis ins kleinste Detail kopiert.

Der Vickers Six-Ton Tank war eine private Initiative der Vickers-Werke und wurde, obwohl ihn die britische Armee nicht übernahm, an viele ausländische Streitkräfte verkauft. Die Sowjets nannten ihren detailgetreuen Nachbau T-26. Zwischen den beiden Weltkriegen war der Vickers Six-Ton nach dem Renault FT-17 die am weitesten verbreitete Panzerkonstruktion der Welt.

Mark E

1928 wurde der erste Prototyp unter der Bezeichnung Mark E gebaut und später in zwei Versionen produziert: Der Typ A besaß zwei Türme mit Vickers-Maschinengewehren, der Typ B hatte einen einzelnen Zwei-Mann-Geschützturm mit einem kurzläufigen 47-mm-Hauptgeschütz und direkt daneben einem Maschinengewehr. Diese sogenannte Duplex-Anordnung erwies sich als sehr effektiv und praktisch, weil die Waffen gleichzeitig abgefeuert werden konnten.

Die britische Armee erprobte den Mark E, beurteilte ihn jedoch als unzureichend. Nach der Ablehnung suchte Vickers im Ausland einen Absatzmarkt für das Modell und verkaufte trotz der zahlreichen Nachbauten den Panzer nach Bolivien, Bulgarien, China, Griechenland, Finnland, Portugal und Thailand.

Oben: *Obwohl der leichte Panzer Vickers Six-Ton nicht von der britischen Armee übernommen wurde, erwies er sich sofort als ein Exporterfolg.*

Technische Daten

Bewaffnung: ein 47-mm-Geschütz; zwei 7,7-mm-MG

Panzerung: 10–25 mm

Besatzung: 3

Maße: Länge 4,80 m; Breite 2,39 m; Höhe 2,33 m

Gewicht: 10 460 kg

Antrieb: ein Armstrong-Siddeley-Puma-Benzinmotor mit 60–70 kW (80–98 PS)

Höchstgeschwindigkeit: 28 km/h

Reichweite: 200 km

Streben nach Beweglichkeit

1929 Großbritannien

CARDEN-LOYD TANKETTE MARK VI

Die Carden-Loyd Tankette, eine Kreuzung zwischen leichtem Panzer und gepanzertem Munitionsschlepper, war ein riesiger Erfolg auf dem Exportmarkt, da sie günstig im Einkauf und leicht nachzubauen war.

Oben: *Die Carden-Loyd Tankette versagte bei Tests der britischen Armee, aber letztlich wurden doch 270 Stück als Artilleriezugmaschinen angeschafft.*

Technische Daten

Bewaffnung: ein 7,7-mm-Vickers-MG

Panzerung: 5–9 mm

Besatzung: 2

Maße: Länge 2,46 m; Breite 1,75 m; Höhe 1,22 m

Gewicht: 1525 kg

Antrieb: Ford-Modell-T-Benzinmotor mit 29,8 kW (40 PS) bei 2500 U/min

Höchstgeschwindigkeit: 40 km/h

Reichweite: 145 km

Obgleich sie häufig als leichte Panzer klassifiziert wurden, waren die Panzerfahrzeuge von Carden-Loyd eigentlich als Träger von Maschinengewehren gedacht. Das erste Modell, Mark IV, war ein privates Projekt von Generalmajor Le Q. Martel und wurde ab 1927 von Vickers in Serie produziert. Die Exportbemühungen waren erfolgreich: Kanada, Chile, die Tschechoslowakei, Frankreich, Indien, Italien, Japan, Polen und die Sowjetunion, die sie als Vorlage für ihren T-27 nutzte, erwarben Mark VI. 270 Exemplare dieses Modells und seiner Vorgänger wurden auch von der britischen Armee eingesetzt. Die Aufgabe der Tankette war die schnelle Heranführung von Truppen, die mit Maschinengewehren bewaffnet waren. Die Maschinengewehre sollten trotz einer Halterung auf der Haube nicht vom Fahrzeug aus eingesetzt werden, sondern mit den Infanteristen abgesetzt werden. Die Tankette wurde darüber hinaus auch als Zugfahrzeug für leichte Feldhaubitzen genutzt.

Streben nach Beweglichkeit

1931 Frankreich

RENAULT CHAR D1

Der kleine, 14 Tonnen schwere D1 war 1935 der modernste Panzer der französischen Armee. Er war mit einem 47-mm-Geschütz und zwei Maschinengewehren bestückt, aber insgesamt zu teuer und zu schwer.

Frankreichs Bemühungen um leichte und kostengünstige Panzer zur Infanterieunterstützung, die ihren Ursprung in dem enormen Erfolg des FT-17 hatten, setzten sich mit der Entwicklung des Renault Char D1 fort, von dem zwischen 1932 und 1935 160 Exemplare gebaut wurden. Ursprünglich war er mit einem FT-17-Turm ausgestattet, aber spätere Modelle bekamen den Turm ST-1, der mit dem 47-mm-Geschütz SA-34 bestückt war. Der Char D1 wurde in selbstständigen Bataillonen eingesetzt. Er war 1935 der modernste Panzer, der der französischen Armee zur Verfügung stand, aber er war zu kostspielig in der Anschaffung und erwies sich für seine Aufgaben als zu schwer. Dementsprechend wurde er bald durch den Hotchkiss ersetzt.

D2

Ein Nachfolgemodell mit stärkerer Panzerung, der D2, wurde 1937 in Dienst gestellt. Aber nur ein einziges Bataillon wurde mit ihm ausgestattet. Einige D1 und D2 wurden von den Deutschen erbeutet und zu Ausbildungszwecken genutzt oder an verbündete Streitkräfte abgegeben.

Unten: *Der Char D1 war im Vergleich zu anderen Panzern der 1930er-Jahre eine moderne Konzeption, wurde aber vom Hotchkiss ersetzt.*

Technische Daten

Bewaffnung: ein 47-mm-SA-34-Geschütz; zwei 7,5-mm-mle-1931-MG

Panzerung: maximal 40 mm

Besatzung: 3

Maße: Länge 4,81 m; Breite 2,10 m; Höhe 2,40 m

Gewicht: 14 000 kg

Antrieb: ein Renault-4-Zylinder-Benzinmotor mit 55,2 kW (74 PS)

Höchstgeschwindigkeit: 18 km/h (Straße)

Reichweite: 90 km (Straße)

Streben nach Beweglichkeit
1931 Frankreich

RENAULT UE CHENILLETTE

Der kleine Renault UE Chenillette war ein sehr vielseitiges Fahrzeug und fand weltweit Verwendung zur Wahrung der französischen Kolonialinteressen. Viele wurden später von der deutschen Wehrmacht genutzt.

Technische Daten

Bewaffnung: keine
Panzerung: maximal 9 mm
Besatzung: 2
Maße: Länge 2,94 m; Breite 1,75 m; Höhe 1,24 m
Gewicht: 3300 kg
Antrieb: ein Renault-4-Zylinder-Benzinmotor mit 28,3 kW (38 PS)
Höchstgeschwindigkeit: 30 km/h (Straße)
Reichweite: 100 km (Straße)

Der in den frühen 1930er-Jahren produzierte Renault UE, ein kleines gepanzertes Kettenfahrzeug mit zwei Mann Besatzung, war bei Ausbruch des Zweiten Weltkrieges weit verbreitet. Viele wurden von der Wehrmacht erbeutet und an allen Fronten eingesetzt. Die Deutschen führten ihn unter der Bezeichnung Infanterieschlepper UE 630 (f). Er war ein hervorragendes Zugfahrzeug und außerdem in der Lage, in einem Terrain Nachschub zu transportieren, das für Fahrzeuge auf Rädern unüberwindlich war. In der Wehrmacht wurde der UE zur Infanterieunterstützung mit ein bis zwei MG34 ausgestattet. Er wurde von den Franzosen in großem Stil in Indochina eingesetzt und stellte in den späten 1930er-Jahren das einzige verfügbare funktionstüchtige Panzerfahrzeug der Kolonialstreitkräfte dar, weil die meisten der dort stationierten älteren leichten Panzer nicht mehr fahrbereit waren. Die Fahrzeuge wurden in eigenen Abteilungen zusammengefasst.

Oben: *Der Renault UE Chenillette war das Pendant zum britischen Bren Gun Carrier und hatte die gleiche Aufgabe. Er fand im Zweiten Weltkrieg in großen Stückzahlen Verwendung.*

Streben nach Beweglichkeit

1931 Polen

TK-3 TANKETTE

Im September 1939 wurden polnische TK-3 gegen deutsche Panzer ins Schlachtfeld gesandt, aber ihr tapferer Kampf war letztendlich hoffnungslos.

Unten: *Ein deutscher Soldat posiert nach der Eroberung Westpolens auf einer erbeuteten polnischen TK-3. Der Großteil der TK-3 wurde im Gefecht zerstört.*

Die Baureihe der polnischen TK-3 Tankette basierte auf dem Konzept des Carden-Loyd Mark VI von Vickers. Polen erwarb einen einzelnen Mark VI und später noch zehn andere nebst Ersatzteilen nur zu einem einzigen Zweck – sie zu kopieren. Die britische Konstruktion wurde von den polnischen Ingenieuren von Modell zu Modell verbessert und als TK-1 und TK-2 gebaut. 1930 wurde die Variante TK-3 gefertigt und ein Jahr später in Dienst gestellt.

Schwierige Ziele

Ungefähr 300 TK-3 wurden von der Firma PZI im Ursus-Werk nahe Warschau produziert. Die Tankette stellte bei Kriegsausbruch das Gros der polnischen Panzerstreitkräfte dar. Obwohl sie kein Gegner für die deutschen Panzer waren – zur Aufklärung und Infanterieunterstützung waren sie ideal. Während des deutschen Überfalls erlitten die TK-3 dennoch schwere Verluste. Erst kurz vor Ausbruch der Kampfhandlungen hatten die Polen noch bei 24 TK-3 die Bewaffnung verbessert und sie mit einer 20-mm-Kanone versehen. Diese waren besser als die älteren, nur mit einem Maschinengewehr ausgerüsteten Versionen in der Lage, zumindest die leichteren Panzerfahrzeuge der Deutschen in Schach zu halten.

Technische Daten

Bewaffnung: ein 20-mm-Geschütz oder ein 7,92-MG

Panzerung: 4–8 mm

Besatzung: 2

Maße: Länge 2,65 m; Breite 1,76 m; Höhe 1,35 m

Gewicht: 2430 kg

Antrieb: Ford-4-Zylinder-Benzinmotor mit 29,8 kW (40 PS) bei 2300 U/min

Höchstgeschwindigkeit: 45 km/h (Straße)

Reichweite: 200 km (Straße)

Streben nach Beweglichkeit

1931 Sowjetunion

BT-1 UND BT-2

Die russischen BT-1 und BT-2 waren die ersten in einer langen Reihe von schnellen Panzern, die in den 1930er-Jahren in zahlreichen Grenzstreitigkeiten zum Einsatz kamen.

Die leichten und mittelschweren Panzer der russischen BT-Baureihe basierten alle auf den Entwürfen von J. Walter Christie. Insbesondere der Christie T-3 von 1931 diente als Vorbild, obwohl die russischen Ingenieure mithilfe ihrer amerikanischen Kollegen die Konstruktion überarbeiteten. Ein einzelner, 1930 zu Testzwecken erworbener T-3 wurde von den Russen in BT-1 umbenannt, während die erste eigenständige sowjetische Entwicklung die Bezeichnung BT-2 bekam.

BT-7

Die letzte, umfangreich verbesserte Weiterentwicklung von Christies Konstruktion stellte der BT-7 dar, den die Russen im Jahr 1935 in Dienst stellten. Die BT-Panzer war schnell und wendig, obwohl diese Eigenschaften nur auf Kosten einer schwachen Panzerung erreicht wurden – ein Nachteil, der sie sehr verwundbar machte. Einige BT-Panzer wurden im Spanischen Bürgerkrieg unter Kampfbedingungen getestet und im Winterkrieg 1939/40 gegen Finnland eingesetzt, wo sie durch Panzerabwehrwaffen große Verluste erlitten. Im Fernen Osten wurden die älteren BT-Modelle bei Grenzzwischenfällen mit den Japanern in der Mandschurei eingesetzt.

Unten: *Dieser leichte BT-Panzer mit abmontiertem Turm und ohne Ketten diente bei Kämpfen in der Mandschurei wahrscheinlich als Nachschubtransporter.*

Technische Daten

(BT-2)

Bewaffnung: ein 37-mm-Modell-1930-Geschütz; ein 7,62-mm-DT-MG

Panzerung: 6–13 mm

Besatzung: 3

Maße: Länge 5,48 m; Breite 2,23 m; Höhe 1,92 m

Gewicht: 11 200 kg

Antrieb: Liberty-Aero-12-Zylinder-Benzinmotor mit 298,5 kW (400 PS) bei 2000 U/min

Höchstgeschwindigkeit: unbekannt

Reichweite: 300 km

Streben nach Beweglichkeit

1931 Sowjetunion

T-26

Der russische T-26 hatte zahlreiche Einsätze in der Zeit zwischen den Weltkriegen. Mit ihm sammelte die sowjetische Armee dringend benötigte Erfahrungen zur Verbesserung ihrer Taktik.

Oben: *Spätere Modelle des T-26 hatten nur einen Turm, wie man auf diesem Bild sieht. Diese Ausstattung hatte die Bezeichnung T-26B.*

Links: *Das Modell von 1931, das hier zu sehen ist, war nur eine von vielen Varianten des T-26. Er hatte zwei Türme, die normalerweise mit 7,62-mm-MG bestückt waren. Manchmal hatte einer der Türme aber auch eine 37-mm-Kanone.*

Der T-26, eine in Massenproduktion entstandene Version des britischen Vickers Type E Six-Ton, war ein überaus wichtiger Meilenstein bei der Weiterentwicklung der sowjetischen Panzerwaffe. Er ermöglichte dem Großteil der russischen Panzerbesatzungen, praktische Erfahrungen in der Handhabung der damals modernsten Panzer zu sammeln. Zudem fanden die zahlreichen Verbesserungen auch Eingang in die Konstruktionen späterer Generationen sowjetischer Panzerfahrzeuge, die sie zu den besten ihrer Zeit machten. Das erste Modell, T-26A, hatte zwei Türme mit je einem Maschinengewehr (später bekam ein Turm eine Kanone). Aber diese Anordnung wurde bald zugunsten eines einzelnen Turmes aufgegeben. Diese Variante bekam die Kennung T-26B und wurde nach 1933 in großer Zahl eingesetzt: Bis zum Produktionsende 1936 wurden ca. 5500 Stück hergestellt. Dem T-26B folgte 1937 der T-26S, dessen verbesserte Turmkonstruktion im Gegensatz zu den genieteten Vorgängermodellen nunmehr gänzlich geschweißt war. Bei Gefechten mit japanischen Truppen hatte sich herausgestellt, dass die Nieten bei Beschuss herausplatzen und zu Querschlägern im Fahrzeug werden konnten.

Spanischer Bürgerkrieg

Im spanischen Bürgerkrieg versorgte die Sowjetunion die republikanische Regierung mit 362 T-26B, wo sie sich dem deutschen PzKpfw I und dem italienischen CV33/35, die nur mit Maschinengewehren bestückt waren, als weit überlegen erwiesen. Mit seiner ziemlich dünnen Panzerung war er dennoch anfällig gegen Panzerabwehrwaffen wie der deutschen 37-mm-Pak. Dieser Umstand wurde im Winterkrieg gegen Finnland noch augenfälliger, als Dutzende von kampfunfähig geschossenen T-26 vom Gegner erbeutet, repariert und wieder eingesetzt wurden. Beim deutschen Überfall auf Russland 1941 konnte der T-26 mit den leichteren feindlichen Panzern noch mithalten, aber er war den deutschen Panzern PzKpfw III und IV hoffnungslos unterlegen.

Technische Daten

Bewaffnung (Modell 1938): ein 45-mm-Geschütz; ein oder zwei 7,62-mm-DT-MG

Panzerung: 10–25 mm

Besatzung: 3

Maße: Länge 4,80 m; Breite 2,39 m; Höhe 2,33 m

Gewicht: 10 460 kg

Antrieb: GAZ-T-26-8-Zylinder-Benzinmotor mit 67,9 kW (91 PS) bei 2200 U/min

Höchstgeschwindigkeit: 28 km/h

Reichweite: 200 km

Streben nach Beweglichkeit

1931 Sowjetunion

T-27 TANKETTE

Unten: *Die Rote Armee nutzte die Zuverlässigkeit und einfache Handhabung der T-27, aber wegen ihrer schmalen Ketten kam sie mit sumpfigem oder verschneitem Terrain nicht zurecht.*

Ein weiterer Entwurf, der auf der erprobten Carden-Loyd basierte, war die T-27 Tankette. Von der Roten Armee wurde sie auch zur Unterdrückung innerer Unruhen eingesetzt.

Technische Daten

Bewaffnung: ein 7,62-mm-DT-MG
Panzerung: 9 mm
Besatzung: 2
Maße: Länge 2,29 m; Breite 1,55 m; Höhe 1,10 m
Gewicht: 1727 kg
Antrieb: GAZ-AA-4-Zylinder-Benzinmotor mit 16,4 kW (22 PS)
Höchstgeschwindigkeit: 45 km/h
Reichweite: 161 km

Die T-27 basierte auf der Carden-Loyd Mark VI, die in der Sowjetunion in Lizenz gefertigt wurde. Sie wurde in den 1930er-Jahren entwickelt, hatte eine längere Wanne als das britische Original, ein verbessertes Fahrwerk und eine Halterung für ein sowjetisches 7,62-mm-DT-Maschinengewehr. Die T-27 wurde im Februar 1931 in Dienst gestellt und meist zu Aufklärungszwecken eingesetzt. Sie wurde in 65 Tankette-Bataillonen zu je 50 Stück eingesetzt, obgleich die Anzahl später auf 23 Fahrzeuge reduziert wurde. Die T-27 konnte auf dem Luftweg transportiert werden; das wurde Mitte der 1930er-Jahre bewiesen, als man sie unter ein Tupolev-TB-3-Transportflugzeug hängte und über beachtliche Distanzen beförderte. Die T-27 war weit verbreitet und wurde bei der Niederschlagung lokaler Unruhen in den zentralasiatischen Teilrepubliken der Sowjetunion eingesetzt. Einige waren bei Kriegsausbruch 1941 noch in Dienst und halfen, Moskau zu verteidigen.

Experimente

Eine größere Anzahl von T-27 wurde zu Versuchszwecken mit Flammenwerfern oder rückstoßfreien Kanonen ausgestattet. Mit ihrem engen Innenraum war die T-27 bei den Besatzungen jedoch nicht beliebt.

Streben nach Beweglichkeit

1931 Schweden

STRIDSVAGN M/31

Schwedens Panzerfertigung kam anfänglich nur mithilfe der Deutschen in Gang, die Bauteile nach Schweden schmuggelten. Die erste eigenständige Entwicklung war der m/31.

Oben: *Der Stridsvagn m/31, der in der Armee die Bezeichnung L-10 bekam, war Schwedens erster Panzer und basierte auf dem deutschen LK II.*

Der Stridsvagn m/31 war der erste Panzer, der in Schweden produziert wurde, jedoch mit deutscher Hilfe. Nach dem Ersten Weltkrieg versteckten die Deutschen viel Kriegsmaterial vor der alliierten Kontrollkommission, einiges gelangte auch nach Schweden. Die schwedische Regierung bezahlte 100 000 Kronen für zehn leichte Panzer LK II, die in Einzelteile zerlegt und als Landmaschinen und Dampfkessel getarnt nach Schweden verfrachtet wurden. Dort wurden sie wieder zusammengebaut und als Stridsvagn m/21 in Dienst gestellt. Die Schweden bauten diese dann mit einigen Verbesserungen nach, bevor sie sich mithilfe des deutschen Ingenieurs Josef Vollmer an eine Eigenkonstruktion wagten. Dies blieb nicht die einzige deutsche Beteiligung an dem Projekt, denn die deutsche Regierung war gleichzeitig Mehrheitsaktionär der schwedischen Fabrik Landsverk, die den Panzer herstellte. Ab 1931 ersetzte der Stridsvagn m/31, in der schwedischen Armee auch als L-10 bekannt, den älteren m/21.

Technische Daten

Bewaffnung: ein 37-mm-Geschütz; zwei MG

Panzerung: 9 mm

Besatzung: 4

Maße: Länge 5,18 m; Breite 2,13 m; Höhe 2,23 m

Gewicht: 11 500 kg

Antrieb: ein luftgekühlter Büssing-V6-Benzinmotor mit 104,5 kW (140 PS)

Höchstgeschwindigkeit: 40 km/h

Reichweite: 200 km

Streben nach Beweglichkeit

1932 **Deutschland**

PANZERSPÄHWAGEN SDKFZ 231

Der deutschen Reichswehr war es nach den Statuten des Versailler Vertrages verboten, Panzer zu bauen und zu besitzen. Daher verlegte sie sich auf die Herstellung von gepanzerten Wagen.

Unten: *Obwohl seine Geländegängigkeit viel zu wünschen übrig ließ, stellte das SdKfz 231 für die Deutschen ein wichtiges Panzerfahrzeug dar, als sie noch keine Panzer bauen durften.*

Technische Daten

Bewaffnung: ein 20-mm-Geschütz; ein 7,92-mm-MG
Panzerung: maximal 14,5 mm
Besatzung: 4
Maße: Länge 5,57 m; Breite 1,82 m; Höhe 2,25 m
Gewicht: 5700 kg
Antrieb: ein Daimler-Benz-M09-6-Zylinder-Benzinmotor mit 48,5 kW (65 PS)
Höchstgeschwindigkeit: 65 km/h (Straße)
Reichweite: 200 km (Straße)

Deutschlands erster gepanzerter Wagen nach dem Ersten Weltkrieg, das SdKfz 231, basierte auf einem umgebauten 6x4-Lkw-Chassis. Das Fahrzeug war mit zwei Steuerungen ausgestattet, sodass ein zweiter Fahrer im hinteren Teil schnell die Lenkung für die Fahrt in die Gegenrichtung übernehmen konnte, ansonsten fungierte er als Bordfunker. Das SdKfz 231 wurde 1932 von der Wehrmacht in Dienst gestellt und seit 1937 nach und nach durch achträdrige Fahrzeuge ersetzt. Einige kamen bei den Angriffen auf Polen und Frankreich an der Front zum Einsatz, aber nach dem Frankreichfeldzug wurden sie nur noch zur Ausbildung und Objektsicherung genutzt.

Begrenzte Geländegängigkeit

Eines der Hauptprobleme des SdKfz 231 war, dass es nur eine begrenzte Geländegängigkeit aufwies. Demgegenüber waren die späteren achträdrigen Fahrzeuge auf jedem Untergrund einsetzbar und ernteten hierfür großes Lob bei ihrem Einsatz in Nordafrika, wo sie vom Afrikakorps in großem Maße zur schnellen Aufklärung genutzt wurden.

Streben nach Beweglichkeit

1932 Sowjetunion

BA-10

Der BA-10 war als Panzerwagen im Fronteinsatz nicht besonders wirkungsvoll, aber die Deutschen, die eine größere Anzahl erbeuteten, setzten ihn häufig als Patrouillenfahrzeug hinter der Front ein.

Unten: *Obwohl der BA-10 wie ein Veteran des Ersten Weltkrieges aussah, war er für die Geographie und die Distanzen Russlands gut geeignet.*

Links: *Ein BA-10-Panzerwagen im Schnee des russischen Winters. Diese Fotografie ist wahrscheinlich während des Winterkrieges 1939/40 gegen Finnland aufgenommen worden, bei dem viele BA-10 zum Einsatz kamen.*

Der schwere und unansehnliche Panzerwagen BA-10 (russisch: Broneavtomobil) war eine Weiterentwicklung der Vorläufermodelle BA-3 und BA-6, obwohl er im Vergleich zu diesen keine große Verbesserung darstellte. Die Gorki-Werke benutzten als Basis das Chassis des Lkws GAZ-AAA, das verstärkt und dessen Federung überarbeitet worden war. Der Turm wurde hinten über der Doppelachse angebracht und war entweder mit einem 37-mm-Panzergeschütz oder einem schweren 12,7-mm-Maschinengewehr bestückt.

Der BA-10 wurde in verschiedenen Versionen gefertigt, wobei die späteren nur in geringen Mengen gebaut wurden. Die erste war der BA-10M, der den Geschützturm des leichten Panzers T-26 und eine 45-mm-Kanone bekam. Beim Angriff der Deutschen 1941 war immer noch eine erhebliche Anzahl BA-10 im Dienst, die jedoch große Verluste erlitten. Viele der erbeuteten Fahrzeuge wurden in der Wehrmacht unter der Bezeichnung BAF 203(r) im rückwärtigen Raum eingesetzt, so zur Partisanenbekämpfung.

Technische Daten

Bewaffnung: ein 45-mm-Geschütz; ein 7,62-mm-DT-MG

Panzerung: 16 mm Wanne; 6 mm Turm

Besatzung: 4

Maße: Länge 4,70 m; Breite 2,09 m; Höhe 2,42 m

Gewicht: 5100 kg

Antrieb: ein GAZ-MI-4-Zylinder-Benzinmotor mit 37,3 kW (50 PS) bei 2800 U/min

Höchstgeschwindigkeit: 87 km/h

Reichweite: 320 km

Streben nach Beweglichkeit

1932 Sowjetunion

BT-5

Die frühen sowjetischen Panzer wie der BT-5 verließen sich zu ihrer Verteidigung weitgehend auf ihre Schnelligkeit. Kam es aber zum Gefecht, waren sie durch Panzerabwehrwaffen leicht auszuschalten.

Technische Daten

Bewaffnung: ein 45-mm-Modell-1932-Geschütz; ein 7,62-mm-DT-MG

Panzerung: 6–13 mm

Besatzung: 3

Maße: Länge 5,48 m; Breite 2,23 m; Höhe 2,20 m

Gewicht: 11 700 kg

Antrieb: ein M-5-12-Zylinder-Benzinmotor mit 261,2 kW (350 PS) bei 2300 U/min

Höchstgeschwindigkeit: 70 km/h

Reichweite: 200 km

Der BT-5 (russisch: Bystrochodnyj Tank – schneller Panzer) gehörte zu einer Serie von schnellen Panzern, die die Russen zwischen 1932 und 1941 in großen Stückzahlen produzierten. Sie waren gut bewaffnet, mussten sich aber auf ihre Schnelligkeit verlassen, weil sie nur eine schwache Panzerung hatten. Der BT-5 konnte vom Kettenfahrzeug in einen Panzerwagen auf Rädern umgewandelt werden, indem man die Ketten abmontierte und die Räder über eine Antriebskette bewegte. Auf der Straße konnte er so hohe Geschwindigkeiten erreichen; gelenkt wurde er über die Vorderräder.

Unten: *Die BT-Serie führte direkt zur Entwicklung und Produktion des T-34, der eine Schlüsselrolle in den Schlachten an der Ostfront spielen sollte.*

Fronteinsatz

Ein Bataillon von BT-5 diente im Spanischen Bürgerkrieg auf der republikanischen Seite, wo sie großen Erfolg gegen die leichteren Panzer der Falangisten hatten. Im Winterkrieg gegen die Finnen hingegen erlitten sie große Verluste durch die Panzerabwehr. Die weitere Entwicklung der BT-Serie führte zu dem exzellenten T-34, der beim Überfall der Deutschen im Juni 1941 gerade im Begriff stand, die älteren Modelle abzulösen. In dieser frühen Phase des Feldzugs gingen viele BT-5 verloren.

Kapitel 2

ZEIT DER EXPERIMENTE

In den 1930er-Jahren wurde fortlaufend mit der Konzeption gepanzerter Kampffahrzeuge experimentiert. Zur Führung der Panzereinheiten bediente man sich einer Funkausstattung. Im Verlauf des Jahrzehnts entstanden in der Kategorie der mittelschweren Panzer zwei unterschiedliche Typen. Der eine diente zur Unterstützung der Infanterie, wohingegen der andere Typ mit einer Hochgeschwindigkeitswaffe ausgerüstet war und andere Panzer aufspüren und zerstören sollte.

Oben: *Der leichte Panzer Vickers Mark V als Ausstellungsstück. Der Mark V hatte einen vergrößerten Turm, um zwei Mann aufnehmen zu können. Das erhöhte die Besatzung auf drei Personen.*

Links: *Der leichte Renault R-35 war typisch für die Kampffahrzeuge dieser Ära. Er löste den hervorragenden FT-17 ab, war aber nicht sehr erfolgreich.*

In den 1930er-Jahren waren viele der produzierten Panzer von britischen Entwürfen inspiriert. Die Briten waren führend bei der Entwicklung und Herstellung von Panzern, die sie in die ganze Welt exportiert hatten und die von vielen Streitkräften kopiert und modifiziert wurden. Mitte der 1930er-Jahre verloren die Briten ihre Führungsrolle an die Franzosen und Deutschen, die sich als erfindungsreicher bei neuen Konzepten für gepanzerte Kampffahrzeuge erwiesen. Viele verschiedene Fahrzeugtypen bildeten sich heraus, darunter der Schützenpanzer. Es waren die Deutschen, die neue Konzepte für die Konstruktion und Aufgaben des Schützenpanzers entwickelten. Sie bildeten neue Panzergrenadierdivisionen, wobei die mobile Infanterie den schnellen Vorstoß der Panzerspitzen begleitete. Diese Taktik stellte das Kernstück des deutschen „Blitzkriegs" dar, der seine vernichtende Wirkung besonders in den ersten Jahren des Zweiten Weltkrieges zeigte.

Zeit der Experimente

1933 Tschechoslowakei

ČKD/PRAGA T-33 TANKETTE

Obwohl sie bei der Truppenerprobung nicht überzeugte, stellte die tschechische Armee die T-33 Tankette in Dienst. Die Tschechen setzten sie nie im Kampf ein, wohl aber die deutsche Wehrmacht.

Unten: *Die ČKD/Praga T-33 war bei den Testbesatzungen unbeliebt. Trotzdem ging sie in Produktion.*

In den 1920er-Jahren wurde der Regierung der gerade gegründeten Tschechoslowakei klar, dass man, wenn der noch junge Staat überleben wollte, eine leistungsfähige und moderne Waffenindustrie aufbauen müsse. Dies gelang in beachtlichem Tempo: Besonders die Firma Škoda wurde für die Qualität ihrer Waffen schnell international bekannt. Im Jahr 1927 wurden die vier Unternehmen, die Panzer herstellten, zur ČKD (Českomoravska Kolben Danek) zusammengefasst. Sie produzierte die T-33 Tankette, die wie viele andere dieses Fahrzeugtyps auf der britischen Carden-Loyd Mark VI basierte, von der die Tschechen zuvor einige Exemplare erworben hatte.

Unbefriedigende Tests

Obwohl die T-33 von den Besatzungen der Testfahrzeuge abgelehnt worden war, ließ die tschechische Armee sie in Serie produzieren. 1939 beschlagnahmte die Wehrmacht viele T-33 Tanketten, um sie anschließend 1941 an der Ostfront bei zahlreichen Kämpfen einzusetzen. Immerhin stammten in den Jahren 1940/41 zwei Drittel der deutschen gepanzerten Kampffahrzeuge aus tschechischen Fabriken.

Technische Daten

Bewaffnung: zwei 7,92-mm-MG

Panzerung: 12 mm

Besatzung: 2

Maße: Länge 2,49 m; Breite 1,69 m; Höhe 1,38 m

Gewicht: 2400 kg

Antrieb: ein Praga-4-Zylinder-Benzinmotor mit 23 kW (31 PS)

Höchstgeschwindigkeit: 35 km/h

Reichweite: 100 km

Zeit der Experimente

1933 Frankreich

AMR 33

Unten: *In Tests zeigte sich der AMR 33 trotz seiner Wendigkeit als laut und schlecht abgestimmt, außerdem war seine Reichweite zu klein, um wirkungsvoll zu sein.*

Der französische AMR 33, ein von Renault gebauter leichter Panzer, war technisch unzuverlässig und fiel während des Frankreichfeldzuges häufig aufgrund technischer Pannen und Feindeinwirkung aus.

Technische Daten

Bewaffnung: ein 7,5-mm-MG

Panzerung: 13 mm

Besatzung: 2

Maße: Länge 3,50 m; Breite 1,64 m; Höhe 1,73 m

Gewicht: 5500 kg

Antrieb: ein Renault-8-Zylinder-Benzinmotor mit 62,4 kW (84 PS)

Höchstgeschwindigkeit: 54 km/h (Straße)

Reichweite: 200 km (Straße)

Das französische Kriegsministerium gab im Januar 1932 einen Anforderungskatalog für einen drei Tonnen wiegenden leichten Panzer mit einem einzelnen Maschinengewehr als Bewaffnung heraus. Er sollte als schneller Spähpanzer eingesetzt werden, wie auch sein Name Automitrailleuse de Cavalerie type Reconnaissance sagt. Renault setzte sich gegen starke Konkurrenz mit einem Konzept durch, das AMR Renault Modèle 33 oder AMR 33 genannt wurde. Wegen Finanzierungsproblemen stockte die Herstellung, sodass der erste AMR erst im Juni 1934 an die französische Armee ausgeliefert werden konnte.

Kampfeinsätze

Bei Ausbruch des Zweiten Weltkrieges war der AMR 33 in der 1. und 2. Mechanisierten Leichten Division im Dienst. Jede hatte drei Schwadronen AMR 33, um die motorisierte schnelle Infanterie zu unterstützen. Beim Frankreichfeldzug erlitt der nur schwach gepanzerte AMR 33 schwere Verluste: im Kampf gegen die Deutschen und aus technischen Gründen. Die wenigen verbliebenen Exemplare setzten die Deutschen während der Besatzungszeit in Frankreich zu Sicherungszwecken ein. Heute kann man den AMR 33 noch im Panzermuseum Musée des Blindés in Saumur besichtigen.

Zeit der Experimente

1933 Italien

CARRO VELOCE CV 33 TANKETTE

Die italienische Armee war stark fixiert auf Kavalleriepanzer, sodass die Waffenfirma Ansaldo eine Serie mit der Typenbezeichnung Carro Veloce – schneller Panzer – entwickelte.

Unten: *Bei dieser CV 33 wurde der Turm abmontiert, weil sie vermutlich als Aufklärer oder Befehlswagen diente.*

Seit 1933 entwickelte die Firma Ansaldo für die italienische Armee eine neue Generation von schnellen, leicht gepanzerten Kettenfahrzeugen. Das erste war die Carro Veloce CV 33, die eine verbesserte Version der Carden-Loyd Mark VI von Vickers war. In der Armee hatte sie auch die Bezeichnung L3/33; ihr weiterentwickeltes Nachfolgemodell CV 35 erhielt die Bezeichnung L3/35. Sie kam 1935 in Abessinien und im Spanischen Bürgerkrieg zum Kampfeinsatz. In Spanien wurden die italienischen Panzereinheiten allerdings in einem Gefecht bei Guadalajara von überlegenen sowjetischen T-26 praktisch ausgelöscht. Nach der Balkan-Invasion 1941 stationierten die Achsenmächte dort einige CV 35 zur Bekämpfung der Partisanen. Sie wurden jedoch zum Teil von diesen erbeutet und gegen die früheren Besitzer eingesetzt.

Schwache Panzerung

Die Verluste der CV-Tanketten hätten die italienischen Militärs eigentlich davon überzeugen müssen, dass das Konzept, die Panzerung der Geschwindigkeit zu opfern, nicht funktionierte – aber die Italiener produzierten bis zur Kapitulation Panzer, deren Panzerung so schwach war, dass sie gegen die alliierten Panzer chancenlos waren.

Technische Daten

Bewaffnung: ein 6,5-mm-MG oder zwei 8-mm-MG

Panzerung: 15 mm

Besatzung: 2

Maße: Länge 3,17 m; Breite 1,42 m; Höhe 1,30 m

Gewicht: 3200 kg

Antrieb: ein FIAT-4-Zylinder-Benzinmotor mit 31 kW (42 PS)

Höchstgeschwindigkeit: 42 km/h

Reichweite: 125 km

Zeit der Experimente

1933 Sowjetunion

T-28

Der erste kampffähige mittelschwere Panzer der Welt war der russische T-28. Er wies mehrere Neuerungen auf, unter anderem Sprechfunkgeräte, doch seine unzureichende Panzerung stellte ein Problem dar.

Unten: *Obwohl er seinen Platz in der Geschichte als erster einsatzfähiger mittelschwerer Panzer sicher hat, war der T-28 zu schwerfällig, um wirklich effizient zu sein.*

Rechts: *Die klobige Konstruktion des T-28 ist hier gut zu erkennen. Er erlitt schwere Verluste während des Winterkrieges 1939/40, als seine unzureichende Panzerung leicht von Panzerabwehr-Munition durchschlagen wurde.*

Technische Daten

Bewaffnung: ein 76-mm-Modell-1927/32-L/16,5-Geschütz; drei 7,62 mm-DT-MG
Panzerung: 10–30 mm
Besatzung: 6
Maße: Länge 7,44 m; Breite 2,81 m; Höhe 2,82 m
Gewicht: 28 500 kg
Antrieb: ein M-17L-12-Zylinder-Benzinmotor mit 373 kW (500 PS) bei 1450 U/min
Höchstgeschwindigkeit: 37 km/h
Reichweite: 190 km

In vielerlei Hinsicht war der T-28 ein Beispiel dafür, wie ein Panzer nicht konzipiert werden sollte. Nichtsdestotrotz war der T-28 der erste kampffähige mittelschwere Panzer der Welt und verdient daher seinen Platz in der Geschichte. Auch wenn einige Details von früheren englischen Entwicklungen – insbesondere den Modellen von Vickers – beeinflusst waren, war er ein eigenständiger Entwurf und ebnete den Weg für zukünftige sowjetische mittelschwere Panzer. Der Prototyp wurde 1931 fertiggestellt. Er war mit einem 45-mm-Geschütz bestückt, das für die Serienproduktion des 1933 ausgelieferten Modells T-28A aber durch ein 76-mm-Geschütz ersetzt wurde.

T-28B

Die 1938 folgende Modellvariante, der T-28B, war mit einem längeren Geschützrohr ausgestattet. Die Hauptbewaffnung war in einem großen Geschützturm untergebracht, der von zwei weiteren kleineren Türmen mit Maschinengewehren flankiert wurde. Alle T-28 waren mit einem Funkgerät ausgerüstet, was zu dieser Zeit bei den meisten Panzern anderer Nationen unüblich war, und hatten eine Halterung für ein MG zur Flugabwehr. Im Winterkrieg 1939/40 erlitten die T-28 schmerzliche Verluste durch die finnischen Panzerabwehrwaffen; die hier deutlich zu Tage tretenden Unzulänglichkeiten der Panzerung wurden später verbessert.

Zeit der Experimente
🛠 **1933 Sowjetunion**

T-35

Russlands schwerer Panzer T-35 war ein Fehlschlag. Bei Paraden in Moskau machte er eine gute Figur, aber für andere Aufgaben war er nutzlos. Dementsprechend kläglich war das Ergebnis seiner Kampfeinsätze.

Technische Daten

Bewaffnung: ein 76 mm-L/16- oder L/24-Geschütz; zwei 45-mm-Geschütze und sechs 7,62-mm-MG
Panzerung: 10–30 mm
Besatzung: 11
Maße: Länge 9,72 m; Breite 3,20 m; Höhe 3,43 m
Gewicht: 45 000 kg
Antrieb: ein M-17M-12-Zylinder-Benzinmotor mit 373 kW (500 PS) bei 2200 U/min
Höchstgeschwindigkeit: 30 km/h
Reichweite: 150 km

Links: *Der T-35 mag vielleicht bei Paraden überzeugt haben, aber im Gefecht war er mehr als enttäuschend. Seine fünf Türme erwiesen sich in der Praxis als schwierig zu handhaben, und seine Klobigkeit erschwerte das Manövrieren.*

Unten: *Rückansicht des T-35. Im Einsatz war er andauernd Opfer technischer Defekte: Daher wurden die meisten von der Besatzung aufgegeben.*

Der schwere T-35 war dazu gedacht, die mittelschweren T-28 im Gefecht zu unterstützen. Mit seinen fünf Geschütztürmen sollte der T-35 eine Bresche in Befestigungen schlagen, die dann von den T-28 vergrößert werden sollte. Bereits bei dem ersten Prototypen, der 1932 herauskam, stellte sich heraus, dass das Getriebe gravierende Mängel aufwies. Die Arbeiten daran wurden zugunsten eines weniger komplizierten Modells eingestellt, das dann im August 1933 in Produktion gehen konnte. Das Lokomotivwerk Charkow lieferte die ersten beiden Partien von zehn Exemplaren des T-35, aber aufgrund der Kosten und des Aufwandes wurden insgesamt nur 65 Stück hergestellt. In den Jahren 1935 bis 1940 waren die T-35 der 5. Unabhängigen Schweren Panzerbrigade in Moskau zugeteilt, wo sie bei den Paraden einen beeindruckenden Anblick boten.

Kurze Frontkarriere

Die T-35 wurden 1941 zur 34. Panzerdivision im Armeedistrikt Kiew verlegt und in den Kampf gegen die vorrückenden Deutschen geschickt. Allerdings blieben die meisten mit Defekt liegen, bevor sie überhaupt Feindkontakt hatten. Heute kann man den einzigen übrig gebliebenen T-35 im Kubinka-Panzermuseum in Moskau sehen.

Zeit der Experimente

1933 Sowjetunion

T-37

Obgleich der russische T-37 von der Carden-Loyd-Tankette inspiriert war, war er keine Kopie des Vorläufers: Die Russen übernahmen das Beste des britischen Fahrzeugs und entwickelten es weiter.

Unten: *Der leichte Amphibienpanzer T-37 wurde ab 1935 in vielen verschiedenen Varianten gebaut. Er kämpfte in der Anfangsphase des deutschen Angriffs 1941, wo er sich als hoffnungslos unterlegen erwies.*

Technische Daten

Bewaffnung: ein 7,62-mm-MG

Panzerung: 4 mm Rumpf; 9 mm Turm.

Besatzung: 2

Maße: Länge 3,75 m; Breite 2,10 m; Höhe 1,82 m

Gewicht: 3200 kg

Antrieb: ein GAZ-AA-4-Zylinder-Benzinmotor mit 48,5 kW (65 PS) bei 2200 U/min

Höchstgeschwindigkeit: 55 km/h

Reichweite: 185 km

Den Anstoß für den amphibischen leichten Spähpanzer T-37 gab die britische Carden-Loyd AE 11 Amphibien-Tankette, von der die Sowjetunion 1931 einige erworben hatten. Dennoch war der T-37 keine bloße Kopie des britischen Fahrzeugs; vielmehr benutzten die Russen es als Ausgangsmodell für eigene Entwicklungen. Diese mündeten zunächst in den Prototypen T-33, der zahlreichen Erprobungen unterzogen und dann als unbefriedigend verworfen wurde.

Konstruktionsänderungen

Nach einer grundlegenden Überarbeitung ging der nun T-37 bezeichnete Panzer 1933 in Produktion. Ein Laufwerk, das auf dem des französischen AMR 33 basierte, war nur eine dieser Verbesserungen. Bis 1936 wurde die Herstellung mit verschiedenen Modellvarianten fortgesetzt. Eine der wichtigsten war der Panzerbefehlswagen T-37TU. Dieser hatte rund um die obere Wanne eine große Rahmenantenne, der später von einem Antennenmast ersetzt wurde. Obwohl er kurz vor der Ausmusterung stand, wurde er zu Beginn der Operation Barbarossa gegen die überlegenen deutschen Panzer eingesetzt. Bis Frühling 1942 wurden er und sein Nachfolger T-38 größtenteils aus dem Frontdienst abgezogen.

Zeit der Experimente

1934 Deutschland

NEUBAUFAHRZEUGE V UND VI

Dieser klotzige Panzer hatte für die Wehrmacht nur wenig Nutzen – außer zu Propagandazwecken. Dagegen verursachte bei seiner Verlegung nach Norwegen 1940 sein Gewicht Probleme.

Das Neubaufahrzeug V war ein beeindruckender schwerer Panzer, der beachtlichen Propagandawert für die Deutschen hatte und deshalb auf der Automobilausstellung 1939 gezeigt wurde. Diese Konstruktion stellte einen ersten Versuch dar, einen schweren Panzer für die neu entstandene Wehrmacht herzustellen. Aber das Ergebnis war klobig und passte nicht in die von den Deutschen entwickelte Blitzkrieg-Taktik. Das Projekt startete 1933 und wurde als die Fertigung von großen landwirtschaftlichen Schleppern getarnt, da es den Deutschen gemäß dem Versailler Vertrag verboten war, Panzer herzustellen. Rheinmetall-Borsig produzierte das Neubaufahrzeug V, Krupp das Alternativmodell VI. Insgesamt wurden nur sechs Exemplare gebaut, und von den drei, die bei der Invasion von Norwegen 1940 eingesetzt wurden, blieb einer im Morast stecken und wurde von deutschen Pionieren gesprengt. Die übrigen Panzer wurden 1942 verschrottet.

Unten: *Warum dieser Panzer einen solchen Propagandawert für die neu entstandene Wehrmacht hatte, ist leicht ersichtlich: Er entstand heimlich unter dem Deckmantel der Konstruktion schwerer Schlepper. Es wurden nur sechs Exemplare produziert.*

Technische Daten

Bewaffnung: ein 75-mm-Geschütz oder eine 105-mm-Haubitze; eine 37-mm-Kanone; drei 7,92-mm-MG

Panzerung: maximal 70 mm Flussstahl

Besatzung: 6

Maße: Länge 7,315 m; Breite 3,05 m; Höhe 2,72 m

Gewicht: 35 500 kg

Antrieb: ein 4-Zylinder-Benzinmotor mit 372,9 kW (500 PS)

Höchstgeschwindigkeit: 35 km/h (Straße)

Reichweite: 140 km (Straße)

Zeit der Experimente

1934 Deutschland

PANZERKAMPFWAGEN I

Der Versailler Vertrag verbot Deutschland den Bau von Panzern, und so mussten sie ihren ersten Nachkriegspanzer unter absoluter Geheimhaltung herstellen.

Oben: *Panzerkampfwagen durchqueren während des Polenfeldzugs einen Fluss. Gut zu sehen sind die Sichtöffnungen für den Fahrer links neben dem MG-Turm. Der Panzer hatte zwei Mann Besatzung.*

Unten: *Der Panzerkampfwagen I war für seine Zeit durchaus ein guter Panzer, aber er erwies sich als zu leicht und zu verwundbar, um im Fronteinsatz effizient zu sein. Nichtsdestotrotz war er für den Polenfeldzug mehr als geeignet.*

Technische Daten

Bewaffnung: zwei 7,92-mm-MG
Panzerung: maximal 13 mm
Besatzung: 2
Maße: Länge 4,42 m; Breite 2,06 m; Höhe 1,72 m
Gewicht: 5900 kg
Antrieb: ein Maybach-NL38TR-6-Zylinder-Benzinmotor mit 74,5 kW (100 PS)
Höchstgeschwindigkeit: 40 km/h (Straße)
Reichweite: 153 km (Straße)

Der Panzerkampfwagen I (PzKpfw I) war das Ergebnis einer 1933 vom Heereswaffenamt veröffentlichten Ausschreibung für einen leichten Panzer, der hauptsächlich zu Ausbildungszwecken genutzt werden sollte. Etliche Firmen reichten ihre Entwürfe ein und wurden beauftragt, Prototypen zu fertigen. Das Konzept von Krupp wurde zur weiteren Entwicklung ausgewählt. Um die militärische Natur des Auftrags zu verbergen, erhielt die Firma Henschel den Auftrag, eine erste Partie von 150 „Ackerschleppern“ zu produzieren. Als dann die Herstellung im Juli 1934 startete, hatte das Nazi-Regime das Versteckspiel schon aufgegeben, und die Fahrzeuge verließen das Fließband auch offiziell als Panzer.

Leicht und verwundbar

Der PzKpfw I wurde in Spanien unter Kampfbedingungen getestet. Als Deutschland im September 1939 Polen überfiel, standen 1400 dieser Panzer in Diensten der Wehrmacht. Dieser Feldzug zeigte, dass der PzKpfw I zu leicht und zu verwundbar war, um im Fronteinsatz effizient zu sein. Trotzdem wurden etwa 500 Stück auch beim Frankreichfeldzug 1940 eingesetzt. Das Fahrzeug wurde 1941 nach und nach vom Frontdienst abgezogen.

Zeit der Experimente

1934 Japan

TYPE 89B

Die Japaner verstanden es meisterhaft, die Panzer anderer Nationen, speziell die der Briten, zu bewerten und für ihre eigenen Entwürfe das Beste zu übernehmen. Der Type 89B war ein gutes Beispiel hierfür.

Der japanische mittelschwere Panzer Type 89B verdankte einige seiner Details dem britischen Vickers Mark C, den die Japaner bereits 1927 erworben hatten. Der Type 89B hatte seinen ersten Auftritt 1932 bei Kämpfen in Schanghai, wo er die japanische Marineinfanterie bei der Landung unterstützte. Im Jahr 1941 wurde er bei Gefechten in Malaysia und Singapur genutzt, ebenso 1942 in Burma und auf den Philippinen, obwohl er schon damals nach und nach von moderneren Panzern ersetzt wurde. Anschließend wurden die meisten zu weiteren Kampfeinsätzen nach China verlegt.

Oben: *Der Type 89B war einer der ersten japanischen Panzer, die in Produktion gingen. Er basierte auf dem 1927 getesteten Vickers Mark C.*

Type 89A

Das Vorläufermodell des Type 89A besaß einen Benzinmotor. Dieser wurde beim Nachfolger durch einen Dieselmotor ersetzt, weil sich bei den Kämpfen in der Mandschurei gezeigt hatte, dass das Benzin bei der extremen Kälte einfror. Weitere Verbesserungen beim Type 89B betrafen die Frontpanzerung, indem die mehrteiligen Frontplatten des Vorläufers von einer einzelnen, leicht geneigten ersetzt wurden.

Technische Daten

Bewaffnung: ein 57-mm-Geschütz; zwei 6,5-mm-MG

Panzerung: 17 mm

Besatzung: 4

Maße: Länge 5,73 m; Breite 2,13 m; Höhe 2,56 m

Gewicht: 13 000 kg

Antrieb: ein Mitsubishi-6-Zylinder-Dieselmotor mit 90 kW (120 PS)

Höchstgeschwindigkeit: 26 km/h

Reichweite: 170 km

Technische Daten

Bewaffnung: ein 6,5-mm-MG
Panzerung: 12 mm
Besatzung: 2
Maße: Länge 3,08 m; Breite 1,62 m; Höhe 1,62 m
Gewicht: 3400 kg
Antrieb: ein Mitsubishi-Typ94-4-Zylinder-Benzinmotor mit 24 kW (32 PS)
Höchstgeschwindigkeit: 40 km/h
Reichweite: 200 km

Zeit der Experimente

1934 Japan

TYPE 94 TANKETTE

Die japanische Type 94 Tankette nahm an allen Feldzügen vom Angriff auf China bis zum Ende des Krieges teil und erwies sich als äußerst nützliches Fahrzeug, das sich im Kampf behaupten konnte.

Die Type 94 war ein weiteres kleines Kampffahrzeug, das auf der Carden-Loyd Mark VI basierte. Sie war für Aufklärungs- und Patrouilleneinsätze vorgesehen, aber auch zum Ziehen von Munitions- und Nachschubanhängern. Da sie für Kämpfe in tropischem Klima konzipiert war, hatte sie im Innenraum einen Asbesthitzeschutz für die zwei Besatzungsmitglieder: den Fahrer, der direkt neben dem vorn liegenden Motor saß, und den Kommandanten, der hinter ihm im Turm stand. Der kleine Turm hatte keinen Motor. Deshalb musste der Kommandant mit der Schulter gegen das Maschinengewehr drücken, um ihn zu schwenken. Jede japanische Infanteriedivision hatte eine Einheit von normalerweise sechs Type 94, die mit Anhängern auf Ketten ausgestattet waren.

Weitere Entwicklung

Mehr als 800 Tanketten Type 94 wurden hergestellt. Die folgenden japanischen Entwicklungen führten unmittelbar zum leichten Panzer Type 97. Die Type 94 nahm ab 1934 an allen Feldzügen teil und war zum Zeitpunkt der Kapitulation 1945 immer noch im Dienst. Noch heute stehen Exemplare der Type 94 Tankette in Panzermuseen in aller Welt.

Links: *Typ 94 Tanketten bei einer Parade. Sie war ein ebenso beliebtes wie effizientes Panzerfahrzeug, das seine Konstruktion der britischen Carden-Loyd Mark VI verdankte. Die Japaner setzten sie bis Kriegsende bei ihren Feldzügen im Pazifik und in Südostasien in großem Umfang ein.*

Zeit der Experimente
1934 Polen

7TP

Im Gegensatz zu dem Klischee, dass sie nur Kavallerie gegen die deutschen Panzer einsetzen konnten, besaßen die Polen sehr wohl Panzer. Der leichte 7TP war für seine Zeit ein hervorragendes Fahrzeug.

Unten: *Polens 7TP war ein exzellenter leichter Panzer und besser als der Panzerkampfwagen II, der die Hauptlast des deutschen Vorstoßes 1939 trug. Doch er war anfällig für Luftangriffe und erlitt schwere Verluste durch die deutschen Sturzkampfbomber.*

Der exzellente polnische leichte Panzer 7TP, der 1935 herauskam, war eine Weiterentwicklung des britischen Vickers Six-Ton Mark E. Bei Ausbruch des Zweiten Weltkrieges war er der Standardpanzer der polnischen Armee. Er war ein weitaus besseres Kampffahrzeug als sein damaliger deutscher Gegenspieler, der PzKpfw II.

Konstruktionsverbesserungen

Auf der Basis der Konstruktion des Vickers Mark E ließen die polnischen Ingenieure ihrem Modell einige wesentliche Verbesserungen zukommen. Zuerst statteten sie den 7TP mit einem zuverlässigen Dieselmotor aus, dann bestückten sie ihn mit einem schlagkräftigen 37-mm-Geschütz und verstärkten die Frontpanzerung. Darüber hinaus bauten sie Winkelspiegel, eine leistungsfähige Belüftung und ein Funkgerät ein. Die Gesamtproduktion erreichte 132 Stück, zuzüglich vier Prototypen. Es gab zwei Basisversionen des 7TP: eine mit Zwillingstürmen, die andere mit einem einzelnen Geschützturm. Während des Polenfeldzuges war der 7TP in zwei Panzerbataillonen aufgestellt. Wenn es nicht zum Krieg gekommen wäre, hätte der 7TP ein Exportschlager werden können, da verschiedene Staaten bereits großes Interesse an ihm bekundet hatten.

Technische Daten

Bewaffnung: ein 37-mm-Geschütz und ein 7,92-mm-MG oder zwei 7,92-mm-MG
Panzerung: 5–17 mm
Besatzung: 3
Maße: Länge 4,60 m; Breite 2,16 m; Höhe 2,02 m
Gewicht: 9550 kg
Antrieb: ein Saurer-6-Zylinder-Benzinmotor mit 82 kW (110 PS)
Höchstgeschwindigkeit: 32 km/h
Reichweite: 160 km

Zeit der Experimente
1934 Schweden

STRIDSVAGN L-60

Unten: *Die Schweden beschleunigten die Entwicklung eigener Panzer durch die Nutzung deutscher Erfahrungen auf diesem Gebiet. Der L-60 ist ein Beleg hierfür.*

Dieser schwedische leichte Panzer stammte aus einer Modellserie von Joseph Vollmer, der im Ersten Weltkrieg für die Entwicklung deutscher Panzer verantwortlich war.

Technische Daten

Bewaffnung: ein 20-mm-Geschütz; ein MG
Panzerung: 13 mm
Besatzung: 3
Maße: Länge 4,60 m; Breite 2,00 m; Höhe 2,08 m
Gewicht: 6900 kg
Antrieb: ein Büssing-NAG-V8-Benzinmotor mit 119,4 kW (160 PS)
Höchstgeschwindigkeit: 45 km/h
Reichweite: unbekannt

Der schwedische leichte Panzer L-60 war ein Entwurf von Joseph Vollmer, dem deutschen Chefentwickler der Landsverk-Fabrik. In Deutschland war Vollmer für die Konstruktion des A7V verantwortlich gewesen. 1921 hatte er den schwedischen Stridsvagn m/21 konzipiert, der in vielen Varianten gebaut wurde und aufgrund seines Daimler-Motors auf der Straße eine beachtliche Geschwindigkeit erreichte. Auf diesen Erfahrungen aufbauend, konstruierte er andere Panzerfahrzeuge mit und ohne Ketten, darunter den L-10, der unter der Bezeichnung m/31 von der schwedischen Armee angeschafft wurde. Ihm folgten der leichte Panzer L-30, der nach Irland und Ungarn verkauft wurde, und der L-60, der weiter überarbeitet und als Strv m/38 in die schwedische Armee übernommen wurde.

Unabhängig durch Eigenproduktion

Obwohl die Schweden problemlos Panzerfahrzeuge von anderen Nationen hätten erwerben können, befürchteten sie, dass ein Krieg in Europa sie von Ersatzteilen und Nachschub abschneiden würde. Das führte zu einer wachsenden Eigenproduktionen – ein Trend, der sich bis heute fortsetzt.

Zeit der Experimente

1935 Tschechoslowakei

LT-35

Dieser Panzer musste mehrfach überarbeitet werden, bis er einsatzbereit war; unzuverlässig blieb er trotzdem. Zweifellos gehörte er nicht zu den besten tschechischen Entwürfen.

Unten: *Der LT-35 war nicht der beste Panzer, der das Fließband der Škoda-Fabrik verließ, aber er wurde von den Deutschen beim Polen-, Frankreich- und Russlandfeldzug eingesetzt.*

Der von Škoda hergestellte leichte Panzer LT-35 wurde 1935 bei der tschechischen Armee eingeführt. Die ersten Prototypen, T-11 genannt, fielen bei Erprobungen durch. Sie zeigten gravierende Konstruktionsmängel, die grundlegend überarbeitet werden mussten, bevor der LT-35 in Dienst gestellt werden konnte. Trotzdem blieb er unzuverlässig, und es dauerte lange, bis die Probleme überwunden waren.

Verkäufe

Rumänien kaufte 126 Einheiten und nannte sie R-2. Bei der Annexion der Tschechoslowakei 1939 erbeuteten die Deutschen über 200 LT-35 und gliederten sie den Panzerdivisionen der Wehrmacht ein. Etwa 80 Stück wurden der Slowakei übergeben, die als Bündnispartner Deutschlands mit an der Ostfront kämpfte. Škoda lieferte zusätzliche 219 Einheiten an die Wehrmacht, die 1940 die Hauptstreitmacht der 6. Panzerdivision während der Kämpfe in Frankreich bildeten. Mit diesem Modell war auch vorher schon die 1. Leichte Panzerdivision beim Polenfeldzug 1939 ausgestattet worden. Der LT-35 blieb bis 1942 als Panzerkampfwagen 35(t) in deutschen Diensten, bis er von Panzern aus deutscher Produktion ersetzt wurde.

Technische Daten

Bewaffnung: ein 37-mm-Geschütz; zwei 7,92-mm-MG

Panzerung: 15–25 mm

Besatzung: 4

Maße: Länge 4,90 m; Breite 2,16 m; Höhe 2,21 m

Gewicht: 10 670 kg

Antrieb: ein Škoda-T-11-6-Zylinder-Benzinmotor mit 89,5 kW (120 PS) bei 1800 U/min

Höchstgeschwindigkeit: 35 km/h

Reichweite: 190 km

Technische Daten

Bewaffnung: ein 75-mm-Geschütz; ein 47-mm-Geschütz; zwei 7,5-mm MG
Panzerung: maximal 60 mm
Besatzung: 4
Maße: Länge 6,37 m; Breite 2,50 m; Höhe 2,00 m
Gewicht: 31 500 kg
Antrieb: ein Renault-6-Zylinder-Benzinmotor mit 223,7 kW (300 PS)
Höchstgeschwindigkeit: 28 km/h (Straße)
Reichweite: 180 km (Straße)

Zeit der Experimente
1935 Frankreich

CHAR B1 UND B1–BIS

Die französische Armee hatte bis Mai 1940 etwa 400 Char B1 aufgestellt. Sie hätten den Ausgang des Frankreichfeldzugs beeinflussen können, wenn sie zusammengefasst eingesetzt worden wären.

Unten: *Diese Ansicht zeigt die Position des 75-mm-Hauptgeschützes des Char B1 in der Wanne und der 47-mm-Kanone im Turm.*

Die Wurzeln des französischen Char B1 reichen bis ins Jahr 1921 zurück. Er wirkte zwar ein wenig veraltet, war aber ein hervorragender schwerer Panzer. Er hatte viele fortschrittliche Konstruktionsdetails, beispielsweise einen selbstdichtenden Tank, und wurde später von dem deutschen Panzergeneral Heinz Guderian als bester Panzer des Frankreichfeldzuges gelobt. Er hatte ein 75-mm-Hauptgeschütz, eine 47-mm-Kanone und zwei schwere Maschinengewehre. Während der Kämpfe 1940 erlebten deutsche Panzerabwehrkanoniere, dass ihre Geschosse vom Char B1 abprallten.

Zu kompliziert

Der Nachteil des Char B1 war, dass seine Technik zu kompliziert und er daher ungeeignet für die Massenproduktion war. Gleichzeitig erhöhte dies die Anfälligkeit für Defekte. Sein hoher Brennstoffverbrauch reduzierte außerdem die Betriebsdauer auf fünf Stunden, und mit 1,5 Millionen Francs pro Fahrzeug war er teuer in der Anschaffung. Erst im Januar 1940 waren die Franzosen in der Lage, zwei schwere Panzerdivisionen aufzustellen, denen eine dritte im Mai folgte. Die letzte Modellvariante des Char B1, der Char B1-bis, hatte einen kräftigeren Motor, eine stärkere Panzerung und einen überarbeiteten Turm.

Oben: *Der Char B1 war ein gut ausgestatteter Kampfpanzer, konnte aber aufgrund seiner komplexen Technik nicht in Serie gefertigt werden. Ein weiterer Nachteil war seine geringe Betriebsdauer.*

Zeit der Experimente

1935 Frankreich

HOTCHKISS H-35

Der Hotchkiss H-35 hätte wahrscheinlich beim Frankreichfeldzug erfolgreicher gekämpft, wenn die Franzosen eine angemessene Gefechtstaktik und eine bessere Ausbildung der Panzerverbände gehabt hätten.

Im Herbst 1935 veranlasste General Maxime Weygand, der Oberkommandierende der französischen Armee, eine Modernisierungskampagne, in deren Verlauf zahlreiche neue gepanzerte Kampffahrzeuge angeschafft wurden. Das erste dieser Fahrzeuge war der leichte Panzer Hotchkiss, der ursprünglich mit einem 25-mm-, später mit einem 37-mm-Geschütz bestückt wurde. 200 Stück dieses Panzers wurden zusammen mit 300 Renault R-35 zur Infanterieunterstützung bestellt. Im September 1936 wurden die ersten Exemplare ausgeliefert, und bei Ausbruch des Krieges 1939 hatte die Armee 640 Stück in ihren Beständen.

Der H-38 und der H-39

Schon seit 1936 produzierte man parallel zum Basismodell auch die weiterentwickelten H-38 und H-39, die stärkere Motoren und eine dickere Panzerung hatten. Trotzdem erlitten alle Hotchkiss-Panzer schwere Verluste beim Frankreichfeldzug. Dies war teilweise auf die unzureichende Gefechtstaktik der französischen Armee zurückzuführen, die ihre Panzer in kleinen Einheiten zur Unterstützung der Infanterie einsetzte, anstatt sie zur wirkungsvollen Bekämpfung der deutschen Panzer in größeren Gruppen zusammenzufassen. Erbeutete Hotchkiss-Panzer wurden von den Deutschen bis Kriegsende verwendet. Andere wurden von den Kolonialtruppen der Vichy-Regierung im Nahen Osten eingesetzt.

Oben: *Leichte Hotchkiss H-35 in Paradeformation. Nach dem Zweiten Weltkrieg fanden viele H-35, die von den Kolonialtruppen der Vichy-Regierung aufgegeben wurden, in Armeen des Nahen Ostens weitere Verwendung.*

Technische Daten

Bewaffnung:	ein 37-mm-Geschütz; ein 7,5-mm-MG
Panzerung:	maximal 40 mm
Besatzung:	2
Maße:	Länge 4,22 m; Breite 1,95 m; Höhe 2,15 m
Gewicht:	10 600 kg
Antrieb:	ein Hotchkiss-1935-6-Zylinder-Benzinmotor mit 55,9 kW (75 PS)
Höchstgeschwindigkeit:	27 km/h (Straße)
Reichweite:	150 km (Straße)

Unten: *Der Hotchkiss H-35 war einer der besten leichten Panzer der französischen Armee. Während des Zweiten Weltkrieges diente er auch den Deutschen, die viele Fahrzeuge dieses Typs erbeuteten.*

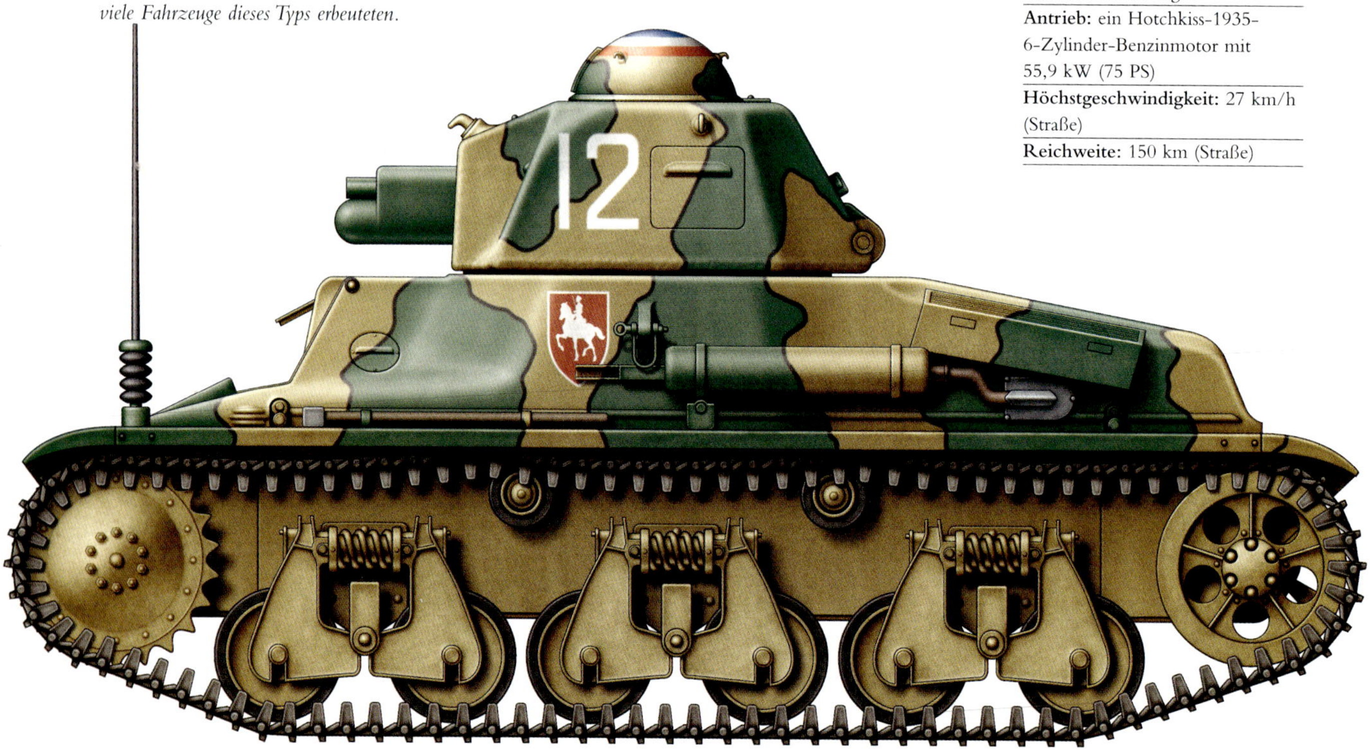

Zeit der Experimente

1935 Frankreich

PANHARD UND LEVASSOR TYPE 178 PANZERWAGEN

Die Franzosen hatten, ebenso wie die Briten, ausgedehnten Kolonialbesitz in Übersee – und ein Panzerwagen war das ideale Fahrzeug für Patrouillen. Der Type 178 Panzerwagen wurde speziell dafür konzipiert.

Oben: *Diese Ansicht zeigt die klare Linienführung des Panhard. Dieser Panzerwagen wurde von den Franzosen ursprünglich für Sicherungsaufgaben in den nordafrikanischen Kolonien entwickelt.*

Der 1935 herausgebrachte Panhard und Levassor Type 178 Panzerwagen war zum Einsatz in den nordafrikanischen Kolonien gedacht, wo die Franzosen ständig mit Unruhen rechnen mussten. Patrouillen in ungepanzerten Fahrzeugen fielen zunehmend Terroranschlägen zum Opfer. Man benötigte einen leichten Panzerwagen, der schnell im Einsatzgebiet aufmarschieren konnte und aufgrund seiner groß dimensionierten Reifen mit fast jedem Untergrund zurechtkam. Bald nach Beginn des Frankreichfeldzuges erwies sich das Geschütz als unzureichend. Es wurde durch eine 47-mm-Waffe ersetzt, mit der aber nur wenige Panzerwagen umgerüstet werden konnten. Der Panhard 178 blieb bis zum Ende des Feldzuges im Einsatz. Einige Fahrzeuge nahmen kurz vor dem Waffenstillstand an den Kämpfen an der Loire teil. 1941 wurden die 140 erbeuteten Fahrzeuge auf deutsche Einheiten verteilt. 43 Exemplare erhielten Schienenräder, sodass sie zur Sicherung von Bahnstrecken eingesetzt werden konnten.

Technische Daten

Bewaffnung: ein 25-mm-Geschütz; ein oder zwei 7,5-mm-MG
Panzerung: maximal 13 mm
Besatzung: 4
Maße: Länge 4,79 m; Breite 2,01 m; Höhe 2,15 m
Gewicht: 8200 kg
Antrieb: ein Panhard-ISK-4F-II-bis-8-Zylinder-Benzinmotor mit 78,3 kW (105 PS)
Höchstgeschwindigkeit: 72 km/h (Straße)
Reichweite: 300 km (Straße)

Rechts: *Diese Panhard-Panzerwagen sind von den Deutschen in ihren Dienst übernommen worden. Sie überqueren hier Sumpfgelände, das mit Knüppeldämmen befestigt ist.*

Zeit der Experimente
1935 Frankreich

SOMUA S-35

Der SOMUA S-35 war sowohl sehr gut gepanzert als auch wendig – und war 1940 einer der besten Panzer überhaupt. Er verfügte über technische Neuerungen, die andere Konstrukteure bisher übersehen hatten.

Links: *Der SOMUA war eine hervorragende Konzeption, wurde aber bei der Produktion von Arbeitskämpfen und häufigen Regierungswechseln behindert. Er stand daher an der Front nicht in ausreichender Anzahl zur Verfügung.*

Die Entwicklung des SOMUA (Société d'Outillage Méchanique et d'Usinage d'Artillerie) erfolgte 1934 aufgrund der Anforderungen an einen neuen Kavallerie-Panzer. Es wurden zwei Prototypen gebaut. 1935 eine erste Lieferung von 50 Panzern bestellt. Die offizielle Bezeichnung lautete Automitrailleuse de Combat Modèle 1935S, obwohl dieser Panzer unter dem Namen SOMUA S-35 bekannt war. Er war schnell und mit seinem 47-mm-Geschütz feuerstark, hatte aber einen Nachteil: Der Kommandant sollte neben der Führung des Panzers auch noch das Geschütz bedienen. Der Turm war eine Variante des APX-1, der auch im Char B1 Verwendung fand. In der Praxis offenbarte sich ein Konstruktionsfehler dieses Panzers: Die beiden Hälften der Wanne wurden nur durch einen horizontalen Bolzenring zusammengehalten. Wurde die Wanne dort von einem Panzerabwehrprojektil getroffen, konnte sie in zwei Hälften zerfallen.

Neuerungen

Die Neuerungen des SOMUA schlossen selbstdichtende Tanks beidseits des hinten liegenden Motors ein. Für jeden Panzer war ein Bordfunkgerät vorgesehen, aber wegen der Knappheit der benötigten ER28-Geräte hatte nur der Führungspanzer eines Zuges Funkausstattung. Während der Produktionsphase wurde der SOMUA von zahlreichen Problemen behindert und konnte deshalb nicht im geplanten Umfang in Dienst gestellt werden. Im Gefecht war der SOMUA hinsichtlich Schnelligkeit und Feuerkraft dem deutschen Panzer III überlegen, aber jener war mechanisch wesentlich zuverlässiger. Der SOMUA hatte Probleme mit seinem komplizierten Laufwerk: Trotzdem bewährte er sich im Zweiten Weltkrieg während des Frankreichfeldzuges. Die Verluste des SOMUA im Gefecht wurden in der Mehrzahl von Sturzkampfbombern verursacht, weniger von Panzerangriffen.

Technische Daten

Bewaffnung: ein 47-mm-Geschütz; ein 7,5-mm-MG
Panzerung: maximal 40 mm
Besatzung: 3
Maße: Länge 5,38 m; Breite 2,12 m; Höhe 2,62 m
Gewicht: 19 500 kg
Antrieb: ein SOMUA-V8-Benzinmotor mit 141,7 kW (190 PS)
Höchstgeschwindigkeit: 40 km/h
Reichweite: 230 km

Unten: *Wenn der SOMUA überhaupt einen Fehler hatte, dann war es sein hohes Profil, das ihn zu einer leichten Beute machte.*

Zeit der Experimente

1935 Frankreich

RENAULT R-35

Dieser Zwei-Mann-Panzer war noch den Panzerkonzeptionen des Ersten Weltkrieges verhaftet. Er wurde in der Annahme gebaut, dass sich die Taktiken des Panzereinsatzes seit 1918 nicht weiterentwickelt hätten.

Oben: *Der R-35, im Gefecht unterlegen, fand später unter anderem als Bergepanzer Verwendung.*

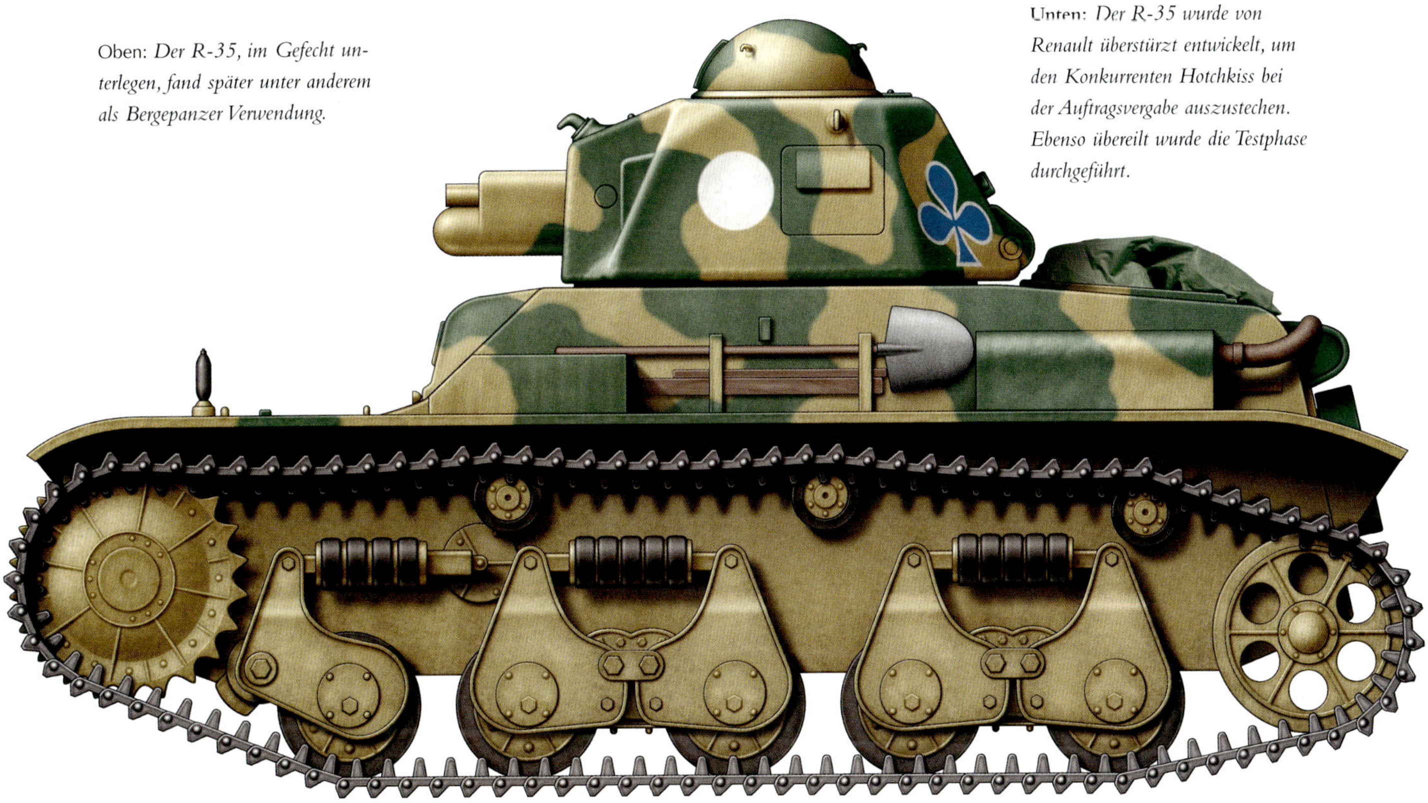

Unten: *Der R-35 wurde von Renault überstürzt entwickelt, um den Konkurrenten Hotchkiss bei der Auftragsvergabe auszustechen. Ebenso übereilt wurde die Testphase durchgeführt.*

Technische Daten

Bewaffnung: ein 37-mm-Geschütz; ein 7,5-mm-MG
Panzerung: maximal 40 mm
Besatzung: 2
Maße: Länge 4,02 m; Breite 2,13 m; Höhe 2,13 m
Gewicht: 10 600 kg
Antrieb: ein Renault-4-Zylinder-Benzinmotor mit 63,4 kW (85 PS)
Höchstgeschwindigkeit: 20 km/h
Reichweite: 130 km

Der Renault R-35 wurde nach Vorgaben der französischen Armee entwickelt, die den FT-17 ersetzen wollte. Renault bemühte sich, mit seinem Prototypen den Konkurrenten Hotchkiss auszustechen. Renault gewann und bekam bereits vor Beendigung der Erprobung im April 1935 einen Auftrag über 300 Einheiten – so deutlich empfand die französische Armeeführung die Bedrohung durch die deutsche Wiederbewaffnung.

R-40

1938 unterzog die polnische Armee den R-35 einer gründlichen Erprobung – und war von den Eigenschaften des Fahrzeugs keineswegs beeindruckt. Da sie kaum Panzer hatte, orderte sie trotzdem 100 Einheiten, von denen sie als erste Teillieferung 50 Stück im Juli 1939 erhielte, nur Wochen vor dem deutschen Überfall. Am 10. Mai 1940, zu Beginn des deutschen Frankreichfeldzugs, waren 21 Bataillone mit jeweils 45 R-35 ausgerüstet. Zeitgleich war auch schon der R-40, eine Weiterentwicklung mit überarbeitetem Laufwerk, im Einsatz. Viele R-35 wurden von den Deutschen erbeutet, erwiesen sich aber beim Patrouillendienst in den besetzten Gebieten als wertlos und fanden als Zugfahrzeuge für Artilleriegeschütze im Russlandfeldzug Verwendung.

Zeit der Experimente

⚒ **1935 Deutschland**

PANZERKAMPFWAGEN II

Oben: *Ein PzKpfw II (rechts) beim Frankreichfeldzug im Mai 1940. Der PzKpfw II spielte eine Schlüsselrolle bei der Sicherung des schnellen Sieges der Deutschen. Der andere Panzer im Bild ist der PzKpfw 38(t).*

Als Nachfolgemodell des PzKpfw I sollte der PzKpfw II die Zeit bis zur Entwicklung schlagkräftigerer Panzermodelle überbrücken. Mit ihm übte man die taktischen Manöver, die den Panzerdivisionen im Zweiten Weltkrieg zu einem frühen Sieg verhalfen.

Der PzKpfw II stand entwicklungsgeschichtlich als leichter Panzer zwischen dem alten PzKpfw I und der neuen Generation gepanzerter Kampffahrzeuge, dem PzKpfw III und dem PzKpfw IV. Der Anforderungskatalog sah einen Zehn-Tonnen-Panzer mit einem 20-mm-Geschütz in einem rundum drehbaren Turm vor. Henschel, Krupp und MAN aus Augsburg bewarben sich. Der Entwurf von Krupp war zwar der einfachste, da er lediglich den alten PzKpfw I mit dem geforderten Geschütz und einem Maschinengewehr ausstattete, doch die Konzeption von MAN machte das Rennen.

Landwirtschaftlicher Schlepper

Die Firma stellte diverse Prototypen unter dem Decknamen „Landwirtschaftlicher Ackerschlepper" her, dann ging der Panzer in Produktion. MAN war für das Chassis und Daimler-Benz für die Aufbauten zuständig. Die erste Partie der Ausführung A wurde 1935 ausgeliefert. Die Fertigung setzte sich bis 1942 fort, obgleich die Erfahrungen im Frankreichfeldzug 1940 zeigten, dass der PzKpfw II veraltet war. Mehrere Varianten wurden hergestellt: Die interessanteste unter ihnen war eine Amphibienversion, die bei der geplanten Invasion Englands zum Einsatz kommen sollte.

Technische Daten

(PzKpfw II Ausführung F)

Bewaffnung: ein 20-mm-Geschütz; ein 7,92-mm-MG

Panzerung: maximal 35 mm

Besatzung: 3

Maße: Länge 4,81 m; Breite 2,28 m; Höhe 2,15 m

Gewicht: 9650 kg

Antrieb: ein 4-Zylinder-Benzinmotor mit 104,4 kW (140 PS)

Höchstgeschwindigkeit: 40 km/h (Straße)

Reichweite: 200 km (Straße)

Unten: *Der PzKpfw II war lediglich eine Übergangslösung. Dennoch wurde er lange Zeit produziert und kam im Zweiten Weltkrieg oft zum Einsatz.*

Technische Daten

Bewaffnung: ein 37-mm-Typ-94- oder Typ-98-Geschütz; zwei 7,7-mm-MG
Panzerung: 12 mm
Besatzung: 3
Maße: Länge 4,38 m; Breite 2,06 m; Höhe 2,18 m
Gewicht: 7400 kg
Antrieb: ein Mitsubishi-NVD-6-Zylinder-Dieselmotor mit 89,5 kW (120 PS)
Höchstgeschwindigkeit: 45 km/h
Reichweite: 240 km (Straße)

Zeit der Experimente

1935 Japan

TYPE 95 HA-GO

Der Type 95 Ha-Go war die erste eigenständige japanische Produktion eines leichten Panzers. Er wurde in China und in der Pazifikregion eingesetzt, wo er in der ersten Zeit sehr erfolgreich war.

Unten: *Der Type 95 war eine Weiterentwicklung des Type 89 (hier bei einer Parade). Der Type 89 war eine der ersten japanischen Produktionen und stammte wiederum vom Vickers Mark C ab.*

Der japanische Type 95 Ha-Go, auch bekannt unter dem Namen Ke-Go, wurde an allen Kriegsschauplätzen im Pazifik eingesetzt. Es war der erste leichte Panzer, der in Serienproduktion ging. Sein Design basierte maßgeblich auf einem Vorläufer, dem Type 89 Experimentalpanzer Nr. 2, dessen weit vorn montierter Turm mit einem 37-mm-Geschütz und zwei Maschinengewehren ausgerüstet war. Dieses Fahrzeug entstand schon 1929 und erhielt eine Neueinstufung als mittelschwerer Panzer.

Leichter Panzer Type 98

1939 waren über 100 Type 95 im Dienst; ihnen folgte im Jahr 1942 die verbesserte Version Type 98. Die leichten Panzer hatten zu Beginn der pazifischen Feldzüge einigen Erfolg, vor allem gegen Infanterie der Alliierten ohne eigene Panzerverbände. Außerdem übernahmen sie eine defensive Rolle bei der Verteidigung der japanischen Stützpunkte, insbesondere auf dem Tarawa-Atoll. Doch die Glanzzeit der leichten Panzer war bereits vorbei, und auch der Type 98 erwies sich als extrem anfällig für alliierte Panzerabwehrwaffen wie die Bazooka.

Oben: *Der Type 95 Ha-Go war einer der besseren japanischen Panzer, die in den 1930er-Jahren produziert wurden. Er wurde in China und in der Frühphase des Pazifikkriegs eingesetzt.*

Zeit der Experimente

1935 Sowjetunion

BT-7

Der sowjetische leichte Panzer BT-7 wurde in großer Zahl eingesetzt und nahm an einer Reihe von Grenzkonflikten mit den Japanern teil. Beim Angriff der Deutschen 1941 war er bereits veraltet.

Technische Daten

Bewaffnung: ein 45-mm-M-32-Geschütz; zwei 7,62-mm-MG

Panzerung: 6–22 mm

Besatzung: 3

Maße: Länge 5,68 m; Breite 2,43 m; Höhe 2,28 m

Gewicht: 14 050 kg

Antrieb: ein M-17T-12-Zylinder-Benzinmotor mit 335,8 kW (450 PS)

Höchstgeschwindigkeit: 86 km/h

Reichweite: 250 km

Der sowjetische leichte Panzer BT-7 war eine Weiterentwicklung des BT-5. Er wies Verbesserungen auf, mit denen die Erkenntnisse aus den Grenzkonflikten der frühen 1930er-Jahre im Fernen Osten umgesetzt wurden. Der BT-7 war schnell, wendig und bei seinen Besatzungen beliebt, weil er gut durchdacht und leicht zu warten war. Beide, der BT-5 und der BT-7, wurden 1939 bei Grenzkämpfen gegen die Japaner eingesetzt und waren den gegnerischen Panzern überlegen. Der BT-7 war der Panzer, der 1939 bei der Besetzung Ostpolens die Hauptlast trug. Er kam auch bei der Invasion der Deutschen in großer Zahl zum Kampfeinsatz, erlitt aber schwere Verluste.

Oben: *Der BT-7 war bei seiner Besatzung sehr beliebt, konnte sich aber mit den deutschen Panzerabwehrgeschossen nicht messen und wurde häufig ausgeschaltet.*

Vielfältige Verwendung

Die meisten der verbliebenen BT-7 wurden in den Fernen Osten verlegt, wo sie an der Invasion der Mandschurei 1945 teilnahmen. Es wurden mehrere Varianten des BT-7 gebaut, darunter eine Version mit einem 76-mm-Geschütz zur Infanterieunterstützung. Je nach Terrain konnte der BT-7 mit Ketten verschiedener Breite ausgestattet werden. Im Gefecht war der größte Nachteil des BT-7 seine schwache Panzerung.

Unten: *Der BT-7 war ein wendiger Panzer, wie dieses Bild beweist. Obwohl er schnell und gut zu manövrieren war, bestand sein größtes Problem in der schwachen Panzerung, die ihn im Kampf anfällig machte.*

Zeit der Experimente

1935 Großbritannien

VICKERS MARK V UND VI

Die leichten Vickers-Panzer waren anfänglich zur Sicherung des britischen Kolonialbesitzes gedacht, doch sie versagten, als sie zu Beginn des Zweiten Weltkrieges gegen deutsche Panzer antraten.

Technische Daten

(Mk VI)

Bewaffnung: ein 7,7-mm- und ein 12,7-mm-MG

Panzerung: 4–14 mm

Besatzung: 3

Maße: Länge 4,01 m; Breite 2,08 m; Höhe 2,26 m

Gewicht: 4875 kg

Antrieb: ein Meadows-6-Zylinder-Benzinmotor mit 65,6 kW (88 PS)

Höchstgeschwindigkeit: 56 km/h

Reichweite: 200 km

Die leichten Vickers-Panzer der 1930er-Jahre waren von den Leichtfahrzeugen der Carden-Loyd-Serie des vorigen Jahrzehnts inspiriert. So dient der Carden-Loyd Mark VIII als Vorlage für den Vickers Mark I. Diesem folgten der Mark 1A mit besserer Panzerung und der Mark II mit einem überarbeiteten Turm und geändertem Laufwerk. Das Design der Wanne war schlicht, die Panzerung genietet. Die frühen Panzer hatten zwei Mann Besatzung, doch der größere Turm des Mark V bot zwei Personen Platz, sodass die Besatzung auf drei Mann wuchs. Auch die Bewaffnung wurde durch ein zusätzliches 12,7-mm-Maschinengewehr verbessert.

Mark VI

Der nächste Schritt war der schnelle und wendige, stark verbesserte Mark VI. Die leichten Panzer von Vickers waren zwar hervorragend geeignet zur Sicherung des britischen Kolonialbesitzes, aber sie erwiesen sich als unbrauchbar, als sie zu Beginn des Zweiten Weltkrieges gegen deutsche Panzer antreten mussten. Ihr Haupteinsatzgebiet war Nordafrika, wo sie als Spähpanzer gute Dienste leisteten.

Rechts: *Aufgrund seiner unzureichenden Bewaffnung war der leichte Vickers-Panzer nur zur Aufklärung zu gebrauchen. Er erlitt schwere Verluste, wenn er zur Infanterieunterstützung eingesetzt wurde.*

Zeit der Experimente

1935 USA

M1/M2

Diese Panzer wurden zu einer Zeit entwickelt, als in den Armeen weltweit das Hauptaugenmerk auf leichten Panzern lag. Sie waren schnell und hatten eine beachtliche Feuerkraft.

Oben: *Leichte M1-Panzer bei einer Parade. Sie schafften die Voraussetzungen für die amerikanischen Panzer.*

Diese amerikanischen leichten Panzer wurden in den frühen 1930er-Jahren entwickelt; die ersten verließen 1935 das Band. Der M1 hatte zuerst die Bezeichnung T2E1 und war eine Weiterentwicklung der Prototypen T2 und T5, die im April 1934 getestet wurden. Sie bekamen ein verbessertes Laufwerk und einen Turm mit zwei Maschinengewehren vom Kaliber 12,7 mm bzw. 7,62 mm sowie ein weiteres 7,62-mm-Maschinengewehr in der vorderen Wanne. Das Fahrzeug ging unter dem Namen M2A1 bei Rock Island Arsenal in Serienproduktion.

Varianten

Eine weitere Entwicklung, der T2E2, besaß zwei Türme mit je einem Maschinengewehr. Er ging im Jahr 1938 als M2A2 in Fertigung. Wegen seiner Türme bekam er von den Besatzungen den Spitznamen „Mae West". Weitere Versionen waren der M2A3, der ebenfalls zwei Türme, ein überarbeitetes Laufwerk, eine stärkere Panzerung, eine größere Getriebeübersetzung und eine bessere Motorkühlung bekam, und der M2A4, der mit einem manuell schwenkbaren 37-mm-Geschütz bestückt war. Als in Europa der Krieg ausbrach, begann man eilig mit der Produktion. Der M2A4 kam Anfang 1942 auf den Philippinen zu Kampfeinsätzen.

Technische Daten

(M1)

Bewaffnung: ein 12,7-mm- und ein 7,62-mm-MG

Panzerung: 16 mm

Besatzung: 4

Maße: Länge 4,14 m; Breite 2,40 m; Höhe 2,30 m

Gewicht: 5987 kg

Antrieb: ein Continental-W-670-7-Zylinder-Benzinmotor mit 186,6 kW (250 PS)

Höchstgeschwindigkeit: 72 km/h

Reichweite: 161 km

Zeit der Experimente

1935 USA

M2

Der amerikanische leichte Panzer M2 war eine weitere Konstruktion, die auf dem Vickers Six-Ton Tank aus den frühen 1930er-Jahren basierte. Seine Varianten wurden im Pazifik eingesetzt.

Technische Daten

Bewaffnung: ein 37-mm-Geschütz; vier 7,62-mm-MG	
Panzerung: 25 mm	
Besatzung: 4	
Maße: Länge 4,45 m; Breite 2,53 m; Höhe 2,52 m	
Gewicht: 10 432 kg	
Antrieb: ein Continental-7-Zylinder-Benzinmotor mit 186,6 kW (250 PS)	
Höchstgeschwindigkeit: 55 km/h	
Reichweite: 210 km	

Der amerikanische leichte Panzer M2 wurde vom Vickers Six-Ton inspiriert und 1935 von Rock Island Arsenal zur Unterstützung der Infanterie entworfen. Nachdem zehn Stück mit nur einem Turm ausgeliefert worden waren, forderte die Armee zwei Türme, wobei der zweite mit einem 7,62-mm-Maschinengewehr bestückt werden sollte. Obwohl diese Anordnung der Türme ineffizient war, war sie bei den Entwicklern sehr beliebt.

Weiterentwicklungen

Das Fahrzeug wurde in seinen frühen Dienstjahren ständig weiterentwickelt, aber nach dem Spanischen Bürgerkrieg und Konflikten in China und Europa erkannten die Militärs, dass der M2 nicht länger konkurrenzfähig war, und ordneten die Entwicklung des M3 an. Er beruhte im Wesentlichen auf der M2-Serie, hatte aber eine schwerere Panzerung und eine etwas längere Wanne. 1941 wurde die Fertigung vom M2A4 auf den M3 umgestellt. Dieses Modell diente insbesondere als Unterstützung der US Marine Corps bei der Eroberung von Guadalcanal. Auch die Briten erwarben einige M3 zusammen mit 30 M2A4.

Unten: *Der leichte Panzer M2 nahm an zahlreichen Kampfeinsätzen im Pazifik teil, wo er zur Unterstützung der US Marines bei den Kämpfen um Guadalcanal diente.*

Zeit der Experimente

1936 Frankreich

AMC-35

Obgleich bei der Invasion der Deutschen viele AMC-35 zur Verfügung standen, konnte er nicht sofort eingesetzt werden, weil es an ausgebildeten Besatzungen mangelte.

Der AMC-35 (Automitrailleuse de Combat Renault Modèle 35) war eine Überarbeitung des Kavalleriepanzers AMC-34. Im September 1938 wurden die ersten AMC-35 ausgeliefert. Er ähnelte dem AMC-34, hatte aber eine verlängerte Wanne, um eine verkürzte Version des 180-PS-Motors aus dem Char B1 aufnehmen zu können. Der von zwei Mann bediente Turm des AMC-35 war mit einem 25-mm-Geschütz mit 250 Schuss Munition und einem 7,5-mm-Maschinengewehr bestückt. Seine Fertigung erfolgte langsam, darüber hinaus wurden zwölf Stück der ersten Lieferung nach Belgien gegeben. Bei Ausbruch des Krieges im September 1939 beschleunigte sich die Produktion. Am 10. Mai 1940, als die Deutschen Belgien angriffen, kamen acht AMC-35 zu ihrem ersten Kampfeinsatz: Vier wurden von deutschen Panzerabwehrkanonen ausgeschaltet, zwei weitere wegen technischer Defekte aufgegeben. Die französischen AMC-35 blieben währenddessen untätig. Erst als die Deutschen bei Sedan durchbrachen, wurden sie ins Kampfgeschehen geschickt. Einige der erbeuteten Fahrzeugen wurden später zu Sicherungszwecken eingesetzt.

Technische Daten

Bewaffnung: ein 47-mm- oder ein 25-mm Geschütz; ein 7,5-mm-MG

Panzerung: maximal 25 mm

Besatzung: 3

Maße: Länge 4,55 m; Breite 2,20 m; Höhe 2,30 m

Gewicht: 14 500 kg

Antrieb: ein Renault-4-Zylinder-Benzinmotor mit 134,2 kW (180 PS)

Höchstgeschwindigkeit: 42 km/h (Straße)

Reichweite: 160 km (Straße)

Links: *Der AMC-35 war ein weiteres Beispiel dafür, wie die Rüstungsbemühungen der Armee von Arbeitskämpfen und wechselnden Regierungsentscheidungen behindert wurden. Die Produktionszahlen stiegen erst kurz vor Ausbruch des Krieges, aber es war zu spät, um diesen Panzer noch in ausreichender Anzahl gegen die Deutschen einsetzen zu können.*

Zeit der Experimente

1936 **Frankreich**

FCM-36

Unten: *Der Infanteriepanzer FCM-36 wurde überstürzt zur Produktion freigegeben, weil er kostengünstig und leicht in Serie herzustellen war. Nicht alle bei Tests festgestellten Probleme waren bis zu seinem Einsatz gelöst worden.*

Das Unternehmen FCM beeilte sich, einen Prototyp dieses leichten Panzers zu bauen. Doch es mussten zahlreiche Konstruktionsfehler beseitigt werden, bevor er einsatzfähig war.

Technische Daten

Bewaffnung: ein 37-mm-Geschütz; ein 7,5-mm-MG
Panzerung: maximal 40 mm
Besatzung: 2
Maße: Länge 4,22 m; Breite 1,95 m; Höhe 2,15 m
Gewicht: 12 350 kg
Antrieb: ein Berliet-8,4l-4-Zylinder-Dieselmotor mit 67,9 kW (91 PS)
Höchstgeschwindigkeit: 24 km/h (Straße)
Reichweite: 225 km (Straße)

Der Infanteriepanzer FCM-36 (Forges et Chantiers de la Méditerranée) war als kostengünstiges Fahrzeug ausgelegt, das problemlos in Serie produziert werden konnte. Nach Erprobung verschiedener Prototypen und zahlreichen Überarbeitungen begann im Juli 1936 die Produktion. Das Kriegsministerium bestellte 100 Stück bei FCM – und gleichartige Panzer auch bei Renault und Hotchkiss. Nachbestellungen von je 100 Stück ergingen auch in den Jahren 1938 und 1939.

Schwere Verluste

Im März und April 1939 erhielten das 4. und 7. Panzerbataillon jeweils 50 Stück des FCM-35. Nach Ausbruch des Krieges im September wurden diese Bataillone mit dem 3. Panzerbataillon, das mit Renault R-35 ausgestattet war, zusammengelegt und bildeten nun den 503. Panzerverband, der die Panzerreserve der 2. Armee darstellte. Dieser Verband war in heftige Kämpfe mit den Deutschen verwickelt, als diese die Maas überschritten. Er war für die deutschen PzKpfw III kein ebenbürtiger Gegner und erlitt schwere Verluste. Nach den Kämpfen requirierten die Deutschen 50 FCM-36. Zehn von ihnen wurden zu Panzerjägern und zwölf zu Selbstfahrlafetten umgebaut. Im Musée des Blindés in Saumur ist ein FCM-36 ausgestellt.

Zeit der Experimente
1936 Großbritannien

MATILDA I

Der Infanteriepanzer Matilda I bewährte sich in Frankreich gut, obwohl er bereits veraltet war. Deshalb wurde er anschließend nur noch zur Ausbildung genutzt.

Das erste britische Anforderungsprofil für einen Infanteriepanzer wurde 1934 ausgegeben, das Ergebnis war der A11 Infantry Tank Mark I (Matilda I). Er wurde 1935 von Vickers-Armstrong entworfen und kam als kleiner Zwei-Mann-Panzer mit einem einzelnen 7,7-mm-Maschinengewehr im Turm heraus. Der Matilda I sollte schnell produziert werden und bestand daher aus vorhandenen Teilen anderer Fahrzeuge, wie zum Beispiel dem Getriebe eines Fordson-Schleppers und einem V8-Motor von Ford.

„The Duck"

Ein hochrangiger Militär kommentierte die Vorführung eines Matilda I mit den Worten:

Oben: *Der Matilda I wurde für eine schnelle Produktion entworfen und bestand aus Bauteilen vorhandener Schlepper oder anderer Fahrzeuge.*

„Er watschelt wie eine Ente" (engl. duck), und so kam er zu seinen Namen „Duck". Die ersten Bestellungen des Matilda I ergingen im April 1938, die Produktion wurde bis zu seinem Einsatz in Frankreich 1940 fortgesetzt. Zusammen mit dem neueren Matilda II, der in keiner Beziehung zu ihm stand, kämpfte er in der Schlacht von Arras, wo er General Erwin Rommels 7. Panzerdivision die einzige schwere Krise des Feldzuges bereitete. Nach den Kämpfen in Frankreich wurde er vom Fronteinsatz abgezogen.

Technische Daten

Bewaffnung: ein 7,7-mm- oder ein 12,7-mm-MG
Panzerung: 10–60 mm
Besatzung: 2
Maße: Länge 4,85 m; Breite 2,286 m; Höhe 1,867 m
Gewicht: 11 160 kg
Antrieb: ein 4-Zylinder-Benzinmotor mit 52,22 kW (70 PS)
Höchstgeschwindigkeit: 13 km/h
Reichweite: 129 km

Zeit der Experimente

1937 Deutschland

PANZERKAMPFWAGEN III

Oben: *Ein PzKpfw III durchquert einen Fluss. Mit seiner Fähigkeit, jeden britischen Panzer auszuschalten, trug er entscheidend zu den frühen Erfolgen Rommels in Nordafrika bei.*

Der PzKpfw III wurde in großen Stückzahlen hergestellt. Als Deutschland 1941 Russland angriff, war er der meistproduzierte deutsche Panzer. Die Bewaffnung dieser Fahrzeuge wurde ständig aktualisiert.

Links: *Der PzKpfw III war ohne Zweifel einer der besten Panzer, der während des Zweiten Weltkrieges produziert wurde. Ursprünglich war er zur Panzerabwehr konzipiert.*

Technische Daten

(Panzer III Ausführung F)

Bewaffnung: zunächst ein 37-mm-Geschütz, später ein 50-mm-Geschütz; zwei 7,92-mm-MG

Panzerung: maximal 30 mm

Besatzung: 5

Maße: Länge 5,38 m; Breite 2,91 m; Höhe 2,435 m

Gewicht: ca. 19 500 kg

Antrieb: ein Maybach-HL120TRM-V12-Benzinmotor mit 223,7 kW (300 PS)

Höchstgeschwindigkeit: 40 km/h (Straße)

Reichweite: 165 km (Straße)

Mitte der 1930er-Jahre erließ die Wehrmacht die Anweisung, dass jedes Panzerbataillon aus drei Kompanien mit mittelschweren Panzern und einer mit schwereren Einheiten, dem späteren PzKpfw IV, bestehen sollte. Als Folge des Erlasses entstand der PzKpfw III, der feindliche Panzer zerstören sollte, während der PzKpfw IV zur Unterstützung der Infanterie gedacht war. 1939 begann die Serienproduktion.

Versionen A bis G

Die ersten Modellversionen (Ausführungen A, B und C) wurden in relativ kleiner Zahl gebaut und beim Überfall auf Polen im September 1939 eingesetzt. Die folgende Version D hatte eine dickere Panzerung und eine überarbeitete Turmkuppel. Im Jahr 1940 ging die mit einem 50-mm-Hochgeschwindigkeitsgeschütz bestückte Ausführung F in Produktion; sie hatte außerdem einen stärkeren Motor. Die Ausführung G hatte eine vergleichbare Bewaffnung, aber einen noch stärkeren Motor. Mitte 1941 war der PzKpfw III der beliebteste deutsche Panzer, und die meisten Fahrzeuge waren mit dem stärkeren 50-mm-Geschütz nachgerüstet worden. Er wurde erfolgreich gegen die britische Armee in Nordafrika eingesetzt, wo er mit seiner immensen Feuerkraft allen dortigen britischen Fahrzeugen bei Weitem überlegen war.

Zeit der Experimente

1937 **Deutschland**

PANZERKAMPFWAGEN IV

Der PzKpfw IV war einer der berühmtesten Panzer, die je hergestellt wurden, und bildete im Zweiten Weltkrieg aufgrund seiner vielen Verwendungsmöglichkeiten das Rückgrat der deutschen Panzerdivisionen.

Unten: *Dieser in der Spätphase des Krieges eingesetzte PzKpfw IV G hatte zusätzliche Panzerplatten an Wanne und Turm, um ihn gegen die neuesten alliierten Panzerabwehrwaffen zu schützen. Er war ein ernstzunehmender Gegner für Panzer wie den Sherman.*

Der PzKpfw IV, einer der wichtigsten Panzer des Zweiten Weltkrieges, war ursprünglich zur Unterstützung der Infanterie vorgesehen, während der PzKpfw III gegnerische Panzer bekämpfen sollte. Der erste der bei Krupp hergestellten PzKpfw IV rollte im Oktober 1937 vom Band. Die treibende Kraft hinter der Entwicklung der neuen mittelschweren Panzer, die aus Kostengründen auf diese zwei Modelle beschränkt wurde, war Oberst Heinz Guderian. Er plante, die Panzer zu eigenständigen Verbänden – den Panzerdivisionen – zusammenzufassen, anstatt sie in kleinen Einheiten zwischen der Infanterie einzusetzen. Diese Taktik funktionierte.

Verbesserung der Bewaffnung

Der PzKpfw IV war mit dem kurzen 75-mm-KwK-L/24-Geschütz bestückt, das hochexplosive Munition verschoss und gegen befestigte Stellungen und Infanterie eingesetzt wurde, dem es aber an Genauigkeit fehlte. Nach den ersten Gefechten mit dem T-34 wurde 1941 die Ausführung F mit einem überarbeiteten Turm versehen, der mit einem schlagkräftigeren 75-mm-L/43-Panzerabwehrgeschütz bestückt war. In dieser Ausstattung bekam er den Namen IV F2 bzw. später PzKpfw IV G und wurde zum Rückgrat der Panzerdivisionen. Bis auf Änderungen bei der Panzerung und der Bewaffnung, die von den Erfahrungen auf dem Schlachtfeld diktiert wurden, blieb diese Ausführung unverändert. Die Modifikationen in der Bewaffnung ermöglichten es dem PzKpfw IV, sich gegen den russischen T-34 und den amerikanischen Sherman zu behaupten, wobei er Letzteren 1942 in Nordafrika das erste Mal begegnete.

Technische Daten

(PzKpfw IV Ausführung F2)

Bewaffnung: ein 75-mm-L/43-Geschütz; zwei 7,92-mm-MG

Panzerung: maximal 50 mm

Besatzung: 5

Maße: Länge 6,63 m; Breite 2,88 m; Höhe 2,68 m

Gewicht: ca. 22 350 kg

Antrieb: ein Maybach-HL120-TRM-V12-Benzinmotor mit 223,7 kW (300 PS)

Höchstgeschwindigkeit: 40 km/h (Straße)

Reichweite: 210 km (Straße)

Oben: *PzKpfw IV rücken 1943 durch die russische Steppe vor. Sie sind mit dem verbesserten, langen Rohr für das 75-mm-Hochgeschwindigkeitsgeschütz bestückt, aber noch nicht mit den späteren zusätzlichen Panzerplatten.*

Varianten und Einsätze

Der PzKpfw IV wurde den ganzen Krieg hindurch produziert. Einige Exemplare wurden auch an verbündete Staaten geliefert, ungefähr 40 Stück zu Tauchpanzern umgebaut und, obgleich ursprünglich für die Invasion Englands vorgesehen, an der Ostfront eingesetzt. Im März 1944 kam die letzte Ausführung J heraus. Insgesamt summierte sich die Produktion der PzKpfw IV auf rund 9000 Stück. Zahlreiche Chassis des PzKpfw IV wurden für spezielle Aufgaben umgebaut, wie Jagdpanzer, Selbstfahrlafetten oder Bergepanzer. Der PzKpfw IV fand nach dem Krieg noch Verwendung, insbesondere in Syrien, das einige dieser Fahrzeuge anschaffte. Dort setzte man ihn im sogenannten „Wasserkrieg" 1965 auf den Golanhöhen zum Beschuss israelischer Siedlungen ein. Die letzten PzKpfw IV wurden während des Sechs-Tage-Kriegs von den Israelis erbeutet und danach in Museen ausgestellt.

Unten: *Die Ausführung A war das erste Modell des PzKpfw IV. Der Turm wurde später grundlegend überarbeitet, die meisten PzKpfw IV A wurden nur noch zur Ausbildung genutzt.*

Zeit der Experimente

1937 **Deutschland**

STURMGESCHÜTZ III

Die Deutschen hatten schnell die Bedeutung von Selbstfahrlafetten erkannt, in denen sich die starke Feuerkraft der Artillerie mit der Beweglichkeit von Panzern vereinte. Die Chassis der PzKpfw III und IV erwiesen sich als ideal zur Umrüstung.

Unten: *Das Sturmgeschütz III nutzte das Laufwerk und den Antrieb des PzKpfw III unter einer schweren Panzerung.*

Die Sturmgeschütze III und IV waren Selbstfahrlafetten mit Artillerie- bzw. Panzerabwehrgeschützen auf der Basis der Panzermodelle III bzw. IV. Das Sturmgeschütz III war mit ca. 10 500 Einheiten das meistproduzierte Panzerfahrzeug der Deutschen im Zweiten Weltkrieg. Es war anfänglich zur mobilen Infanterieunterstützung bestimmt, wurde aber später verstärkt als Jagdpanzer eingesetzt. Seine Ursprünge gehen auf eine Anregung Oberst Erich von Mansteins zurück, der 1935 vorschlug, Sturmartillerie-Einheiten zur Feuerunterstützung der Infanterie aufzustellen. Im Laufe des Krieges stellte sich heraus, dass das L/48-Geschütz des Sturmgeschütz III mit den neuesten Entwicklungen der alliierten Panzer nur unzureichend mithalten konnte. So bildete das Chassis des PzKpfw IV die Basis des Sturmgeschützes IV, das Platz für das stärkere 75-mm-L/70-Panzerabwehrgeschütz bot. Diese Weiterentwicklung wurde seit Oktober 1943 unter dem Namen Jagdpanzer IV eingesetzt. Die meisten Jagdpanzer IV wurden bei den deutschen Panzerdivisionen an der Ostfront eingesetzt, wo sie den russischen Panzern große Verluste zufügten.

Technische Daten

(Stug III Ausf G)

Bewaffnung: eine 75-mm-Pak; zwei 7,92-mm-MG

Panzerung: maximal 50 mm

Besatzung: 4

Maße: Länge 6,77 m; Breite 2,95 m; Höhe 2,16 m

Gewicht: 23 900 kg

Antrieb: ein Maybach-HL120-TRM-V12-Benzinmotor mit 223,7 kW (300 PS)

Höchstgeschwindigkeit: 40 km/h (Straße)

Reichweite: 155 km (Straße)

Zeit der Experimente
1937 Japan

TYPE 97 TE-KE TANKETTE

Die kleine Type 97 Te-Ke Tankette fand im Zweiten Weltkrieg in China sowie auf dem pazifischen Kriegsschauplatz Verwendung. Sie leistete Infanterieunterstützung und Aufklärungsdienste.

Technische Daten

Bewaffnung: ein 37-mm-Geschütz
Panzerung: maximal 16 mm
Besatzung: 2
Maße: Länge 3,68 m; Breite 1,80 m; Höhe 1,77 m
Gewicht: 4750 kg
Antrieb: ein Ikega-4-Zylinder-Dieselmotor mit 48,5 kW (65 PS)
Höchstgeschwindigkeit: 42 km/h
Reichweite: 250 km

Tokyo Motor Industries baute 1937 zwei Prototypen der Type 97 Te-Ke Tankette als Antwort auf eine Ausschreibung der kaiserlichen Armee für einen kleinen Spähpanzer. Im ersten Entwurf waren Motor und Fahrer vorn im Fahrzeug untergebracht, der kleine Turm saß weiter hinten. Zur besseren Kommunikation zwischen dem Kommandanten und dem Fahrer wurde der Turm später nach vorn verlegt und der Motor nach hinten. Der enge Innenraum war mit Asbest verkleidet, um die Besatzung vor der Motorhitze zu schützen. In der Wanne saß der Fahrer zur Linken des Kommandanten, der seine Gefechtsposition im Turm nur über eine Klappe im Heck erreichen konnte.

Infanterieunterstützung

Die Type 97 Te-Ke Tankette kämpfte an allen Fronten, aber ihr Haupteinsatzgebiet war China, wo sie auch zur Infanterieunterstützung verwendet wurde. Darüber hinaus konnte sie auch Munitionsanhänger ziehen. Grundsätzlich wurde sie in Einheiten mit bis zu 17 Panzern aufgestellt. Einige Tanketten wurden viele Jahre nach dem Krieg von Inseln im Pazifik geborgen und für Ausstellungen in Museen restauriert.

Unten: *Die Type 97 Te-Ke konnte man kaum als Erfolg werten. Die Bewaffnung war wirkungslos gegenüber den alliierten Panzern. Ihre eigene Wanne wurde von Infanteriewaffen leicht durchschlagen.*

Zeit der Experimente

1937 Japan

TYPE 97 CHI-HA

Der mittelschwere Panzer Type 97 Chi-Ha war insofern ungewöhnlich, da er zu einer Zeit mit einem Dieselmotor ausgestattet war, als die meisten anderen gepanzerten Kampffahrzeuge Benzinmotoren benutzten.

Technische Daten

Bewaffnung: ein 57-mm-Geschütz; zwei 7,7-mm-MG

Panzerung: 25 mm

Besatzung: 4

Maße: Länge 5,50 m; Breite 2,33 m; Höhe 2,23 m

Gewicht: 15 000 kg

Antrieb: ein Mitsubishi-97-V12-Dieselmotor mit 127 kW (170 PS)

Höchstgeschwindigkeit: 39 km/h

Reichweite: unbekannt

Links: *Im Allgemeinen bewährten sich Panzer wie der Type 97 zu Anfang des Krieges gut, doch seit 1942 begegneten ihnen auf alliierter Seite eine wirkungsvollere Panzerung und stärkere Panzerabwehrwaffen, die entsprechende Verluste verursachten.*

Der mittelschwere Panzer Type 97 Chi-Ha wurde entsprechend den Anforderungen an ein Nachfolgemodell für den Type 89B entworfen, der kurz vor dem Ende seines Einsatzes stand. Zwei Prototypen, einer von Mitsubishi und einer von der Osaka Waffenfabrik, wurden gebaut. Das schwerere Mitsubishi-Modell bekam den Zuschlag. 1937 rollten die ersten Exemplare vom Band. Zu einer Zeit, da die Panzer anderer Nationen Benzinmotoren besaßen, wurden japanische Panzer – einschließlich des Type 97 Chi-Ha – ausschließlich von Dieselmotoren angetrieben. Dies erhöhte im Gefecht ihre Reichweite und minderte die Brandgefahr.

Modellvarianten

1942 erschien eine neue Version, der Type 97 Shinhoto (dt.: neuer Geschützturm), der mit einem neuen 47-mm-Hochgeschwindigkeitsgeschütz bestückt war. Zu den anderen Versionen gehörten ein Befehlspanzer Shi-Ki mit einer 37-mm-Kanone, der Bergepanzer Se-Ri und eine Serie von Selbstfahrlafetten auf Basis des Type-97-Chassis. Er wurde später von dem Nachfolgemodell Type 1 Chi-He abgelöst, dem das Modell Type 3 Chi-Nu folgte. Von diesem wurden bis Ende des Krieges jedoch nur 60 Stück hergestellt.

Links: *Der Type 97 war sicherlich der beste japanische Panzer, der im Zweiten Weltkrieg zum Kampfeinsatz kam. Obwohl seine Konzeption grundsätzlich mit den westlichen Pendants mithalten konnte, war seine Bewaffnung ungenügend.*

Zeit der Experimente

1938 Tschechoslowakei

ČKD/PRAGA LT-H

Die tschechische Waffenindustrie war sich des riesigen Exportmarktes bewusst, der für Waffen aller Art existierte, und entwarf den LT-H speziell für diese wachsende Nachfrage.

Technische Daten

(Schweizer LT-H)

Bewaffnung: ein 24-mm-Geschütz; zwei 7,5-mm-MG

Panzerung: 32 mm

Besatzung: 3

Maße: Länge 4,51 m; Breite 2,00 m; Höhe 2,30 m

Gewicht: 7620 kg

Antrieb: ein Saurer-4-Zylinder-Dieselmotor mit 93 kW (125 PS)

Höchstgeschwindigkeit: 45 km/h

Reichweite: 250 km

Oben: *Der LT-H war ein konventioneller Vorkriegspanzer mit genieteter Panzerung und Heckmotor. Er wäre sicherlich ein großer Exportschlager geworden, wäre die Tschechoslowakei nicht besetzt worden.*

Dieser leichte Panzer war ausschließlich für einen bereits blühenden Weltmarkt entwickelt worden, bevor die Deutschen 1939 die Tschechoslowakei besetzten. Der Panzer war schnell und zuverlässig, und seine Panzerung widerstand den meisten der damaligen Munitionsarten. Dennoch ließ seine Bewaffnung, die aus einem 37-mm-Geschütz bestand, zu wünschen übrig. Die Schweiz kaufte 24 Exemplare und fertigte unter dem Namen Panzer-39 weitere in Lizenz. Diese waren mit einer Oerlikon-24-mm-Kanone bestückt und mit einem eidgenössischen Dieselmotor ausgestattet. Die Tschechen exportierten diesen Panzer auch nach Peru; andere Länder zeigten gleichermaßen lebhaftes Interesse an ihm. So hatte Lettland Panzer mit einer stärkeren Kanone bestellt, die sich jedoch die Deutschen nach der Annexion aneigneten und an die verbündete slowakische Armee weiterleiteten. Weitere LT-H wurden von den Deutschen beschlagnahmt und in die Wehrmacht eingegliedert.

Zeit der Experimente

1938 Tschechoslowakei

LT-38

Der mittelschwere LT-38 war ein weiteres Beispiel für die gute Qualität der tschechischen Vorkriegspanzer. Er wurde in großer Zahl von den Verbündeten der Deutschen an der Ostfront eingesetzt.

Unten: *Der für die Deutschen und ihre Verbündeten produzierte LT-38 war eine modifizierte Version des tschechischen LT-H. Er diente in den Armeen Ungarns, Rumäniens, Bulgariens und der Slowakei.*

Der in Tschechien gebaute mittelschwere LT-38 wurde von der Wehrmacht unter der Bezeichnung PzKpfw 38(t) genutzt. Er wurde 1937 auf eine Anforderung der tschechischen Armee für einen leichten Panzer hin entworfen – in einer Zeit, als sich die internationale Situation dramatisch verschlechterte. Der LT-38 war ein typischer Panzer der Vorkriegszeit mit genieteter Wanne und Heckmotor. Der in der Mitte angebrachte Zwei-Mann-Geschützturm war mit einer Škoda-A7-Kanone und einem 7,92-mm-Maschinengewehr bestückt. Ein weiteres Maschinengewehr gleichen Kalibers war in der Frontpartie untergebracht und wurde vom Funker bedient. Dieser Panzer war sofort ein Exportschlager: 50 Exemplare wurden vom Iran und jeweils 24 Stück von Peru bzw. der Schweiz angeschafft. Die tschechische Armee selbst bestellte 150 Einheiten, konnte aber vor der Annexion des Landes durch die Deutschen 1939 keine einzige in Dienst stellen. Später wurde die Produktion fortgesetzt und der Panzer von der Wehrmacht und den Verbündeten der Deutschen – Ungarn, Slowakei, Rumänien und Bulgarien – genutzt. Das Chassis des LT-38 diente auch als Basis für Panzerjäger und Flugabwehrpanzer.

Technische Daten

Bewaffnung: ein 37-mm-L/40- bzw. L/45-Geschütz; zwei 7,92-mm-MG

Panzerung: 15–25 mm

Besatzung: 4

Maße: Länge 4,60 m; Breite 2,12 m; Höhe 2,40 m

Gewicht: 9400 kg

Antrieb: ein Praga-EPA-Modell-I-6-Zylinder-Benzinmotor mit 93 kW (125 PS) bei 2500 U/min

Höchstgeschwindigkeit: 42 km/h

Reichweite: 250 km

Zeit der Experimente

1938 Deutschland

SDKFZ 251

Das SdKfz 251 war ein Schlüsselelement der deutschen Panzerdivisionen. Es ermöglichte der Infanterie, mit den schnell vorstoßenden Panzern mitzuhalten, anstatt die Nachhut bilden zu müssen.

Unten: *Das SdKfz 251 war der meistverbreitete gepanzerte Truppentransporter, der je gebaut wurde.*

Technische Daten

Bewaffnung: zwei 7,92-mm-MG
Panzerung: maximal 12 mm
Besatzung: 2 plus 10 Infanteristen
Maße: Länge 5,80 m; Breite 2,00 m; Höhe 1,75 m
Gewicht: 8500 kg
Antrieb: ein Maybach-HL42-TUKRM-6-Zylinder-Benzinmotor mit 74,5 kW (100 PS)
Höchstgeschwindigkeit: 52 km/h (Straße)
Reichweite: 180 km (Straße)

Das SdKfz 251 war ein gepanzerter Schützenpanzer, der eine voll ausgerüstete Infanteriegruppe von zehn Mann mitführen konnte. Die ersten Schützenpanzer dieses Typs wurden 1939 der 1. Panzerdivision zugeteilt und später in vier verschiedenen Grundmodellen, A bis D, produziert.

Rechts: *Der Flammpanzerwagen war eine mit mehreren Flammenwerfern ausgerüstete Version des SdKfz 251.*

Zahlreiche Modifikationen

Das SdKfz 251 erfuhr über 20 Modifikationen, hinzu kamen Änderungen von der Truppe im Feld. Eine als „Uhu“ bekannte Variante war mit einem Infrarotscheinwerfer ausgestattet und sollte in der Nacht Ziele für kleine Einheiten von Panther-Panzern erhellen. Eine andere Version wurde in der Endphase des Krieges mit Flugabwehrgeschützen ausgerüstet, um tief fliegende Jagdbomber zu bekämpfen. Ein weiteres Modell wurde zur Feuerunterstützung im Nahbereich mit einem 75-mm-Geschütz aufgerüstet. Eine Variante, die mit einem Wurfrahmen für Raketen ausgestattet wurde, war als „Stuka zu Fuß“ bekannt. Das äußerst beliebte Halbkettenfahrzeug SdKfz 251 wurde in insgesamt 14 500 Exemplaren hergestellt und in den Panzergrenadierverbänden an allen Fronten eingesetzt.

Zeit der Experimente
1938 Großbritannien

CRUISER TANKS MARK I–V

Das Konzept des Cruiser-Panzers war bewährt. Er war dazu bestimmt, die klassische Rolle der Kavallerie, Aufklärung und Jagd, auszufüllen, aber die dafür nötige Schnelligkeit bedingte eine leichte Panzerung.

Links: *Der A9 Mark I, der erste Cruiser Tank, war als Späh- und Jagdpanzer konzipiert. Bei den Kämpfen in Frankreich war er den deutschen Panzern hoffnungslos unterlegen, sodass viele bei der britischen Evakuierung Dünkirchens zurückgelassen wurden.*

Technische Daten

(Mark I /A9 1938)

Bewaffnung:	ein 40-mm-Geschütz; zwei 7,7-mm-MG
Panzerung:	6–14 mm
Besatzung:	6
Maße:	Länge 5,79 m; Breite 2,50 m; Höhe 2,65 m
Gewicht:	12 190 kg
Antrieb:	ein 4-Zylinder-Benzinmotor mit 111,9 kW (150 PS)
Höchstgeschwindigkeit:	40 km/h
Reichweite:	240 km

In den frühen 1930er-Jahren beschloss die britische Armee, zwei verschiedene Grundtypen von Panzern zu entwickeln. Der eine war ein Infanteriepanzer zur Unterstützung der Bodentruppen, der andere der sogenannte „Cruiser Tank", der andere Panzer zerstören sollte. Vickers entwarf 1934 den Cruiser Tank Mark I (A9), der ab 1937 produziert wurde. Der Turm wurde von einem Motor angetrieben, die Besatzung bestand aus sechs Mann. Sein Hauptgeschütz war eine 40-mm-Kanone, die durch drei Maschinengewehre unterstützt wurde; zwei dieser Maschinengewehre waren in kleinen Zusatztürmen untergebracht. Nach 125 Fahrzeugen endete die Produktion des Mark I, der dann in Frankreich und Nordafrika zum Einsatz kam. Das Nachfolgemodell war der schwerere Mark II, der zuerst A10 Infantry Tank hieß und auf dem Modell AS9 basierte.

Das Christie-Laufwerk

Das nächste Cruiser-Modell steht für einen wichtigen Schritt in der Entwicklung britischer Panzer, da es ein Laufwerk bekam, das von dem Amerikaner J. Walter Christie stammte. Ein Prototyp bewies 1937 dank dieses Systems außerordentliche Leistungen. Der A13 wurde zum Cruiser Mark III entwickelt. Dessen Bewaffnung wurde auf ein 40-mm-Geschütz und ein Maschinengewehr reduziert – und damit auch um zwei Besatzungsmitglieder. Sein größter Nachteil bestand in der unzureichenden Panzerung, die bei Gefechten mit dem deutschen PzKpfw III in Frankreich und Nordafrika große Verluste brachte. Diese Schwäche führte zur Entwicklung des Cruiser Tank Mark IV (A13 Mark II), dessen Panzerung auf 20 bzw. 30 mm verstärkt wurde. Das war zwar keine grundlegende Lösung des Problems, aber der Mark IV konnte sich bei den Kämpfen in Nordafrika gegen italienische Panzerkampfwagen durchaus behaupten. Der nächste Panzer in der Reihe war der Cruiser Tank Mark V (A13 Mark III), der einen überarbeiteten Turm, eine verstärkte Panzerung und eine höhere Höchstgeschwindigkeit besaß.

Unten: *Mark-I-Panzer im Manöver. Obgleich er bei Übungen vor dem Krieg gute Leistungen zeigte, war seine Kanone für die deutschen Panzer keine große Gefahr.*

Zeit der Experimente

1938 Großbritannien

MATILDA II

Der Infanteriepanzer Matilda II überraschte die Deutschen 1940 während der Kämpfe in Frankreich. Trotzdem standen zu wenige Exemplare zu Verfügung, um den Ausgang des Feldzuges zu beeinflussen.

Technische Daten

Bewaffnung: ein 40-mm-Geschütz; ein 7,92-mm-Besa-MG
Panzerung: 13–78 mm
Besatzung: 4
Maße: Länge 5,613 m; Breite 2,59 m; Höhe 2,515 m
Gewicht: 26 925 kg
Antrieb: zwei AEC-6-Zylinder-Benzinmotoren mit 64,8 kW (87 PS)
Höchstgeschwindigkeit: 24 km/h
Reichweite: 257 km

Die korrekte Bezeichnung des Panzers war Infantry Mark II, doch er war allgemein als Matilda II bekannt, obwohl er mit seinem Namensvetter Matilda I nichts zu tun hatte. Er war der beste Panzer, der zu Beginn des Krieges in britischen Diensten stand. Der Entwurf stammte von Royal Arsenal in Woolwich und wurde ab 1937 von der Vulcan-Gießerei in Serie gefertigt. Bei Kriegsausbruch im September 1939 waren jedoch nur zwei Exemplare einsatzbereit. In den nächsten vier Jahren wurden bis zur Einstellung der Produktion im August 1943 fast 3000 Stück hergestellt. Wegen seiner dicken Panzerung war er praktisch unverwundbar gegenüber dem Beschuss seitens deutscher Panzer, denen er in Frankreich gegenüberstand. In einem Gefecht bei Arras am 21. Mai 1940 brachten 16 Matilda, die von 58 kleineren, nur mit Maschinengewehren ausgestatteten Mark I unterstützt wurden, den Vorstoß der von General Rommel befehligten 7. Panzerdivision zum Stehen. Der britische Gegenangriff konnte erst aufgehalten werden, als Rommel befahl, die 88-mm-Flugabwehrkanone schnellstens zur Panzerabwehrkanone umzufunktionieren.

Oben: *Der Matilda II wird in einem Hafen am Suezkanal ausgeladen. Er diente erfolgreich in der britischen 8. Armee, war aber nur mit einer 40-mm-Kanone bestückt, die bei gegnerischen Panzern wie dem PzKpfw III wenig Wirkung zeigte.*

Britisches Erfolgsmodell

Über 1000 Matilda II wurden in die Sowjetunion geliefert und dort ab Winter 1941 eingesetzt. Andere dienten in der australischen 4. Panzerbrigade in Neu-Guinea und Borneo bis zum Kriegsende. Demnach war der Matilda II der einzige britische Panzer, der über die gesamte Kriegsdauer kämpfte.

Unten: *Der Matilda II war in den ersten Kriegsjahren der einzige britische Panzer, dessen Panzerung den deutschen Panzerabwehrprojektilen standhielt. Nach kurzen Erfolgen bei der Schlacht um Arras im Mai 1940 kämpfte er in Nordafrika. Hier ein von den Deutschen erbeutetes Exemplar.*

Zeit der Experimente

1938 USA

M3

Das Halbkettenfahrzeug M3 war vielleicht das bekannteste Fahrzeug der Alliierten und auf allen Kriegsschauplätzen vertreten.

Unten: *Der M3 war das meistgenutzte Halbkettenfahrzeug der Alliierten im Zweiten Weltkrieg. Dieses Exemplar ist komplett mit Tuchverdeck und Winde an der Front abgebildet.*

Da der M3 von allen alliierten Streitkräften verwendet wurde, war er im Zweiten Weltkrieg ein gewohnter Anblick, sogar an der Ostfront. In den 1920er-Jahren hatten die Amerikaner einige Halbkettenfahrzeuge Kegresse P17 von Citroën angeschafft, von deren Leistungen sie nachhaltig beeindruckt waren. So ordneten sie die Entwicklung eines Halbkettenfahrzeugs an, das 1931 als Prototyp T14 vorgestellt wurde. Das später unter der Bezeichnung M2 bekannte Modell bestand aus der Wanne des White-M2-Aufklärungsfahrzeugs und dem Halbkettenlaufwerk des Kegresse. Zwischen 1941 und 1944 teilten sich vier Firmen die Produktion der 41 000 M2-Halbkettenfahrzeuge.

Unten: *Dieses Bild zeigt die Winde und die kanzelartige Halterung für das schwere 12,7-mm-Browning-Maschinengewehr.*

M3-Varianten

Später wurde der M2 vom M3, seinem Nachfolgemodell, unterstützt, der auch als Funkwagen, Artillerieschlepper und gepanzerter Sanitätswagen gebaut wurde. Einer der Nachteile des M3 war seine fehlende Bodenpanzerung, die ihn für Minen anfällig machte. M2- und M3-Halbkettenfahrzeuge wurden von den US-Streitkräften auch noch im Koreakrieg, von den Franzosen in Indochina und den Israelis nach dem Zweiten Weltkrieg verwendet.

Technische Daten

(M3A2)

Bewaffnung: ein 12,7-mm-Browning-MG; zwei 7,62-mm-MG

Panzerung: 13 mm

Besatzung: 3 plus 10

Maße: Länge 6,34 m; Breite 2,22 m; Höhe 2,28 m

Gewicht: 9477 kg

Antrieb: ein White-160AX-6-Zylinder-Benzinmotor mit 106,7 kW (143 PS)

Höchstgeschwindigkeit: 72 km/h

Reichweite: 322 km

Zeit der Experimente
1939 Frankreich

HOTCHKISS H-39

Der Hotchkiss H-39 war der letzte einer Serie von leichten Panzern, die Hotchkiss in den 1930er-Jahren produziert hatte. Er war schnell, aber dennoch kein Gegner für die Geschütze der deutschen Panzer.

Technische Daten

Bewaffnung: eine 37-mm-Kanone; ein 7,5-mm-MG
Panzerung: 40 mm
Besatzung: 2
Maße: Länge 4,22 m; Breite 1,95 m; Höhe 2,15 m
Gewicht: 12 100 kg
Antrieb: ein Hotchkiss-6-Zylinder-Benzinmotor mit 89,5 kW (120 PS)
Höchstgeschwindigkeit: 35 km/h
Reichweite: 150 km

Der H-39 zählte zu den besten Panzern, die den Franzosen 1940 zur Verfügung standen. Er war eine direkte Weiterentwicklung der leichten H-35-Panzerbaureihe, jedoch mit verstärkter Panzerung und einer verbesserten SA38-Kanone mit erhöhter Durchschlagsleistung ausgestattet. Bis zur deutschen Invasion im Mai 1940 waren etwa 100 Fahrzeuge der H-39-Serie an die Armee ausgeliefert worden. Insgesamt wurden 890 H-38 und H-39 produziert, dazu kamen 400 weitere des älteren Typs H-35.

Oben: *Die SA38-Kanone bot für ihre Zeit eine vergleichsweise gute Feuerkraft. Da der Kommandant aber zugleich Richtschütze war, war er häufig überfordert.*

Kurze Gefechte

Gefechte zwischen Hotchkiss und deutschen Panzern waren eine einseitige, kurze Angelegenheit. Am 14. Mai 1940 verlor ein französisches Bataillon innerhalb von Minuten elf von 15 Panzern bei einem Angriff auf den deutschen Brückenkopf an der Maas. Nach der Kapitulation verwendete die Wehrmacht den Panzer unter der Bezeichnung PzKpfw 39-H 735 (f) oder auch als Panzerjäger mit einer anstelle des Turmes montierten Panzerabwehrkanone. Andere wurden 1941 bei Kämpfen zwischen Vichy-Franzosen und Engländern in Syrien eingesetzt.

Rechts: *Dieser H-39 fand Verwendung bei den Freien Französischen Streitkräften nach der französischen Kapitulation.*

2
30/58
RH

Kapitel 3

DIE ÄRA DER LEICHTEN PANZER & PANZERWAGEN

In den ersten zwei Jahren des Zweiten Weltkrieges gab es vorwiegend leichte Panzer und Panzerwagen. Die Aufgaben des Auskundschaftens und schnellen Nachsetzens wurden genauso wichtig wie die Unterstützung der Infanterie. In der britischen Armee verließ man sich vor allem auf die sogenannten „Cruiser Tanks", doch wurde man schmerzlich dafür bestraft, dass diese Jagdpanzer zu schwach gepanzert waren.

Oben: *Der vielseitige britische Humber-Spähwagen fand mannigfaltige Verwendung und bewies seine Zuverlässigkeit. Er war bei seinen Besatzungen beliebt.*

Links: *Britische Cromwell-Panzer sammeln sich in Bereitstellungsräumen kurz vor dem Ausbruch aus dem Normandie-Brückenkopf 1944. Wegen der starken deutschen Gegenwehr kostete dies die britische Armee zahlreiche Panzerfahrzeuge.*

Auch die französischen leichten Panzer hatten kaum Chancen gegen die besser gepanzerten deutschen PzKpfw III und IV. Obgleich die italienischen Panzerkonzeptionen in den 1930er-Jahren auf der Höhe der Zeit waren, erwiesen sie sich bei Kriegseintritt im Juni 1940 als veraltet und wurden weder nachträglich aufgerüstet noch ersetzt. Gleiches galt für die japanischen Panzerwaffen: Sie waren zwar erfolgreich gegen die schwachen Gegner in China, Burma oder auf den Philippinen, später aber meist wirkungslos. Abgesehen von Deutschland, das bis 1941 die größten Fortschritte bei der Entwicklung von Panzern gemacht hatte, konnte auch die Sowjetunion mit ihrem „Keine-Extras"-Ansatz Erfolge aufweisen. Die leichten Panzer der 1930er-Jahre wurden mit immer schlagkräftigerer Bewaffnung und stärkerer Panzerung versehen, bis sie zu mittelschweren Panzern wie dem herausragenden T-34 umgebaut worden waren.

Die Ära der leichten Panzer & Panzerwagen

1939 Deutschland

PANZERSPÄHWAGEN SDKFZ 222

Seit den frühen 1930er-Jahren hatte die Wehrmacht wieder freie Hand bei der Auswahl ihrer Waffen, und eine der Konsequenzen daraus war das SdKfz 222.

Unten: *Das SdKfz 222 war sehr beliebt und wurde bis zum Ende des Krieges hergestellt.*

Das SdKfz 222 gehörte zu einer Reihe von allradbetriebenen Panzerspähwagen, die zwischen 1934 und 1944 von den Eisenwerken Weserhütte gefertigt wurden. Das Grundmodell, das SdKfz 221, hatte zwei Mann Besatzung und ein einzelnes 7,92-mm-MG34. Das SdKfz 222 war zusätzlich mit einer effektiveren 20-mm-Kanone und einem dritten Mann zu seiner Bedienung ausgestattet. Einige Fahrzeuge wurden auch versuchshalber mit der Panzerbüchse 41 (Kaliber 28 mm) aufgerüstet. Eine dritte Version, das SdKfz 223, war ein Funkpanzerwagen.

Hohe Geschwindigkeit

Das beliebte und zuverlässige SdKfz 222 konnte wegen seiner hohen Querfeldein-Geschwindigkeit vor den vorrückenden Panzerverbänden auskundschaften. Sein Nachteil bei diesen Einsätzen war eine begrenzte Einsatzreichweite, da die Besatzung nur auf die eigenen Tankvorräte zurückgreifen konnte. Dies war bei den Feldzügen in West- und Südeuropa unproblematischer als in den Weiten Russlands, wo der Nachschub von Benzin nur schwer organisiert werden konnte. Vor 1939 wurde das SdKfz 222 im großen Umfang nach China exportiert.

Technische Daten

Bewaffnung: eine 20-mm-KwK; ein 7,92-mm-MG

Panzerung: maximal 14,5 mm

Besatzung: 3

Maße: Länge 4,80 m; Breite 1,95 m; Höhe 1,80 m

Gewicht: 4 800 kg

Antrieb: ein Horch-V8-Benzinmotor mit 60,4 kW (81 PS) oder 67,1 kW (90 PS)

Höchstgeschwindigkeit: 75 km/h (Straße)

Reichweite: 320 km

Die Ära der leichten Panzer & Panzerwagen

1939 **Deutschland**

SCHÜTZENPANZER SDKFZ 250

Es war beliebt, zuverlässig und extrem vielseitig, aber teuer in der Herstellung. Trotzdem wurde das SdKfz 250 bis Kriegsende produziert, da es sich im Einsatz als äußerst wertvoll erwies.

Unten: *Dieses SdKfz 250 wurde 1944 in Frankreich aufgenommen.*

Technische Daten

(SdKfz 250/1)

Bewaffnung: zwei 7,92-mm-MGs
Panzerung: maximal 14,5 mm
Besatzung: 2 plus 4 Infanteristen
Maße: Länge 4,56 m; Breite 1,95 m; Höhe 1,66 m
Gewicht: 5700 kg
Antrieb: ein Maybach-HL42-TRKM-6-Zylinder-Benzinmotor mit 74,5 kW (100 PS)
Höchstgeschwindigkeit: 65 km/h (Straße)
Reichweite: 175 km (Straße)

Der Schützenpanzer SdKfz 250 entstammte demselben Konstruktionskonzept wie das etwas schwerere SdKfz 251. Das Design sah ein Ein-Tonnen- und ein Drei-Tonnen-Fahrzeug vor; Ersteres wurde als SdKfz 250 produziert. Ab Juni 1941 stellte die DEMAG aus Wetter a. d. Ruhr das Chassis auf der Basis des Halbkettenfahrzeugs SdKfz 10 her, Büssing-NAG die gepanzerten Aufbauten. Seine Besatzung bestand aus Fahrer, Schütze und vier Infanteristen, die Bewaffnung aus zwei Maschinengewehren. Das Fahrzeug wurde in vielen Varianten mit unterschiedlicher Bewaffnung – von einem 81-mm-Mörser bis zu einer 20-mm-Kanone – gebaut.

Oben: *Das SdKfz 250 wurde während des ganzen Krieges in vielen Versionen produziert. Eine der vielen möglichen Bewaffnungen bestand aus zwei MG34, wie hier zu sehen ist.*

SdKfz 250/9

1942 erschien in Form des SdKfz 250/9 eine wesentlich verbesserte Version. Drei Prototypen wurden zur Erprobung unter Gefechtsbedingungen an die Ostfront geschickt und erwiesen sich als weit effektiver als das SdKfz 222. Folglich begann ab Mai 1943 die Serienproduktion dieses Typs. Einige SdKfz 250 wurden mit einer 37-mm-Panzerabwehrkanone bestückt und in der Funktion eines Jagdpanzers eingesetzt.

Die Ära der leichten Panzer & Panzerwagen

1939 Italien

CARRO ARMATO M11/39

Der italienische leichte Panzer M11/39 wurde schnell als veraltet abgestempelt. Trotzdem schickte man ihn in den Kampfeinsatz nach Nordafrika und nutzte ihn in einer Funktion, für die er nie vorgesehen war.

Unten: *Eine M11/39-Einheit im Manöver.*

Der leichte Panzer M11/39 wurde von FIAT produziert. 1937 erschien der erste als Prototyp, der unter einer unzureichenden Panzerung und einer zu schwachen Bewaffnung litt. Das Hauptgeschütz, eine 37-mm-Kanone, war in der Frontpartie der Wanne untergebracht, der kleine Zwei-Mann-Turm war mit zwei Maschinengewehren bestückt. Von den zwei Grundtypen wurden nur 100 Exemplare hergestellt, da der Panzer schon bei seiner Indienststellung technisch veraltet war. Trotzdem wurden 70 Stück nach Nordafrika verlegt, als Italien im Juni 1940 in den Krieg eintrat. Obwohl er nur als leichter Panzer zur Infanterieunterstützung konzipiert war, wurde der M11/39 in Nordafrika mit Aufgaben eines mittelschweren Panzers betraut, die weit jenseits seiner Möglichkeiten lagen.

Schwache Panzerung

Seine Schwächen wurden bei den Kämpfen in Libyen mit den britischen Matilda II und Valentine offenbar, gegen die der M11/39 nicht den Hauch einer Chance hatte. Die schwache Panzerung der italienischen Panzer wurde von der britischen Militärführung schnell erkannt und ausgenutzt.

Technische Daten

Bewaffnung: ein 37-mm-Geschütz; zwei 8-mm-Breda-MGs

Panzerung: 6–30 mm

Besatzung: 3

Maße: Länge 4,73 m; Breite 2,18 m; Höhe 2,30 m

Gewicht: 11 175 kg

Antrieb: ein SPA-8T-Dieselmotor mit 147,2 kW (200 PS)

Höchstgeschwindigkeit: 30 km/h

Reichweite: 200 km

Unten: *Das Foto zeigt die ursprüngliche Ausführung des Marmon Herrington.*

Die Ära der leichten Panzer & Panzerwagen

1939 Südafrika

MARMON HERRINGTON MARK I/II/III

Die Marmon Herrington Panzerwagen aus Südafrika waren die einzigen Fahrzeuge ihrer Art, die den Streitkräften der Commonwealth-Staaten in Nordafrika in ausreichender Anzahl zur Verfügung standen.

Technische Daten

(MARK III)

Bewaffnung: zwei 7,6-mm-MG, Abweichungen möglich

Panzerung: 12 mm

Besatzung: 3

Maße: Länge 5,30 m; Breite 2,28 m; Höhe 2.48 m

Gewicht: 6096 kg

Antrieb: Ford-V-8 petrol, 63 kW (85 PS)

Höchstgeschwindigkeit: 80 km/h

Reichweite: 322 km

Die Entwicklung von Panzerwagen war eine große Herausforderung für die südafrikanische Waffenindustrie, die noch über keinerlei Erfahrung in der Produktion gepanzerter Kampffahrzeuge jeglicher Art verfügte. Als die südafrikanische Regierung 1938 die Entwicklung zweier Modelle anordnete, zog sich das Projekt lange hin. Als Ergebnis entstanden Fahrzeuge, die das Chassis eines aus Kanada importierten Ford-Lkws, ein Allradgetriebe von Marmon Herrington aus den USA, eine Bewaffnung aus Großbritannien und eine Panzerung der südafrikanischen Iron & Steel Industrial Corporation bekamen.

Kriegsausbruch

Sofort bei Kriegsausbruch 1939 wurde die Serienfertigung der zwei Panzerspähwagen angeordnet: des South African Reconnaissance Vehicle Mark I mit einem kürzeren Radstand sowie nur einer angetriebenen Achse und des South African Reconnaissance Vehicle Mark II mit einem längeren Radstand sowie einem Allradantrieb. Bei den Briten waren sie unter der Bezeichnung Marmon Herrington Mark I/II bekannter. Der Panzerwagen Mark II stellte den Hauptteil der Aufklärungsfahrzeuge der Commonwealth-Streitkräfte in Nordafrika.

Die Version Mark I wurde nach Misserfolgen bei Kampfeinsätzen gegen Italien ausgemustert. Demgegenüber ging der Mark III, dessen Zuverlässigkeit erhöht werden sollte, ab Mitte 1941 in Produktion.

Unten: *Ein Marmon Herrington Mark II Panzerspähwagen mit Tarnanstrich für den Wüsteneinsatz.*

Die Ära der leichten Panzer & Panzerwagen

1939 Sowjetunion

KW-1

Der schwere Panzer KW-1 konnte sich als einziger sowjetische Panzer beim Angriff der Deutschen im Juni 1941 behaupten. Leider wurde er nur in geringer Stückzahl gefertigt.

Als der Kliment-Woroschilow KW-1 1941 in Erscheinung trat, war er der meistgefürchtete Panzer der Welt. Er wurde 1938 als Nachfolger für den T-35 entworfen und bekam seine Bezeichnung nach dem damaligen Volkskommissar für Verteidigung, Kliment Woroschilow. Der Panzer wurde in Finnland unter Frontbedingungen erprobt und ging in zwei Versionen in Produktion: als KW-1A mit einem langläufigen 76,2-mm-Geschütz und als KW-2 mit einer 122-mm-Bewaffnung, die ihn sehr schwerfällig machte. Der KW-2 hatte darüber hinaus einen hohen Turm mit senkrechten Seiten, der für gegnerische Richtschützen ein verlockendes Ziel darstellte und diesen Panzer anfällig machte. Demgegenüber war der KW-1 ein sehr guter Panzer, der der Roten Armee in der gefährlichsten Phase des Krieges gute Dienste leistete. Sein Hauptnachteil war seine beschränkte Reichweite, die in den Weiten Russlands Probleme verursachte. Seine größten Erfolge erzielte er, wenn er als Spitze eines Panzervorstoßes die gegnerischen Befestigungen durchbrach und eine Bresche schlug, die von den nachfolgenden T-34 ausgeweitet werden konnte.

Technische Daten

(KW-1 Modell 1942)

Bewaffnung: ein 76,2-mm-L/41-ZiS-5-Geschütz; drei oder vier 7,62-mm-DT-MGs (Frontpartie, koaxial zum Geschütz, im Turm nach hinten und manchmal außen auf dem Turm)

Panzerung: 30–110 mm

Besatzung: 5

Maße: Länge 6,68 m; Breite 3,32 m; Höhe 3,24 m

Gewicht: 43 000 kg

Antrieb: ein V2K-V12-Dieselmotor mit 410 kW (550 PS) bei 2150 U/min

Höchstgeschwindigkeit: 35 km/h (selten erreicht)

Reichweite: 150 km

Links: *Dieses Bild gibt einen guten Eindruck von der Größe und Massigkeit des KW-1, der Schrecken in den gegnerischen Reihen verbreitete.*

Unten: *Der sowjetische schwere Panzer KW-1 war seinerzeit der schlagkräftigste Panzer der Welt und wurde hauptsächlich dazu genutzt, um stark befestigte Stellungen zu durchbrechen. Sein Nachteil war, dass er langsam und schwerfällig war.*

Die Ära der leichten Panzer & Panzerwagen

1939 Schweden

STRIDSVAGN M/38

In den Jahren unmittelbar vor Ausbruch des Zweiten Weltkrieges fertigte Schweden konkurrenzfähige leichte Panzer wie den Stridsvagn m/38. Exportpläne jedoch wurden vom Krieg durchkreuzt.

Oben: *Dieser Stridsvagn m/38 steht im Panzermuseum in Axvall/Schweden. Der Stridsvagn m/38 diente zuerst in der Göta Livgarde, wurde aber 1939 zu den Panzerbataillonen des 9. und 10. Infanterieregiments in Skövde bzw. Strängnäs verlegt.*

Technische Daten

Bewaffnung:	ein 37-mm-Geschütz; ein MG
Panzerung:	13 mm
Besatzung:	3
Maße:	Länge 4,67 m; Breite 2,06 m; Höhe 2,09 m
Gewicht:	8835 kg
Antrieb:	ein Scania-Vabis-6-Zylinder-Benzinmotor mit 106 kW (142 PS)
Höchstgeschwindigkeit:	45 km/h
Reichweite:	unbekannt

Nach den Erfolgen der Panzer L-60, der viele fortschrittliche Konstruktionsdetails zukünftiger schwedischer Panzer vorwegnahm, und L-100, der eine verkleinerte, schnellere, mit den gleichen Vorzügen eines guten Laufwerks und moderner Konfiguration versehene Variante war, produzierten die Schweden den Stridsvagn m/38. Sie wollten die in Schwung geratene Entwicklung aufrechterhalten und aus der internationalen Nachfrage nach modernen leichten Panzern Kapital schlagen. Im September 1937 bestellte die schwedische Armee 17 Stück dieses Modells und 48 weitere des Stridsvagn m/37 (auch AH-IV-SV). Der m/38 verfügte als einziger schwedischer Panzer über eine durchschlagskräftige Bewaffnung. Er hatte eine 37-mm-Kanone, die die 20-mm-Bewaffnung früherer Konstruktionen ersetzte, und einen schwedischen Motor. Der m/38 hatte ein Lenkrad anstelle von Hebeln, wurde aber nur in kleiner Stückzahl hergestellt. Diese neue Generation von leichten schwedischen Panzern hätte ein Exporterfolg werden können, wenn der Ausbruch des Zweiten Weltkrieges nicht dazwischen gekommen wäre.

Die Ära der leichten Panzer & Panzerwagen

1939 USA

M3 PANZERSPÄHWAGEN

Unmittelbar vor dem Zweiten Weltkrieg waren Panzerspähwagen wie dieser White M3 weit verbreitet, aber als sie sich in Kampfeinsätzen beweisen sollten, stellten sich viele als unzulänglich heraus.

Technische Daten

Bewaffnung: ein 12,7-mm-M2-MG; zwei 7,62-mm-Browning-MGs

Panzerung: 13 mm

Besatzung: 1 plus 7 Infanteristen

Maße: Länge 5,63 m; Breite 2,10 m; Höhe 2,00 m

Gewicht: 5670 kg

Antrieb: ein Hercules-JXD-6-Zylinder-Benzinmotor mit 81 kW (110 PS)

Höchstgeschwindigkeit: 81 km/h (Straße)

Reichweite: 403 km (Straße)

Links: *Der White M3 war während des Zweiten Weltkrieges das Standardfahrzeug der US Military Police. Ursprünglich wurde er von Aufklärungseinheiten genutzt, war aber für den Einsatz querfeldein nicht geländegängig genug.*

Der Panzerspähwagen M3 der White Motor Company wurde erstmals 1938 unter dem Namen T7 gefertigt. Er wurde nur kurz zu Kampfeinsätzen genutzt, hauptsächlich in Nordafrika, und dann von der Front abgezogen. Der M3 wurde vor allem von Aufklärungseinheiten eingesetzt. Da sich seine Geländegängigkeit jedoch als unzureichend erwies, wurde er durch Halbkettenfahrzeuge ersetzt. Dieser Panzerspähwagen konnte acht voll ausgerüstete Infanteristen transportieren und war mit einem schweren 12,7-mm-M2-Maschinengewehr sowie zwei 7,62-mm-Browning-Maschinengewehren gut bewaffnet. Die Windschutzscheibe bestand aus bruchsicherem Glas; zusätzlich konnte man einen 12,7-mm-Schutzschild mit Sehschlitzen herunterklappen. Einige M3 kamen auch 1942 bei den Kämpfen auf den Philippinen zum Einsatz.

Verwendung hinter den Linien

Der M3A1 fand zahlreiche Verwendungen – eine war seine Funktion als Befehlswagen. Nachdem er von den Frontlinien abgezogen worden war, wurde er das Standardfahrzeug der amerikanischen Military Police, der Feldjäger der US-Streitkräfte, auf ihren Straßenpatrouillen im rückwärtigen Raum.

Links: *Das Verdeck des M3 konnte abgenommen werden, wie man hier sieht. Die Rolle an der Frontpartie sollte ihn davor bewahren, im Morast stecken zu bleiben.*

Oben: *Wie viele andere Panzerwagen verdankte auch der Autoblinda 41 seinen Ursprung den Polizeiaufgaben in den Kolonien. Hier kann man seine vergleichsweise geringe Größe erkennen.*

Die Ära der leichten Panzer & Panzerwagen

1940 Italien

AUTOBLINDA AB 40 UND AB 41

Italien sah sich in seinen afrikanischen Kolonien Bedrohungen ausgesetzt. Daher bestand in den späten 1930er-Jahren ein Bedarf an modernen Panzerwagen – hierfür wurden die AB 40 und 41 konzipiert.

Der Autoblinda 40 war 1939 das Ergebnis einer Anforderung sowohl der Kolonialpolizei als auch der Armee, die beide ein neues, schlagkräftiges, gepanzertes Patrouillenfahrzeug benötigten. In den Kolonien kam die Polizei unter starken Druck militanter Aufständischer, und die Armee musste veraltete Modelle ersetzen. Die italienische Regierung entschied, dass ein einziges Fahrzeug beiden Anforderungen gerecht werden sollte – der Autoblinda 40.

Stufenweiser Rückzug

Der neue Panzerwagen, der Mitte 1940 in Fertigung ging, hatte einen Heckmotor und einen vorn auf der Wanne angebrachten Turm mit zwei Maschinengewehren. Einige Autoblinda wurden mit einer 20-mm-Kanone bestückt und hießen in dieser Ausführung Autoblinda 41. Diese neue Kombination von Fahrzeug und Bewaffnung war weitaus wirkungsvoller, deshalb man ließ die Produktion des AB 40 auslaufen. Darüber hinaus rüstete man auch einige alte AB 40 mit den neuen Türmen nach. Ende September 1942 waren 298 Autoblinda 41 in Diensten der italienischen Armee in Nordafrika, Griechenland und Jugoslawien im Einsatz.

Technische Daten

Bewaffnung: ein 20-mm-Geschütz; zwei 8-mm-MGs

Panzerung: 9 mm

Besatzung: 4

Maße: Länge 5,20 m; Breite 1,92 m; Höhe 2,48 m

Gewicht: 7500 kg

Antrieb: ein Ansaldo-6-Zylinder-Benzinmotor mit 59 kW (80 PS)

Höchstgeschwindigkeit: 78 km/h

Reichweite: 400 km

Unten: *Die Bewaffnung des AB 41 ist hier gut zu erkennen: eine 20-mm-Kanone im Turm und ein nach hinten gerichtetes Maschinengewehr in der Wanne.*

Die Ära der leichten Panzer & Panzerwagen

1940 Italien

CARRO ARMATO L6/40

Technische Daten

Bewaffnung: ein 20-mm-Breda-Geschütz; ein 8-mm-Breda-MG
Panzerung: 6–30 mm
Besatzung: 2
Maße: Länge 3,78 m; Breite 1,92 m; Höhe 2,03 m
Gewicht: 6900 kg
Antrieb: ein SPA-18-D-Benzinmotor mit 52,2 kW (70 PS)
Höchstgeschwindigkeit: 42 km/h
Reichweite: 200 km

Die Italiener verließen sich vor und nach ihrem Eintritt in das Kriegsgeschehen weitestgehend auf leichte Panzer wie den L6/40. Mittelschwere Panzer wären allerdings die bessere Lösung gewesen.

Der FIAT L6/40 war eine Weiterentwicklung des L3 und kam vom Eintritt in den Krieg bis zum Waffenstillstand im September 1943 durchgängig zum Einsatz. Das Fahrzeug war eine herkömmliche Konzeption mit einem modifizierten Carden-Loyd-Chassis und einer genieteten Wanne. Der mittig angebrachte Turm war mit einer 20-mm-Breda-Kanone bestückt. Der L6/40 hatte eine langwierige Entwicklungsphase, und die zahlreichen Prototypen aus den späten 1930er-Jahren hatten jeder eine andere Bewaffnung. Der erste hatte ein an der Wanne angebrachtes 37-mm-Geschütz, ein anderer hatte 8-mm-Zwillingsmaschinengewehre. Der Prototyp mit einer im Turm angebrachten Breda-Modello-35-Kanone wurde unter dem Namen Carro Armato L6/40 für die Serienproduktion ausgewählt. Die erfolgreichste Version war eine Selbstfahrlafette mit der Bezeichnung Semovente 47/32 su L6/40, bei der der Turm abmontiert und die Wanne mit einer 47-mm-Panzerabwehrkanone ausgestattet wurde.

Schwächen im Kampf

Alles in allem wurden etwa 500 Exemplare des Panzers L6/40 gefertigt. Wie viele leichte Panzer dieser Zeit hatte auch er im Gefecht den Nachteil, dass der Kommandant gleichzeitig der Bordschütze war. Seinerzeit war der Panzer mit dem PzKpfw II vergleichbar.

Unten: *Der L6/40 basierte auf dem Chassis der britischen Tankette von Carden-Loyd. Der kleine Geschützturm mit seiner 20-mm-Kanone und dem koaxialen Maschinengewehr musste per Hand ausgerichtet werden.*

Technische Daten

Bewaffnung: ein 47-mm-Geschütz; vier 8-mm-MGs
Panzerung: 6–42 mm
Besatzung: 4
Maße: Länge 4,92 m; Breite 2,20 m; Höhe 2,38 m
Gewicht: 14 000 kg
Antrieb: ein SPA-TM40-8-Zylinder-Dieselmotor mit 93 kW (125 PS)
Höchstgeschwindigkeit: 31,8 km/h
Reichweite: 200 km (Straße)

Die Ära der leichten Panzer & Panzerwagen

1940 Italien

CARRO ARMATO M13/40

Obwohl ihm die britischen Panzer überlegen waren, wurde der italienische Carro Armato M13/40 in großem Umfang verwendet. Viele aufgegebene Fahrzeuge wurden sogar gegen ihre früheren Besitzer eingesetzt.

Oben: *Die Verwandtschaft zu seinem Vorläufermodell M11/39 ist auf diesem Bild gut erkennbar.*

Der M13/40 war mit überarbeiteter Panzerung und 47-mm-Geschütz eine Weiterentwicklung des M11/39. Er wurde zum Großteil von Ansaldo-Fossati hergestellt und erreichte eine Produktion von 779 Fahrzeugen. Dieser Panzer wurde vielfach auf dem Balkan und in Nordafrika eingesetzt, wo er von beiden Seiten genutzt wurde.

Rechts: *Der M13/40, der 1940/41 der mittelschwere Standardpanzer der italienischen Armee war, wird als brauchbarster italienischer Panzer des Zweiten Weltkrieges angesehen.*

Weiße Kängurus

Viele erbeutete Fahrzeuge wurden Anfang 1941 dem 6. Royal Tank Regiment und dem australischen 6. Cavalry Regiment zugeteilt, da es den Streitkräften des Commonwealth in Nordafrika an Panzerkampfwagen jeglicher Art mangelte. Das australische Regiment hatte drei Schwadronen der erbeuteten M13/40, die sie Dingo, Wombat und Rabbit nannten. Zur besseren Freund-Feind-Erkennung und damit diese Panzer nicht von eigenen Truppen unter Beschuss genommen wurden, bemalte man die Beutepanzer auf Wanne und Turm mit großen weißen Kängurus. Die Unzuverlässigkeit der Fahrzeuge, nicht zuletzt ihr Hang, schnell in Brand zu geraten, verursachte viele Probleme.

Die Ära der leichten Panzer & Panzerwagen
1940 Italien

CARRO ARMATO P26/40

Der Carro Armato P26/40 war der erste Panzer, der mit seinen alliierten mittelschweren Gegenspielern hätte mithalten können, aber Probleme in der Entwicklungsphase verhinderten, dass er zum Einsatz kam.

Die Firma Ansaldo entwarf 1940 diesen Panzer, der richtig Carro Pesante P26/40 (Schwerer Panzer P26/40) hieß. Er wurde aufgrund einer Forderung nach einem 25-Tonnen-Panzer mit einem 75-mm-Geschütz entwickelt, da die damals in Nordafrika eingesetzten Panzerfahrzeuge sich als völlig unzureichend erwiesen hatten. Alles sah vielversprechend aus, doch die Italiener hatten keinen ausreichend starken Motor, und die Armee verlangte darüber hinaus auch noch einen Dieselmotor. So konnte der erste Prototyp, der noch einen 420-PS-Benzinmotor hatte, erst 1942 fertiggestellt werden. Als die Italiener 1943 kapitulierten, war es immer noch nicht zu einer Serienfertigung gekommen – es existierten lediglich fünf Vorproduktionsmodelle. Die Produktion wurde von den Deutschen fortgeführt. Im Folgenden wurden ungefähr 100 P26/40 gebaut, aber nur wenige kamen unter der Bezeichnung Panzerkampfwagen P40 737 (i) bei der Wehrmacht zum Einsatz. Immerhin bewährten sich einige bei der ansonsten erfolglosen Abwehr der alliierten Landung bei Anzio im Frühjahr 1944.

Oben: *Der P26/40 war die beste Entwicklung der Italiener im Zweiten Weltkrieg. Er hätte sicher einen ebenbürtigen Gegner abgegeben, doch das Fehlen eines passenden Motors verhinderte seinen Einsatz.*

Technische Daten

Bewaffnung: ein 75-mm-Geschütz; ein MG
Panzerung: 50 mm
Besatzung: 4
Maße: Länge 5,82 m; Breite 2,80 m; Höhe 2,52 m
Gewicht: 26 420 kg
Antrieb: ein V12-Dieselmotor mit 205 kW (275 PS)
Höchstgeschwindigkeit: 35 km/h
Reichweite: 240 km

Die Ära der leichten Panzer & Panzerwagen

1940 Italien

SEMOVENTE L40 DA 47/32

Die Selbstfahrlafette Semovente L40 war als Panzerjäger einigermaßen erfolgreich in Nordafrika und in Russland, wo italienische Verbände innerhalb der Heeresgruppe Süd sie einsetzten.

Technische Daten

Bewaffnung: ein 47-mm-Geschütz; ein MG

Panzerung: 30 mm

Besatzung: 3

Maße: Länge 3,78 m; Breite 1,92 m; Höhe 1,63 m

Gewicht: 6500 kg

Antrieb: ein FIAT-18D-4-Zylinder-Benzinmotor mit 51 kW (70 PS)

Höchstgeschwindigkeit: 42 km/h

Reichweite: 200 km

Die Italiener starteten früh ins Rennen um einen effizienten Panzerjäger. In den späten 1930er-Jahren brachten sie auf dem Chassis des leichten Panzers L3 eine 47-mm-Panzerabwehrkanone an. Die Selbstfahrlafette wurde von zwei Mann bedient, die zum Schutz nur eine minimale Frontpanzerung hatten. Also wurde ein neues Fahrzeug entwickelt, die Semovente L40 da 47/32 (32 bezieht sich auf die Rohrlänge). Das Geschütz, eine 47-mm-Panzerabwehr- und -Infanterieunterstützungswaffe, war ein Lizenz-Produkt der österreichischen Firma Böhler und zur damaligen Zeit eine der besten Panzerabwehrkanonen überhaupt.

Kampfeinsätze

Die L40, von der 280 Einheiten produziert wurden, kam 1942 in Nordafrika zum Einsatz und bewies gegen britische leichte Panzer ihre Effizienz. Dennoch war ihre nur schwach geschützte Besatzung noch immer anfällig für gegnerischen Beschuss. Einige Fahrzeuge wurden später mit einem Schutz insbesondere nach oben hin nachgerüstet und von italienischen Kontingenten in Gefechten an der Ostfront eingesetzt. Nach der italienischen Kapitulation wurden viele L40 von den Deutschen beschlagnahmt, die sie 1944 bei den Kämpfen in Italien als geländegängiges Kettenfahrzeug nutzten.

Unten: *Das Konzept für die L40 da 47/32 sah die Installation einer Panzerabwehrkanone auf dem Chassis eines leichten Panzers vor. Trotz einiger Erfolge litt die Besatzung im Gefecht unter der fehlenden Panzerung.*

Die Ära der leichten Panzer & Panzerwagen

1940 Sowjetunion

KW-2

Mit dem schweren Panzer KW-2 versuchte man, ein extrem schlagkräftiges Geschütz auf dem Chassis eines KW-1 ins Feld zu führen. Wegen seiner schlechten Beweglichkeit war er in Gefechten nicht sonderlich effektiv.

Technische Daten

Bewaffnung: eine 152-mm-M1938/40-L/20-Haubitze; zwei 7,62-mm-DT-MGs

Panzerung: 30–110 mm

Besatzung: 6

Maße: Länge 6,79 m; Breite 3,32 m; Höhe 3,65 m

Gewicht: 53 963 kg

Antrieb: ein V-2K-12-Zylinder-Dieselmotor mit 147,2 kW (200 PS)

Höchstgeschwindigkeit: 25,6 km/h

Reichweite: 140 km

Links: *Dem sowjetischen KW-2 gebührt zweifellos der Preis für den hässlichsten Panzer aller Zeiten. Zudem war der riesige Turm ein verlockendes Ziel für jeden gegnerischen Kanonier. Der KW-2 wurde meist zum Beschuss aus festen Stellungen eingesetzt.*

Der schwere KW-2 wurde entwickelt, um den Erfolg des KW-1 durch die erhöhte Feuerkraft eines extrem großen Geschützes noch zu übertreffen. Er sollte bei Frontdurchbrüchen Feuerunterstützung geben. Deshalb wurde eine 122-mm-Haubitze des Typs M1938 L22/7 in einen neu entwickelten Geschützturm integriert. Dieser Turm war stark gepanzert, aber seine Höhe und die senkrechten Seiten machten ihn zu einem einfachen Ziel. Darüber hinaus konnte man den Turm praktisch nur dann bewegen, wenn der Panzer fest stand. Die Haubitze wurde bald durch ein 152-mm-Geschütz ersetzt, das Sprenggranaten und panzerbrechende Munition verschießen konnte. Der KW-2 konnte insgesamt 36 Projektile mitführen. Sein Geschütz hatte eine Reichweite von 12 400 m, was bedeutete, dass er außerhalb der Reichweite von Verteidigungswaffen feuern konnte.

Schwerfällig

Einer der Hauptnachteile des Panzers war seine Schwerfälligkeit, da er bei deutlich geringerer Motorleistung etwa zehn Tonnen schwerer als der KW-1 war. Spätere Exemplare, die dann KW-2B hießen, basierten auf dem Chassis des KW-1B. Einige der KW-2 wurden zu Flammpanzern umgerüstet.

Links: *Die gewaltige Masse des KW-2 lässt den Panzerwagen BA-10, hier mit nach hinten geschwenktem Turm, wie ein Spielzeugauto erscheinen.*

Die Ära der leichten Panzer & Panzerwagen

1940 Schweden

STRIDSVAGN M/39

Unten: *Der Stridsvagn m/39 war ursprünglich mit einem Lenkrad ausgestattet, aber später kehrte man zur herkömmlichen Spurhebelmechanik zurück. Er war mit seiner Schnelligkeit und Mobilität dafür konzipiert, dass man ihn in kurzer Zeit entlang der langen schwedischen Grenze verlegen konnte.*

Die Schweden waren während des Zweiten Weltkrieges neutral, fühlten sich aber nie sicher vor einem Überraschungsangriff. Sie legte deshalb größten Wert auf die Entwicklung „einheimischer" Waffen – der m/39 ist ein Beleg hierfür.

Technische Daten

Bewaffnung: ein 37-mm-Geschütz; zwei MGs

Panzerung: 15 mm (mit Zusatzpanzerung 50 mm)

Besatzung: 3

Maße: Länge 4,67 m; Breite 2,06 m; Höhe 2,09 m

Gewicht: 8700 kg

Antrieb: ein Scania-Vabis-6-Zylinder-Benzinmotor mit 106 kW (142 PS)

Höchstgeschwindigkeit: 45 km/h

Reichweite: unbekannt

Der leichte Panzer Stridsvagn m/39 war eine unmittelbare Weiterentwicklung des Strv m/38. Er war mit einigen neuen Konstruktionsdetails versehen, auch wenn man bei der Steuerung wieder zur alten Spurhebelmechanik zurückkehrte, und mit einem 37-mm-Hauptgeschütz und zwei Maschinengewehren bewaffnet. Als die Deutschen Norwegen besetzten, wurde sich Schweden, obwohl es strikt neutral war, der wachsenden Gefahr durch Nazi-Deutschland bewusst. Aus Angst, dass ihre Panzer sich den schlagkräftigen deutschen Panzern würden stellen müssen, verstärkten sie die Panzerung mit zusätzlichen 35-mm-Platten, die zwar schnell zur Verfügung standen, aber nicht immer wirklich passten. Die schwedische Armee teilte die Strv m/39 zuerst dem 9. und 10. Infanterieregiment und später dem K2 in Helsingborg zu. Da die Schweden im Falle eines deutschen Überraschungsangriffs von Norwegen aus eine sehr lange Frontlinie zu verteidigen gehabt hätten, legten sie viel Wert auf schnelle und leichte Panzer. Eine schwache Panzerung war der Preis für Schnelligkeit und Beweglichkeit.

Die Ära der leichten Panzer & Panzerwagen

1940 Sowjetunion

T-34

Zweifelsohne gab es in der Militärgeschichte keinen Panzer, der für seine Gegner ein größerer Schock war und mehr Schrecken verbreitete, als den T-34, auf den die Deutschen im Sommer 1941 an der Ostfront trafen.

Technische Daten

(T-34/76 1941)

Bewaffnung: ein 76,2-mm-L/41.2-F-34-Geschütz mit gezogenem Lauf; zwei 7,62-mm-DT-MGs (eins koaxial, eins in der Wanne)

Panzerung: 47 mm (Vorderseite Wanne); 65 mm (Vorderseite Turm)

Besatzung: 4

Maße: Länge 6,58 m; Breite 2,98 m; Höhe 2,57 m

Gewicht: 31 390 kg

Antrieb: ein V-2-34-V12-Dieselmotor mit 373 kW (500 PS) bei 1800 U/min

Höchstgeschwindigkeit: 40 km/h (Straße)

Reichweite: 368 km (Gelände)

Oben: *Die „bissige“ Seite eines T-34. Hier sieht man auch gut den Neigungswinkel der Panzerung. Eine Neuerung, die die meisten deutschen Panzerabwehrwaffen wirkungslos machte, als er im Sommer 1941 ins Kampfgeschehen eingriff.*

Der T-34 hatte ein für seine Zeit sehr fortschrittliches Konzept und war das Ergebnis von kontinuierlichen Verbesserungen und Weiterentwicklungen des nicht sehr erfolgreichen BT-7. Weiterentwicklungen des BT-1S, als A-20 und A-30 bekannt, wurden zugunsten des T-32 aufgegeben, eines mittelschweren Panzers mit einem schlagkräftigeren Geschütz und einer stärkeren Panzerung. Dieser kam 1939 heraus und hatte schon viele Details des T-34. Der neue Panzer wurde von einer Gruppe von Ingenieuren unter der Führung von Michail Iljitsch Koschkin entwickelt.

Vernünftig

Der neue Panzer war das klare Ergebnis des gesunden Menschenverstandes und verdankte seine Existenz einem Team von Leuten, die die modernen Gefechtserfordernisse an Pan-

Oben: *Der T-34 bot seiner Besatzung wenig Annehmlichkeiten – er stank, war dreckig, laut und extrem funktionell. Auf diesem Bild sieht man die geöffnete Fahrerluke unter dem Geschütz.*

zer auf den Schlachtfeldern in der Mitte des 20. Jahrhunderts sehr gut vorhersahen. Ende 1940 ging der T-34/76A in Massenproduktion und war beim Angriff der Deutschen im Juni 1941 in den Reihen der Roten Armee gut eingeführt. Der lange Frontverlauf bedeutete für den T-34, dass er als modernster Panzer anfänglich an den gefährlichsten Frontabschnitten eingesetzt wurde, wohingegen die älteren Panzer den Vormarsch der Deutschen an anderer Stelle aufhalten sollten.

Varianten

Der T-34 wurde in vielen Varianten gebaut und war der Panzer mit den zweithöchsten Produktionszahlen aller Zeiten – nur übertroffen von seinem Nachfolger, dem T-54/55. 1943 kam das überarbeitete Modell T-34/85 heraus und öffnete nach der Schlacht am Kurskbogen im Juli 1943 die Schleusen für die Flut von Panzern, die westwärts auf die deutschen Grenzen zurollten. Bis 1945 hatte der T-34 fast alle anderen russischen Panzer aus der Produktion verdrängt. Nach dem Weltkrieg wurden viele Armeen im Einflussbereich der Sowjetunion mit dem T-34 ausgerüstet, 1950 bildete eine komplette Brigade von 120 T-34 die Speerspitze des Angriffs von Nordkorea auf Südkorea. Insgesamt diente er in 39 Ländern. Seine Herstellung endete erst 1958, nachdem viele tausend Exemplare gefertigt worden waren. Noch vor wenigen Jahren kamen T-34 bei Konflikten im früheren Jugoslawien zum Einsatz, ebenso einige kubanische T-34 bei Frontkämpfen in Angola.

Unten: *Der T-34/76 im Profil. Dieser Panzer und seine Varianten wirkten entscheidend bei der Wende des Kriegsverlaufs an der Ostfront mit und waren ebenbürtige Gegner für den exzellenten deutschen Panther. Der T-34 blieb auch lange nach dem Krieg in den sowjetischen Satellitenstaaten und in Afrika im Einsatz.*

Die Ära der leichten Panzer & Panzerwagen

1940 Großbritannien

MARK III VALENTINE

Der Valentine war einer der erfolgreichsten Entwürfe aus der Vorkriegszeit. Er fand umfangreiche Verwendung und bewies seine Vorzüge in der Wüste, wo er 1941 zu seinem ersten Fronteinsatz kam.

Technische Daten

Bewaffnung: ein 40-mm-Geschütz; ein 7,92-mm-Besa-MG
Panzerung: 65 mm
Besatzung: 3
Maße: Länge 5,41 m; Breite 2,63 m; Höhe 2,02 m
Gewicht: 16 000 kg
Antrieb: ein AEC-6-Zylinder-Dieselmotor mit 97,73 kW (131 PS) oder ein AEC-6-Zylinder-Benzinmotor mit 180,9 kW (135 PS)
Höchstgeschwindigkeit: 24 km/h
Reichweite: 177 km

Es wurde 1938 Vicker angewiesen, auf der Basis des A10 einen neuen Infanteriepanzer zu entwerfen. Bereits im Juli 1939 ging der neue Mark III Valentine in Produktion. Er war mit einer stärkeren Panzerung und einigen anderen Neuerungen ausgestattet, die den Problemen der früheren Panzer im Einsatz Rechnung trugen.

Massenfertigung

Als Auswirkung des Verlustes der Panzer auf den Stränden von Dünkirchen wurde die Herstellung des Valentine 1940 auf Massenproduktion umgestellt. Er kam im November 1941 bei der Operation Crusader, dem Entsatz von Tobruk, zu seiner Feuertaufe. Zu dieser Zeit war er schon zum wichtigsten Panzerfahrzeug der britischen Armee geworden. Als die Produktion im Frühjahr 1944 eingestellt wurde, waren 8275 Stück dieses Panzers gefertigt worden. Auch in Kanada wurde er produziert, von wo aus die meisten nach Russland verschickt wurden. Der Valentine erwies sich als sehr flexibel einsetzbar und für die unterschiedlichsten Aufgaben geeignet, sodass zahlreiche Varianten gebaut wurden – vom Brückenlegepanzer bis zur Selbstfahrlafette. Viele Valentine wurden auch beim Burmafeldzug eingesetzt und zeigten sich den japanischen Panzern überlegen.

Oben: *Der Mark III Valentine wurde seit 1940 in Massen gefertigt und nahm an allen Schlachten in Nordafrika teil.*

Rechts: *Ein Valentine erregte 1943 in Valletta viel Aufmerksamkeit bei den Geburtstagsfeierlichkeiten für König Georg VI. auf Malta. Er war weltweit im Dienst.*

Die Ära der leichten Panzer & Panzerwagen
1940 Großbritannien

MARK V COVENANTER (A13 MARK III)

Technische Daten

Bewaffnung: ein 40-mm-Geschütz; ein 7,92-mm-Besa-MG
Panzerung: 7–40 mm
Besatzung: 4
Maße: Länge 5,80 m; Breite 2,61 m; Höhe 2,23 m
Gewicht: 18 300 kg
Antrieb: ein Meadows-Flat-12-Benzinmotor mit 223,8 kW (300 PS)
Höchstgeschwindigkeit: 50 km/h
Reichweite: 160 km

Der Mark V Covenanter war ein vielversprechender Entwurf, der über einige Jahre hinweg aus den Konzepten früherer Panzer entwickelt wurde. Problematisch war jedoch der Motor, der eine pannenträchtige Kühlung hatte.

Der A13 Mark III, auch bekannt als Mark V Covenantor, war eine konsequente Weiterentwicklung der Panzerserie von Nuffield. Er war eine gründliche Überarbeitung des A13 Mark II und hatte einen maßgeschneiderten Meadows-Flat-12-Motor, der ihm eine höhere Schnelligkeit verschaffen sollte. Außerdem wurde die Panzerung verstärkt und der Geschützturm mit einer niedrigeren Silhouette versehen. Er hätte sehr erfolgreich werden können, hätte er nicht Probleme mit seinem Motor gehabt, dessen Kühlsystem andauernd ausfiel. Vier Anläufe wurden unternommen, um dem Problem beizukommen, aber es konnte nie zufriedenstellend gelöst werden. Vor Kriegsausbruch stattete man einige Covenanter probehalber mit Rollen zur Minenräumung aus. Später wurden viele Exemplare ihrer Türme entledigt und zu Bergepanzern umfunktioniert, die bis zum Ende des Krieges eine nützliche Funktion erfüllten. Keiner der 1771 Covenanter hat je an einem Gefecht teilgenommen, obwohl die Australier ihn im Pazifik als Brückenlegepanzer nutzten. Aus dem Covenanter wurde der Crusader entwickelt, der vielfach in Gefechten in Nordafrika eingesetzt wurde.

Unten: *Der Covenanter ließ viel Potenzial vermuten, litt aber unter einem unzuverlässigen Motor. Hier sieht man eine Einheit bei Manövern in Südengland über abgeerntete Felder vorrücken.*

Die Ära der leichten Panzer & Panzerwagen

1940 **Großbritannien**

MARK VI (A15) CRUSADER

Technische Daten

Bewaffnung:	ein 57-mm-Geschütz; ein oder zwei 7,92-mm-Besa-MGs
Panzerung:	7–49 mm
Besatzung:	5
Maße:	Länge 5,994 m; Breite 2,642 m; Höhe 2,235 m
Gewicht:	19 300 kg
Antrieb:	ein Nuffield-Liberty-V12-Benzinmotor mit 253,64 kW (340 PS)
Höchstgeschwindigkeit:	43 km/h
Reichweite:	200 km

Der Mark VI Crusader spielte in Nordafrika eine wichtige Rolle, obwohl er von seinen deutschen Gegenspielern ausgestochen wurde. Seine größte Schwäche zu Beginn seines Einsatzes war die geringe Feuerkraft.

Der Mark VI (A15) Crusader wurde wie sein Vorläufer Covenanter (A13) von der Firma Nuffield entworfen. Die verbesserte Konstruktion des neuen A15 bekam zum Beispiel fünf Laufrollen pro Seite im Gegensatz zu den vier des Covenantor. Sein Prototyp hatte vorn auf dem Rumpf noch zwei kleine Hilfstürme mit Maschinengewehren, die aber bei der Version für die Serienfertigung wieder weggelassen wurden. Der Crusader I wurde 1941 in Dienst gestellt. Es war schnell klar, dass sein 40-mm-Geschütz unzureichend war; deshalb ersetzte man es durch eine neue 57-mm-Bewaffnung. So wurde der Crusader III der wichtigste Panzer des Feldzuges in Nordafrika, was er schon bei seinem ersten Kampfeinsatz in der zweiten Schlacht von El Alamein im Oktober 1942 unter Beweis stellte. Es gab auch eine Flugabwehr-Version des Crusader III, bei der das Standardgeschütz durch eine 40-mm-Bofors-Flugabwehrkanone ersetzt wurde.

Ins zweite Glied

Als schlagkräftigere Panzer wie der Churchill zur Verfügung standen, wurde der Crusader allmählich vom Fronteinsatz abgezogen und für Spezialaufgaben umgerüstet, als Artilleriezugmaschine oder Bulldozer. Insgesamt wurden über 5300 Crusader hergestellt.

Oben: *Der Crusader war der erste britische Panzer, der mit einem effektiven 57-mm-Geschütz bestückt wurde. Ein weiterer Vorzug war sein leistungsstarkes Laufwerk, das es ihm häufig ermöglichte, die vom Hersteller angegebene Höchstgeschwindigkeit zu überschreiten.*

Links: *Der Crusader hatte einen mit seiner abgeschrägten Panzerung durchdacht entworfenen Geschützturm. Trotz der Vorzüge konnte er gegen seine deutschen Widersacher nicht bestehen und wurde allmählich vom Fronteinsatz abgezogen.*

Die Ära der leichten Panzer & Panzerwagen

1940 Großbritannien

A17 MARK VII TETRARCH

Der anfänglich als leichter Panzer von der britischen Armee abgelehnte A17 Mark VII Tetrarch bekam 1941 eine neue Chance als Spähpanzer für die gerade aufgestellten Luftlandetruppen.

Technische Daten

Bewaffnung: ein 40-mm-Geschütz; ein 7,92-mm-Besa-MG
Panzerung: 4–14 mm
Besatzung: 3
Maße: Länge 4,11 m; Breite 2,31 m; Höhe 2,10 m
Gewicht: 7620 kg
Antrieb: ein Meadows-Flat-12-Benzinmotor mit 123 kW (165 PS) bei 2700 U/min
Höchstgeschwindigkeit: 64 km/h
Reichweite: 225 km

Der A17 Tetrarch entstand als Eigeninitiative der Vickers-Werke und hieß ursprünglich Purdah. Der Prototyp wurde 1938 einer Serie von Tests unterzogen und ging 1940 trotz unzureichender Panzerung und Bewaffnung als Spähpanzer in Produktion. Allerdings wurde die Herstellung aufgrund schwacher Leistungen im Gefecht bis 1941 wieder unterbrochen. Von da an übernahmen die neu gegründeten Luftlandeeinheiten den A17. Zur gleichen Zeit wurden Pläne für ein Flugzeug geschmiedet, das diesen Panzer transportieren konnte. Das Ergebnis der Planungen war der Gleiter Hamilcar, der im März 1942 seinen Jungfernflug absolvierte.

Oben: *Die Luftlandeeinheiten nutzten den Tetrarch bei der Landung in der Normandie, wohin sie ihn mit dem Gleiter Hamilcar geflogen hatten. Diese Ausführung hat einen Adapter auf dem Rohr, um die Mündungsgeschwindigkeit zu erhöhen.*

Der Panzer wurde 1943 in Tetrarch umbenannt, und die Kombination von Hamilcar und Tetrarch flog ihren ersten Kampfeinsatz in der Nacht des 5. Juni 1944, wo Teile des gepanzerten Luftlandeaufklärungsregiments in der Normandie hinter den Stellungen der Deutschen landeten. Der Tetrarch kam auch 1945 bei der Operation Varsity, dem Übergang über den Rhein bei Wesel, zum Einsatz.

Die Ära der leichten Panzer & Panzerwagen

1940 USA

LVT-AMPHIBIENFAHRZEUGE

Das kettengetriebene Landungsfahrzeug LVT eröffnete der Kriegsführung neue Horizonte bei amphibischen Operationen und war deshalb unverzichtbar für die alliierten Feldzüge im Pazifik.

Oben: *Ein LVT in voller Fahrt. Bei einem Angriff landeten die LVT in breiter Linie nebeneinander an, damit die Infanterie schnell abgesetzt werden konnte.*

Das LVT (Landing Vehicle Tracked) hatte seinen Ursprung in einem zivilen Rettungsfahrzeug namens Alligator, das 1935 in den USA für die Sümpfe der Everglades in Florida entwickelt worden war. Dieses Fahrzeug zog die Aufmerksamkeit des US Marine Corps auf sich, das das grundlegende Konzept verbesserte und es zum militärischen LVT aufrüstete. Von der ersten Version, dem nur als Nachschubfahrzeug vorgesehenen LVT1, wurden 200 Stück bestellt. Die Nachfolgemodelle wurden allerdings zu amphibischen Kampffahrzeugen aufgerüstet; so stammte beispielsweise der Heckmotor des LVT2 vom Panzer M3. Um die Ladekapazität zu vergrößern, wurde später beim LVT4 der Motor nach vorne verlegt. Die ersten LVT konnten 24 Mann oder 2000 kg Ladung transportieren, wohingegen der LVT4 schon verschiedenste Ladung, wie beispielsweise eine 105-mm-Haubitze, befördern konnte.

Feuertaufe und Varianten

1942 erhielt LVT bei der Landungsoperation der US Marines auf Guadalcanal seine Feuertaufe. Eine Variante, ein besser als Amtank bekannter Amphibienpanzer, war zum Zweck der gepanzerten Feuerunterstützung mit Geschützturm und Waffe des leichten Panzers M3 „Stuart" ausgestattet worden. Eine weitere Variante, der LVT3, hatte zwei Cadillac-Motoren seitlich untergebracht, damit mehr Laderaum zur Verfügung stand.

Oben: *Das LVT4 unterschied sich von den Vorgängermodellen durch die hinten liegende Ladeklappe.*

Technische Daten

Bewaffnung: ein 12,7-mm-MG; drei 7,62-mm-MGs

Panzerung: maximal 13 mm

Besatzung: 3 plus 24

Maße: Länge 7,95 m; Breite 3,25 m; Höhe 3,01 m

Gewicht: 14 878 kg

Antrieb: ein Continental-W670-9A-7-Zylinder-Sternmotor mit 186,6 kW (250 PS)

Höchstgeschwindigkeit: 19 km/h (Land), 10 km/h (Wasser)

Reichweite: 200 km

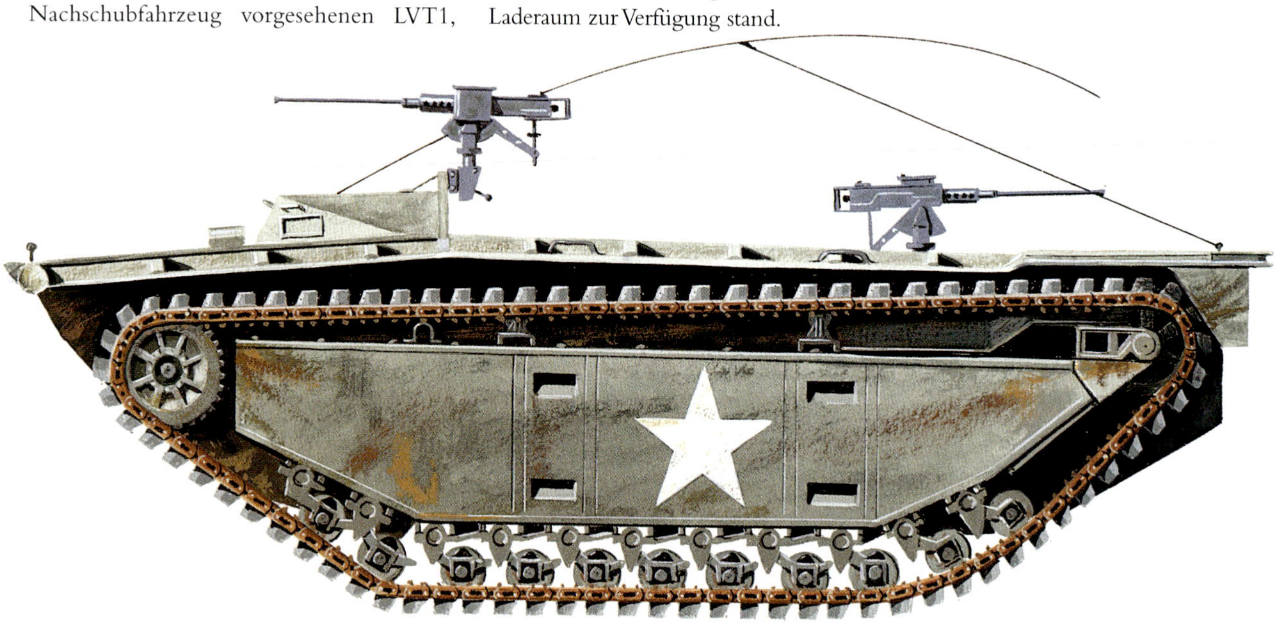

Die Ära der leichten Panzer & Panzerwagen

1940 USA

Unten: *Der M3 war nicht viel mehr als eine Nachrüstung seines Vorläufers M2. Er erwies sich bald als zu schwach hinsichtlich Panzerung und Bewaffnung – wurde aber in Massen gefertigt.*

M3A1

Als die USA im Dezember 1941 in den Weltkrieg eintraten, war der M3A1 das Modell der leichten M2/M3-Kampfpanzer-Serie, das von der US-Armee als Standardfahrzeug genutzt wurde.

Technische Daten

Bewaffnung: ein 37-mm-M6-Geschütz; drei 7,62-mm-MGs
Panzerung: 64 mm
Besatzung: 4
Maße: Länge 4,34 m; Breite 2,25 m; Höhe 2,30 m
Gewicht: 14 969 kg
Antrieb: zwei Cadillac-Typ-42-V8-Motoren mit 82 kW (110 PS)
Höchstgeschwindigkeit: 58 km/h
Reichweite: 160 km

Nachdem die Kämpfe 1940 in Frankreich von den zu dem Zeitpunkt noch neutralen amerikanischen Beobachtern ausgewertet worden waren, wurde klar, dass die leichten Panzer M2 schon veraltet waren. Also wurde ein überarbeitetes Modell namens M3A1 mit einer dickeren Panzerung und einem neuen Laufwerk versehen, das für das höhere Gewicht geeignet war. 1941 ging der M3A1 in Produktion. Er wurde zuerst von den Briten im Gefecht erprobt, anschließend von den Alliierten im Zweiten Weltkrieg bei zahlreichen Kämpfen eingesetzt.

Rechts: *Der M3A1 wurde auf allen Kriegsschauplätzen eingesetzt. Er war robust, zuverlässig und in jedem Gelände verwendbar, weshalb ihm die Briten den Spitznamen „Honey" gaben.*

Stuart

Die Briten nannten den Panzer „Stuart" nach General Jeb Stuart, der im amerikanischen Bürgerkrieg gedient hatte. Etwa 170 Stuart-Panzer nahmen im November 1941 in Nordafrika an der Operation Crusader teil. Und obwohl die britischen Besatzungen sich über die zu schwache 37-mm-Bewaffnung beklagten, lobten sie die Zuverlässigkeit und leichte Handhabung des M3A1, was ihm den Kosenamen „Honey" einbrachte. Für die Amerikaner kam er zum ersten Mal 1942 auf den Philippinen zum Einsatz. Ab 1942 ersetzte der verbesserte M5 mit zwei Cadillac-Motoren allmählich den M3, und 1944 folgte der leichte Panzer M24.

Die Ära der leichten Panzer & Panzerwagen

1941 Italien

SEMOVENTE M41

Die Semovente M41 war der schlagkräftigste italienische Panzerjäger. Sie besaß das Chassis eines M15/42-Panzers und war mit einer sehr effektiven 90-mm-Flugabwehrkanone bestückt.

Technische Daten

Bewaffnung: ein 90-mm-Geschütz

Panzerung: nur Schutzschild für Kanoniere

Besatzung: 2

Maße: Länge 5,205 m; Breite 2,20 m; Höhe 2,15 m

Gewicht: 17 000 kg

Antrieb: ein SPA-15-TM-41 8-Zylinder-Benzinmotor mit 108 kW (145 PS)

Höchstgeschwindigkeit: 35,5 km/h

Reichweite: 200 km

Obwohl die Selbstfahrlafette M41 manchmal gegen Panzer eingesetzt wurde, war ihre Hauptfunktion die eines Sturmgeschützes. Die Waffe, die hinten auf dem Rumpf eines M13-Panzers angebracht war, hatte in etwa die gleiche Feuerkraft wie die berühmte deutsche „Acht-acht". Zwei Mann bedienten die Kanone und wurden vorne und seitlich von Panzerplatten geschützt. Im Kampfeinsatz sollte die M41 ähnlich einem Scharfschützen mit Präzisionsfeuer aus einer Distanz Ziele ausschalten, die außerhalb der Reichweite des gegnerischen Feuers lagen. Nur 48 M41 wurden gebaut, hauptsächlich weil man dafür zu wenige 90/53-Geschütze zur Verfügung hatte, die meist Flugabwehrzwecken dienten.

Wüsteneinsatz

Die M41 war sehr gut zum Einsatz in den meist flachen Weiten der Wüste geeignet. Nach der italienischen Kapitulation wurden die übrig gebliebenen M41 von den Deutschen konfisziert. In der Wehrmacht diente sie noch bis zum Ende des Krieges als Artillerie, wozu sie sehr gut befähigt war.

Oben: *Die Semovente M41 war eine gut konzipierte Waffe und mit ihrem niedrigen Profil hervorragend für Gefechte in der meist flachen Wüste geeignet. Nach der italienischen Kapitulation nutzten die Deutschen sie als weitreichende Artillerie.*

Die Ära der leichten Panzer & Panzerwagen

1941 Japan

TYPE 1 CHI-HE

Der mittelschwere Panzer Type 1 Chi-He war der Nachfolger des Type 97 Chi-Ha. Er war mit einem kräftigeren Motor, einer stärkeren Bewaffnung und einer verbesserten Panzerung versehen worden.

Technische Daten

Bewaffnung: ein 47-mm-Geschütz; zwei 7,7-mm-MG

Panzerung: 50 mm

Besatzung: 5

Maße: Länge 5,50 m; Breite 2,20 m; Höhe 2,38 m

Gewicht: 17 000 kg

Antrieb: ein Mitsubishi-Typ-100-V12-Dieselmotor mit 179 kW (240 PS)

Höchstgeschwindigkeit: 43 km/h

Reichweite: unbekannt

Die wesentliche Verbesserung dieses Panzers gegenüber seinem Vorgänger Type 97 Chi-Ha lag in seiner Bewaffnung. Er hatte ein 47-mm-Geschütz mit einem langen Rohr. Damit wurde eine hohe Mündungsgeschwindigkeit von 812 m/s und eine im Vergleich zur früheren 57-mm-Kanone doppelt so hohe Durchschlagskraft erreicht. Die meisten Geschütztürme wurden auf das Chassis des alten Type 97 montiert. 15 Prototypen bzw. Erprobungsfahrzeuge wurden vom Type 1 gebaut, bevor er in die Massenfertigung gehen konnte. Aber die beschränkten Kapazitäten der japanischen Wirtschaft begrenzten die Gesamtzahl der Produktion auf 155 Stück. Dem Type 1 folgte der Type 3 Chi-Nu, von dem bis zum Ende des Krieges ebenfalls lediglich 60 Exemplare hergestellt wurden. Grundsätzlich waren die japanischen Panzer für die Operationen im Pazifik geeignet, allerdings nur bis sie auf die besser gepanzerten und bewaffneten amerikanischen Modelle trafen, die seit Ende 1942 zum Einsatz kamen.

Unten: *Der mittelschwere Panzer Type 1 Chi-He wurde nur in geringer Stückzahl gebaut. Obgleich er zu Beginn der pazifischen Eroberungen erfolgreich war, konnte er später mit den verbesserten amerikanischen Panzern nicht mithalten.*

Die Ära der leichten Panzer & Panzerwagen

1941 Sowjetunion

T-60

Der sowjetische leichte Panzer T-60 wurde in einem einzigartigen Experiment mit Flügeln und Leitwerk ausgestattet und sollte als Hängegleiter von einem Bomber in die Gefechtszone gezogen werden.

Unten: *Dem T-60 Tragflächen zu verpassen und ihn wie einen Gleiter durch die Luft in die Kampfzone zu fliegen, war nur eines der interessanten Experimente, die das russische Militär vor und während des Krieges durchführte.*

Der T-60 war für Aufklärungszwecke vorgesehen und dafür von der Fabrik Nr. 37 entworfen worden, die bereits für die Fertigung der Prototypen T-30A und T-30B verantwortlich war. Ersterer war ein Amphibienpanzer und ging unter der Bezeichnung T-40 in Serie, wohingegen der zweite Panzer aufgegeben wurde. Die Kombination des T-30B mit dem Chassis des T-40 bewährte sich jedoch, sodass 1941 kurz nach dem deutschen Überfall unter dem Namen T-60 mit der Produktion begonnen wurde. Mit einer 20-mm-Kanone bestückt, die aufgrund ihrer hohen Mündungsgeschwindigkeit eine 15-mm-Panzerplatte auf 500 Meter Entfernung durchschlagen konnte, bewies er im Einsatz seine Fähigkeiten als Spähpanzer, war aber Panzern wie dem PzKpfw III deutlich unterlegen.

T-60A

1942 erschien die Version T-60A mit verstärkter Panzerung. Eine Variante war der Plan, den Panzer als Hängegleiter umzufunktionieren. Dafür wurde er mit Tragflächen und Leitwerk ausgestattet und sollte von einer Tupolew TB-3 durch die Luft gezogen werden. Ein einziger Versuch wurde durchgeführt, wobei die TB-3 wegen der schlechten Aerodynamik des Panzers beinahe abgestürzt wäre und daher das Schleppkabel kappte. Dem Panzer gelang die Landung.

Technische Daten

Bewaffnung: eine 20-mm-ShVAK-Kanone; ein-7,62-mm-DT-MG

Panzerung: 7–25 mm

Besatzung: 2

Maße: Länge 4,11 m; Breite 2,30 m; Höhe 1,74 m

Gewicht: 6400 kg

Antrieb: ein GAZ-203-Benzinmotor mit 63 kW (70 PS)

Höchstgeschwindigkeit: 45 km/h

Reichweite: 450 km

Die Ära der leichten Panzer & Panzerwagen

1941 Schweden

STRIDSVAGN M/40

Technische Daten

Bewaffnung: ein 37-mm-Geschütz; zwei MGs
Panzerung: 24 mm
Besatzung: 3
Maße: Länge 4,90 m; Breite 2,10 m; Höhe 2,10 m
Gewicht: 9500 kg
Antrieb: ein Scania-Vabis-6-Zylinder-Benzinmotor mit 106 kW (142 PS)
Höchstgeschwindigkeit: 48 km/h
Reichweite: 200 km

Unten: *Obschon er sich nie im Gefecht bewähren musste, wäre der schwedische m/40 sehr wohl dazu in der Lage gewesen, sich gegen vergleichbare Panzer anderer Nationen zu behaupten.*

Der leichte Stridsvagn m/40 wurde als Antwort auf eine mögliche Bedrohung seitens der Deutschen gefertigt, die gerade Norwegen besetzt hatten und begehrlich auf Schwedens Bodenschätze blickten.

Der Stridsvagn m/40 war der erste schwedische Panzer, der in großer Stückzahl hergestellt und von der schwedischen Armee in Mengen angeschafft wurde. Viele seiner Konstruktionsdetails zeigten eindeutig, dass sein Entwurf von einer gründlichen Analyse der Kampffahrzeuge der damaligen Großmächte inspiriert war.

Konstruktionsdetails

Der Geschützturm besaß ein fortschrittliches Design, und die sowohl geschweißte als auch genietete und mit einem Heckmotor versehene Wanne war gut proportioniert. Der Panzer hatte eine Hydraulik für Getriebe und Antrieb. Mehrere verschiedene Versionen wurden bis zum Ende der Fertigung 1944 produziert. Der m/40 hätte sich im Gefecht zweifelsfrei gegen die meisten deutschen Panzer behaupten können. Ende 1944 entstand eine neue Bedrohung für Schweden, diesmal von Seiten der Russen, die die benachbarten Finnen zu einem Waffenstillstand gezwungen hatten. Dieser Umstand sollte für die Schweden in den kommenden Jahrzehnten Anlass großer Sorge sein.

Die Ära der leichten Panzer & Panzerwagen

1941 Großbritannien

CHURCHILL

Der Churchill war der wichtigste Panzer, den die Briten im Zweiten Weltkrieg bauten. Ihn gab es in mehr Varianten als jedes andere Modell. Er trug entscheidend zum Erfolg der Landung in der Normandie bei.

Der erste Prototyp des Churchill erschien 1939. Er sollte anforderungsgemäß einem schweren Panzer entsprechen und wie die Panzer im Ersten Weltkrieg die Fähigkeit besitzen, stark befestigte Stellungen zu überwinden. Bei den Erprobungen wurde allerdings offensichtlich, dass man doch einen leichteren Panzer benötigte. Also wurden dem Unternehmen Vauxhall Motors überarbeitete Anforderungen übermittelt, anhand derer es den Mark IV Churchill entwarf. Noch einmal bei Null beginnend, entwickelte Vauxhall ein gut gepanzertes Fahrzeug auf breiten, stabilen Ketten. Im Juli 1940 war der Prototyp fertig. Hastig wurde die Serienproduktion des Churchill angeordnet, noch bevor seine Eigenschaften vollständig bewertet werden konnten – nach dem militärischen Zusammenbruch Frankreichs befürchteten die Briten eine unmittelbar bevorstehende Invasion. Schnell offenbarten sich viele Unzulänglichkeiten, unter anderem ein kraftloser Motor und das gleiche, schwache 40-mm-Geschütz, das schon bei den Vorgängern nicht überzeugen konnte. Im August 1942 zeigte der Churchill bei der gescheiterten, verlustreichen Landung in Dieppe eine katastrophale Leistung.

Oben: *Diese Schnittzeichnung des Churchill zeigt Teile des Innenraums: die Position des Fahrers, die Geschützlade, den Motorraum und das Laufwerk.*

Technische Daten

Bewaffnung: ein 40-mm-Geschütz; zwei 7,92-mm-Besa-MGs

Panzerung: 16–102 mm

Besatzung: 5

Maße: Länge 7,442 m; Breite 3,45 m; Höhe 2,74 m

Gewicht: 39 660 kg

Antrieb: ein Bedford-Twin-Six-Benzinmotor mit 261,1 kW (350 PS)

Höchstgeschwindigkeit: 24 km/h

Reichweite: 140 km

Rechts: *Der Churchill war der wichtigste Panzer, der während des Zweiten Weltkrieges produziert wurde, und viele Varianten wurden von ihm gefertigt. Die Spezialversionen erwiesen sich als unverzichtbar bei der Landung in der Normandie.*

Unten: *Dieses Foto zeigt die eckigen Formen des Churchill. Er war ein klassischer Panzer zur Infanterieunterstützung – langsam, aber stark gepanzert, und daher schwieriger auszuschalten als der amerikanische Sherman.*

Varianten

Der Panzer wurde folglich bald durch die Ausführung Mark III ersetzt, dessen Feuerkraft durch ein 57-mm-Geschütz erhöht wurde. Die Geschichte des Churchill setzte sich mit der Ausführung Mark VI fort, die mit einem 75-mm-Geschütz bestückt war. Die Version VII bekam eine stärkere Panzerung und erhielt ihre Feuertaufe bei der Landung in der Normandie, wo Spezialvarianten des Churchill zum Erfolg der Operation entscheidend beitrugen. Dazu gehörten der Churchill Mark III AVRE (Armoured Vehicle Royal Engineers), der konzipiert wurde, um befestigte Stellungen aus kurzer Distanz mit „flying dustbin" genannten Mörsergranaten anzugreifen, oder der Churchill Mark III „Bobbin", der eine 100 Meter lange Matte auslegen konnte, um Fahrzeugen die Überquerung weichen Bodens zu ermöglichen. Daneben gab es Churchill-Brückenlegepanzer sowie den Mark VIII „Crocodile", der zum Flammpanzer mit einem 1818-Liter-Tank als Anhänger umgerüstet worden war. Mit Stickstoff wurde der Brennstoff zum Flammenwerfer gepresst, der an der Stelle des Maschinengewehrs angebracht war und bis zu 131 Meter weit reichte. Der Churchill blieb bis 1952 als Kampfpanzer im Einsatz. Die letzten Bergepanzer wurden erst 1965 ausgemustert.

Die Ära der leichten Panzer & Panzerwagen

1941 Großbritannien

HUMBER SPÄHWAGEN

Spähwagen waren im Zweiten Weltkrieg sehr gefragt. Die britische Armee setzte grundsätzlich zwei Modelle ein – ein von Daimler produziertes und das von Humber.

Bei Ausbruch des Zweiten Weltkrieges war Daimler für die britische Armee der bevorzugte Hersteller von Spähwagen. Aber der dringende Bedarf an diesen Fahrzeugen konnte nicht von dieser Firma allein befriedigt werden, und so kamen auch andere Unternehmen ins Spiel. Eines war die Rootes-Gruppe, die einen dem Daimler Dingo ähnlichen Entwurf fertigte: den Humber Spähwagen. Dieser hatte eine Zwei-Mann-Besatzung und wurde mit einem Funkgerät Nr. 19 und einem 7,7-mm-Maschinengewehr ausgestattet. Das Gewehr war oben auf dem Fahrzeug montiert und konnte vom Innenraum aus bedient werden.

Einsätze

Zwischen 1942 und 1945 wurden über 4000 Humber hergestellt, die als Spähwagen und Verbindungsfahrzeug der britischen Panzerverbände genutzt wurden. Die Humber wurden darüber hinaus auch vom polnischen 2. Korps und der tschechoslowakischen 1. Panzerbrigade in Italien eingesetzt, einige nach der italienischen Kapitulation 1943 auch von den post-faschistischen Einheiten auf alliierter Seite. Der Humber, der nur unwesentlich länger und schwerer als das Dingo-Modell von Daimler war, galt allgemein als unzuverlässiger als das Daimler-Modell.

Technische Daten

Bewaffnung: ein 15-mm-Geschütz (37 mm bei der Ausführung Mark 4); ein 7,92-mm Besa-MG

Panzerung: 30 mm

Besatzung: 3 (Mark 1 und 2); 4 (Mark 3 und 4)

Maße: Länge 4,57 m; Breite 2,18 m; Höhe 2,38 m

Gewicht: 6960 kg

Antrieb: ein Rootes-6-Zylinder-Benzinmotor mit 67,1 kW (90 PS) bei 3200 U/min

Höchstgeschwindigkeit: 72 km/h

Reichweite: 400 km

Links: *Der eckige, kleine Humber-Spähwagen leistete im Zweiten Weltkrieg hervorragende Arbeit – speziell in Italien, wo ihn die britischen, polnischen und tschechischen Streitkräfte einsetzten. Nach der Kapitulation wurden auch einige von den italienischen post-faschistischen Einheiten genutzt.*

Die Ära der leichten Panzer & Panzerwagen

1941 Großbritannien

MARK VII CAVALIER

Der Mark VII Cavalier war ein weiteres, aufgrund übergroßer Eile missratenes Projekt der Briten für einen mittelschweren Panzer in der Phase der größten Bedrohung 1940/41.

Technische Daten

Bewaffnung: ein 57-mm-Geschütz; ein oder zwei 7,92-mm-Besa-MGs
Panzerung: 20–76 mm
Besatzung: 5
Maße: Länge 6,35 m; Breite 2,88 m; Höhe 2,428 m
Gewicht: 27 432 kg
Antrieb: Nuffield-Liberty-V12-Benzinmotor mit 253,64 kW (340 PS)
Höchstgeschwindigkeit: 40 km/h
Reichweite: 265 km

Der britische Generalstab gab 1941 einen Anforderungskatalog für einen Panzer heraus, der den Crusader ersetzten sollte. Dieser hatte im Kampf unakzeptable Verluste erlitten. Die Firma Nuffield entwarf den Cavalier, dessen sofortige Produktion angeordnet wurde, obwohl noch nicht einmal sein Prototyp erprobt worden war. Das Projekt stand unter keinem guten Stern, weil der Panzer mit einem amerikanischen Liberty-Motor ausgestattet wurde, der vor allem wegen seiner ungenügenden Leistungsfähigkeit Probleme verursachte. Der für das Fahrzeug eigentlich vorgesehene Rolls-Royce-Motor Merlin ging in dieser Zeit vollständig an die Royal Air Force, und es sollte noch lange dauern, bis die Kapazitäten von Rolls-Royce auch den Bedarf der Armee befriedigten.

Oben: *Für die ganze Dauer seines Einsatzes litt der Mark VII Cavalier darunter, dass der Panzer mit dem ungenügenden amerikanischen Liberty-Motor ausgestattet werden musste, anstatt mit dem eigentlich vorgesehenen überlegenen Rolls-Royce-Motor Merlin.*

Varianten

Eine Version des Cavalier wurde zu einem Artilleriebeobachter umgerüstet, wobei sein Geschütz aus dem Turm ausgebaut und durch Funkgeräte ersetzt wurde. Andere Exemplare wurden zu Bergepanzern umfunktioniert – tatsächlich wurden fast alle produzierten Cavalier entweder als Bergepanzer oder zur Ausbildung genutzt. Alles in allem mussten die Briten den Cavalier als Misserfolg verbuchen.

Kapitel 4

NEUE HERAUS-FORDERUNGEN

Im Oktober 1942 bekam die sowjetische Panzerabwehr am Frontabschnitt um Leningrad die neueste Entwicklung des deutschen Panzerarsenals zu Gesicht: den Tiger I, dessen 100-mm-Frontpanzerung der russischen 76,2-mm-Panzerabwehrkanone widerstand und dessen seitliche 80-mm-Panzerung nur aus nächster Nähe durchschlagen werden konnte. Zum Glück für die Russen und die westlichen Alliierten, die sich im Dezember 1942 mit einigen Tiger I konfrontiert sahen, gab es nicht viele dieser neuen, gewaltigen Panzer.

Oben: *Der M5 Stuart VI wurde von zwei Cadillac-Motoren angetrieben und war mit einem M3A3-Geschützturm ausgestattet. Mit seinen 6800 gebauten Exemplaren war er 1943 das Standardmodell in Diensten der US-Armee.*

Links: *Der machtvolle Tiger, hier im Sommer 1943 in Russland, gab einen wesentlichen Anstoß zu großen Fortschritten in der Panzerkonzeption. Er wurde bis zum Ende des Krieges bewundert und gefürchtet.*

Die Fertigung des Tiger hatte erst im August begonnen und anfänglich mit vielen technischen Kinderkrankheiten zu kämpfen. Dennoch leitete das Erscheinen des Tiger und des exzellenten Panther eine neue Runde in der Weiterentwicklung von Panzern ein, die zu großen Fortschritten bei der Panzerung und der Bewaffnung führte. Die erste Bewährungsprobe erfuhren diese Panzer im Juli 1943 am Kurskbogen in einer der entscheidenden Schlachten des Zweiten Weltkrieges. Als 1944 die neuesten alliierten Panzer, die sowjetischen T-34/85 bzw. IS-2, die neuesten Sherman und Churchill zum Einsatz kamen, mussten sie noch immer diese überlegenen deutschen Gegenspieler bekämpfen. Dass die Alliierten sie ausschalteten, verdankten sie eher ihrer zahlenmäßigen statt ihrer technischen Überlegenheit. Die Jahre 1943/44 lösten eine Revolution in der Entwicklung von Panzern aus, die Auswirkungen selbst auf heutige Modelle hat.

Neue Herausforderungen

1941 USA

M22 LOCUST

Der M22 Locust war einer der kleinsten Panzer der Alliierten und für Luftlandeoperationen entworfen worden. Er sollte für genügend Feuerkraft sorgen, bis die Landstreitkräfte eingetroffen waren.

Unten: *Obwohl die Entwicklung des leichten Panzers M22 schon 1941 begonnen hatte, kam er erst in der Endphase des Krieges zu Kampfeinsätzen, hauptsächlich weil es noch keine Flugzeuge gab, die ihn in die Schlacht hätten fliegen können.*

Rechts: *Der M22 diente nach dem Krieg in der ägyptischen Armee. Einige kamen noch 1956 zum Kampfeinsatz, als die Israelis durch den Sinai auf den Suezkanal vorstießen.*

Der M22 war dafür vorgesehen, mit den Luftlandetruppen aus der Luft abgesetzt zu werden – und er hatte damit ein im wahrsten Sinne des Wortes schwerwiegendes Problem: Das einzige alliierte Transportflugzeug, das in der Lage war, ihn anzuheben, war die Douglas C-54; und dies auch nur, wenn der abmontierte Turm im Flugzeugrumpf untergebracht und die Wanne an den Flügeln befestigt wurden. Die Lösung des Problems bot der britische Transportgleiter Hamilcar, der schon für den Mark VII Tetrarch entwickelt worden war. Die britischen Luftlandeeinheiten übernahmen den M22 und setzten ihn zur Unterstützung ihrer 6. Luftlandedivision bei der Operation Varsity ein, dem Rheinübergang bei Wesel im März 1945. Die Briten gaben ihm den Namen Locust (dt.: Heuschrecke). Nur 830 der ursprünglich 1900 von ihnen bestellten Locust wurden ausgeliefert. Nach Ende des Krieges wurden einige von ihnen an die ägyptische Armee abgegeben und dort bis 1956 eingesetzt. Der Locust hatte eine Drei-Mann-Besatzung. Das Fahrzeug wurde von der Firma Marmon Herrington sowohl entworfen als auch gefertigt.

Technische Daten

Bewaffnung: ein 37-mm-M6-Geschütz; ein 7,62-mm-MG

Panzerung: 25 mm

Besatzung: 3

Maße: Länge 3,94 m; Breite 2,23 m; Höhe 1,74 m

Gewicht: 7439 kg

Antrieb: ein Lycoming-O-435T-6-Zylinder-Sternmotor mit 121 kW (162 PS)

Höchstgeschwindigkeit: 64 km/h

Reichweite: 217 km

Neue Herausforderungen

1941 USA

Oben: *Dieses Foto zeigt deutlich die Position des 75-mm-Geschützes in der rechten Frontpartie der Wanne. Der Geschützturm ist eine überarbeitete Version.*

M3 GRANT/LEE

Der mittelschwere Panzer M3 war zwar ein überhasteter Entwurf, aber er war mit einer schlagkräftigen 75-mm-Kanone bestückt. Diese gab den Alliierten endlich die Chance, sich der deutschen Panzer im offenen Gefecht zu erwehren.

Oben: *Entwickelt, um die Lücke bis zur Indienststellung des M4 Sherman zu überbrücken, verstärkte der M3 Grant die Panzerdivisionen in Nordafrika.*

Technische Daten

(M3 [Lee Mk I])

Bewaffnung: ein 75-mm-Geschütz und eine 37-mm-Kanone; vier 7,62-mm-MGs

Panzerung: 57 mm

Besatzung: 6

Maße: Länge 5,64 m; Breite 2,72 m; Höhe 3,12 m

Gewicht: 27 216 kg

Antrieb: ein Continental-R-975-EC2- oder -E1-Sternmotor mit 253,5 kW (340 PS)

Höchstgeschwindigkeit: 42 km/h

Reichweite: 193 km

Die Gefechte mit den deutschen Panzern in Frankreich offenbarten, dass die existierenden amerikanischen Modelle veraltet waren. Als Konsequenz daraus gab die amerikanische Armee einen Anforderungskatalog für einen neuen Panzer mit einem 75-mm-Geschütz heraus. Als Übergangslösung nahm man das M2-Modell, behielt den mit einem 37-mm-Geschütz bestückten Turm bei, brachte aber zusätzlich in der rechten Frontpartie der Wanne ein 75-mm-Geschütz unter. Diese Überarbeitung wurde umgehend zur Massenproduktion beordert. Die britische Armee bestellte ihn in großer Stückzahl, um ihre verlorenen Panzer zu ersetzen.

General Grant

In britischen Diensten hieß der mit einem flacheren Turm ausgestattete Panzer „General Grant“, während das unveränderte Modell in den Reihen der Amerikaner „General Lee“ genannt wurde. Seine Feuertaufe erhielt der M3 1942 in Nordafrika, wo er die Feuerkraft der Panzerdivisionen des Commonwealth erheblich verstärkte. Die Herstellung des M3 wurde nach 6258 Exemplaren im Dezember 1943 eingestellt.

Neue Herausforderungen
1942 Australien

SENTINEL MARK I

Obschon er übereilt als „Krisen-Sofortmaßnahme" auf der Basis des M3 gefertigt wurde, war der australische Sentinel ein effizientes Kettenfahrzeug, das sich auf dem Schlachtfeld bestimmt bewährt hätte.

Der Sentinel Mark I wurde vornehmlich als Reaktion auf den Ausbruch des Krieges in Europa entwickelt, der die Australier von den bisherigen englischen Waffenlieferungen abschnitt. Auch war in dieser Situation der Norden Australiens anfällig für eine japanische Invasion – Angriffe auf Darwin und andere Orte 1942 ließen diese Befürchtungen wahr werden.

Links: *Das ursprüngliche 40-mm-Geschütz des Sentinel war zu schwach, um Wirkung zu erzielen. Daher wurden Nachfolgemodelle mit einem 87,6-mm-Geschütz und schließlich mit einer effektiven 76,2-mm-Panzerabwehrkanone bestückt.*

Konstruktionsanforderungen

Die Entwürfe wurden entsprechend den Forderungen nach einem Panzer gefertigt, der ein 40-mm-Geschütz haben und aus möglichst vielen, schon produzierten Komponenten des amerikanischen M3 bestehen sollte. Der Panzer, der anfänglich Australian Cruiser 1 (AC1) benannt wurde, hatte eine Wanne aus Gussstahl und wurde von drei Cadillac-Motoren angetrieben. Die ersten Exemplare waren im Januar 1942 fertig und erhielten den Namen Sentinel (dt.: Wächter). Das Nachfolgemodell Sentinel AC3 wurde mit einem 87,6-mm-Geschütz anstelle der unzureichenden ursprünglichen Waffe bestückt. Auch diese Bewaffnung war gegen schwere Panzerung wirkungslos. Deshalb folgte 1943 die Produktion des AC4 mit einer effizienteren 76,2-mm-Kanone. Der Panzer kam nie auf dem Schlachtfeld zum Einsatz.

Technische Daten

Bewaffnung: ein 40-mm-Geschütz; zwei 7,62-mm-MGs
Panzerung: 65 mm
Besatzung: 5
Maße: Länge 6,40 m; Breite 2,80 m; Höhe 2,59 m
Gewicht: 28 489 kg
Antrieb: drei Cadillac-V8-Benzinmotoren in Kleeblattanordnung mit 87 kW (117 PS)
Höchstgeschwindigkeit: 48 km/h
Reichweite: 319 km

Links: *Obwohl er überhastet in Produktion ging, war der Sentinel ein beachtlicher Entwurf mit vielen Neuerungen. Hier ist die Ausführung AC4 mit einer 76,2-mm-Panzerabwehrkanone zu sehen.*

Neue Herausforderungen

1942 Kanada

RAM MARK I/II

Obschon die Kanadier 1939 keine Panzereinheiten hatten, wuchs ihre Armee schnell. Die Panzer Ram I und II wurden entwickelt, um die Infanterie zu unterstützen, kamen aber nie zu einem Kampfeinsatz.

Oben: *Der Ram Mark I war ursprünglich mit einer 40-mm-Kanone bestückt, wurde aber bald mit einem wesentlich effektiveren 57-mm-Geschütz bewaffnet.*

Oben: *Der Ram Mark I nutzte das Chassis des amerikanischen M3, aber das Hauptgeschütz wurde aus der Wanne in den Turm verlegt.*

Technische Daten

(Ram Mark II)

Bewaffnung: ein 57-mm-Geschütz; drei 7,62-mm-MGs

Panzerung: 87 mm

Besatzung: 5

Maße: Länge 5,791 m; Breite 2,768 m; Höhe 2,667 m

Gewicht: 29 484 kg

Antrieb: ein luftgekühlter Continental-R-975-9-Zylinder-Sternmotor mit 298 kW (400 PS) bei 2400 U/min

Höchstgeschwindigkeit: 40 km/h

Reichweite: 232 km

Kanada musste bei der Herstellung von Panzern bei Null beginnen. Diese Aufgabe wurde den Montreal Locomotive Works übertragen, die heute als Canadian Tank Arsenal bekannt sind. Das erste Modell, das auf dem amerikanischen M3 basierte, hatte eine 40-mm-Kanone als Bewaffnung, aber die Erfahrungen in Übersee hatten gezeigt, dass das unzureichend war. Deshalb wurde der Turm überarbeitet, um ein größeres Geschütz aufzunehmen. Der Prototyp des Ram Mark I wurde im Juni 1941 fertig. Im Februar 1942 wurde die Produktion auf den Ram Mark II umgestellt, der mit einem 57-mm-Geschütz ausgestattet war. Die Herstellung wurde bis Juli 1943 fortgesetzt, dann entschied man, dass die kanadischen und britischen Panzerverbände mit M4-Sherman-Panzern ausgerüstet werden sollten.

Verwendung des Ram I/II

Obwohl der Ram nie in der ihm zugedachten Rolle zum Kampfeinsatz kam, fanden einige umgerüstete Varianten auf den europäischen Schlachtfeldern Verwendung. Nach dem Krieg wurden über 100 Ram von der niederländischen Armee übernommen.

Neue Herausforderungen

1942 Deutschland

ELEFANT

Oben: *Der Elefant bekam als Geschütz die schlagkräftige „Acht-Acht"-Panzer- bzw. Flugabwehrkanone.*

Der Elefant war extrem schwer und langsam. Dementsprechend war er besser für Hinterhalte als zum Gefecht in der Bewegung geeignet. Die meisten Panzer dieses Typs wurden in Russland eingesetzt.

Porsche und Henschel konkurrierten in der Entwicklungsphase um den Zuschlag zur Herstellung des Tiger. Für den PzKpfw VI Tiger setzte sich der Henschel-Entwurf durch, aber der Vorschlag von Porsche wurde genutzt, um einen Jagdpanzer zu entwickeln. Die legendäre „Acht-Acht"-Panzer- bzw. Flugabwehrkanone wurde hierzu in großen, gepanzerten Aufbauten untergebracht. Porsche erhielt den Auftrag, 90 Einheiten unter der Bezeichnung Panzerjäger Tiger (P) zu fertigen, obgleich dieses Modell später unter den Namen Ferdinand oder Elefant bekannter war. Das (P) verwies auf den Hersteller Porsche.

Die Schlacht am Kurskbogen

Der größte Teil der Fahrzeuge wurde in der ersten Hälfte des Jahres 1943 hergestellt, sodass sie an der geplanten Großoffensive im Juli teilnehmen konnten. Der Einsatz endete in einer Katastrophe, da der Elefant zu schwer und zu plump war und ihm jegliche Waffen zur Selbstverteidigung im Nahbereich fehlten. Speziell trainierte sowjetische Panzerabwehreinheiten machten ihn kampfunfähig, indem sie mit Sprengladungen seine Ketten zerstörten.

Oben: *Der Elefant war ein Misserfolg der deutschen Jagdpanzer-Entwickler. Trotz seines exzellenten Geschützes war er viel zu schwer und zu plump. Darüber hinaus fehlten jegliche Waffen zur Selbstverteidigung gegen Infanterie. Alles in allem war er viel zu komplex und unzuverlässig.*

Technische Daten

Bewaffnung: eine 88-mm-Pak; ein 7,92-mm-MG

Panzerung: maximal 200 mm

Besatzung: 6

Maße: Länge 8,14 m; Breite 3,38 m; Höhe 2,97 m

Gewicht: 65 000 kg

Antrieb: zwei Maybach-HL120TRM-V12-Benzinmotoren mit je 223,7 kW (300 PS)

Höchstgeschwindigkeit: 30 km/h (Straße)

Reichweite: 150 km (Straße)

Oben: *Der Marder II war zahlenmäßig einer der wichtigsten deutschen Panzerjäger, aber seine Silhouette war ziemlich hoch und seine Panzerung schwach.*

Neue Herausforderungen

1942 Deutschland

PANZERJÄGER MARDER

Die erste Version der Serie von Panzerjägern, der Marder I, wurde auf dem Chassis des Lorraine-Panzers aufgebaut, von denen Hunderte nach der französischen Kapitulation konfisziert worden waren.

Damit die Panzerjäger-Einheiten beweglich gemacht werden konnten, brauchte die Wehrmacht einen schlagkräftigen, beweglichen Panzerjäger. Ende 1941 war der Bedarf vor allem an der Ostfront besonders dringend geworden – das Erscheinen des T-34 war eine böse Überraschung gewesen. Als Übergangslösung statteten die Deutschen den veralteten PzKpfw II und den erbeuteten Tracteur Blindé 37L Lorraine, der als Artillerieschlepper und Schützenpanzer gedient hatte, mit Panzerabwehrkanonen aus. Das Resultat war die Marder-Serie, deren Bewaffnung entweder aus der deutschen 75-mm-Pak-40 oder aus erbeuteten russischen 7,62-mm-F22-Feldgeschützen bestand.

Umrüstungen

Der im Mai 1942 fertiggestellte Marder I trug eine 40-mm-Pak auf einem Lorraine-Chassis. Ungefähr 170 Marder I wurden zusammengebaut, wobei einige auch Umrüstungen des französischen Hotchkiss oder des leichten FCM waren. Die Umrüstungen des PzKpfw II wurden als Marder II bezeichnet, wohingegen der Marder III ein Umbau des PzKpfw 38 (t) aus Tschechien war. Der Marder III kam im Unterschied zu den anderen Modellen an allen Fronten zum Einsatz.

Unten: *Dieser Marder III wurde im April 1943 in Nordafrika zerstört. Der Panzer, eine Umrüstung eines Panzerchassis aus tschechischer Produktion, war mit einem schlagkräftigen 75-mm-Geschütz bestückt.*

Technische Daten

(Marder II 1942)

Bewaffnung: eine 75-mm-Pak; ein 7,92-mm-MG

Panzerung: maximal 35 mm

Besatzung: 3

Maße: Länge 6,36 m; Breite 2,28 m; Höhe 2,20 m

Gewicht: 10 800 kg

Antrieb: ein Maybach-HL62TRM-6-Zylinder-Benzinmotor mit 104,4 kW (140 PS)

Höchstgeschwindigkeit: 40 km/h (Straße)

Reichweite: 190 km (Straße)

Neue Herausforderungen

1942 **Deutschland**

PANZERKAMPFWAGEN V PANTHER

Der Panther war die Antwort auf den T-34. Obschon er wahrscheinlich der beste deutsche Panzer war, der im Zweiten Weltkrieg hergestellt wurde, war er zu kompliziert, um ihn schnell zu produzieren.

Technische Daten

(PzKpfw V Ausführung G)

Bewaffnung: ein 75-mm-Geschütz; drei 7,92-mm-MGs

Panzerung: maximal 80 mm

Besatzung: 5

Maße: Länge 8,865 m; Breite 3,43 m; Höhe 2,97 m

Gewicht: 45 465 kg

Antrieb: ein Maybach-HL230P30-V12-Benzinmotor mit 522 kW (700 PS)

Höchstgeschwindigkeit: 55 km/h (Straße)

Reichweite: 177 km (Straße)

Ende 1941 war dem deutschen Generalstab bewusst geworden, dass das Gleichgewicht zu der russischen Panzerwaffe wiederhergestellt werden musste. Dank des neuen T-34, der dem deutschen PzKpfw IV mehr als ebenbürtig war, schien eine Überlegenheit der russischen Panzer zu bestehen. Daimler-Benz und MAN wurden beauftragt, Entwürfe für einen neuen, schlagkräftigen Panzer einzureichen. Die Wahl fiel im Mai 1942 auf das MAN-Konzept. Im September wurde ein Prototyp erprobt und das nun PzKpfw V Panther (SdKfz 171) bezeichnete Fahrzeug rasch zur sofortigen Produktion befohlen.

Unten: *Diese Schnittzeichnung zeigt das Innere des Panther. Der zweifelsohne beste deutsche Panzer des Zweiten Weltkrieges wurde von seiner technischen Komplexität behindert, die im Einsatz viele Probleme verursachte. Die Kompliziertheit des Fahrzeugs wird aus dieser Illustration gut ersichtlich.*

Oben: *Der Panther wurde eilig in Produktion gegeben, sodass schon bald zahlreiche Schwierigkeiten auftraten. In der ersten Zeit fielen Panther öfter durch technisches Versagen als durch Feindeinwirkung aus.*

Kampfeinsätze

Der Panther erhielt seine Feuertaufe im Juli 1943 bei der Schlacht am Kurskbogen und zeigte keine guten Leistungen, da noch zahlreiche technische Kinderkrankheiten zu beheben waren. Am 10. Juli waren nur 38 der 200 nach Kursk verlegten Panther kampfbereit. Dennoch entwickelte sich der Panther zu einem herausragenden Kampffahrzeug, sobald die Anfangsprobleme gelöst worden waren. Er wurde in der Normandie nach der alliierten Landung und an der Ostfront in großem Umfang eingesetzt.

Rechts: *Dieses Foto zeigt ein frühes Panther-Modell. Bei späteren Modellen wurden Panzerschürzen zum Schutz des Fahrwerks angebracht. Die Panzerung wurde zum Schutz vor Haftminen mit einem antimagnetischen Schutzanstrich versehen.*

Neue Herausforderungen

⚒ **1942 Deutschland**

PANZERKAMPFWAGEN VI TIGER I

Der Tiger I wurde 1941 eilig entwickelt, um den KW-1 auszuschalten, gegen den er im Herbst 1942 erstmals zum Einsatz kam. Er war so beeindruckend, dass er den Gegner einschüchterte, wo immer er auftauchte.

Er war ebenso großartig wie robust konstruiert, hatte einen 700-PS-Motor und ein Getriebe mit acht Vorwärts- und vier Rückwärtsgängen. Dennoch zeigte der Tiger erhebliche Schwächen unter Kampfbedingungen. Seine Reichweite betrug lediglich 195 Kilometer (Straße), und trotz der genialen, überlappenden Anbringung der Laufräder an der Torsionsfederung zur Verbesserung der Fahreigenschaften passte er nicht zu der Strategie schnell und tief vorstoßender Panzerdivisionen. Eben aus diesem Grund lehnten ihn die Panzergeneräle ab, die beweglichere leichte Panzer bevorzugten, die darüber hinaus auch schneller hergestellt werden konnten. Dennoch konnte der Tiger aus der Distanz gegen jeden gegnerischen Panzer einen Schlagabtausch für sich entscheiden.

Oben: *Es ist offensichtlich, warum der Tiger Schrecken unter seinen Gegnern verbreitete, wo immer er auftauchte: Das ganze Erscheinungsbild des Panzers strahlt Bedrohung aus. Seine Gegner müssen darüber verzweifelt sein, Mittel und Wege zu finden, ihn auszuschalten.*

Rechts: *Der Tiger stellte einen neuen Denkansatz dar, der den Schwerpunkt auf starke Panzerung und Feuerkraft zulasten der Beweglichkeit legte. Da er die meisten alliierten Panzer außerhalb ihrer Geschützreichweite ausschalten konnte, war das unproblematisch.*

Technische Daten

Bewaffnung: ein 88-mm-Geschütz; zwei oder drei 7,92-mm-MGs
Panzerung: maximal 120 mm
Besatzung: 5
Maße: Länge 8,45 m; Breite 3,56 m; Höhe 3,00 m
Gewicht: gefechtsbereit 56 900 kg
Antrieb: ein Maybach-HL230P45-V12-Benzinmotor mit 514,3 kW (700 PS)
Höchstgeschwindigkeit: 37 km/h (Straße)
Reichweite: 195 km (Straße)

Unten: *Tiger I in Bereitstellung. Wenn durchweichter Boden sich in Matsch verwandelte und dieser in den Ketten betonhart wurde, war der Tiger in Gefahr, fahruntüchtig liegen zu bleiben.*

Auch konnte er eine Furttiefe bewältigen, die bei deutschen Panzern einmalig war.

Einsatzgebiete

Seine offizielle Bezeichnung war PzKpfw VI Ausführung H, aber allgemein war er einfach unter dem Namen Tiger bekannt. Der Tiger I bewährte sich trotz seiner technischen Einschränkungen bei Einsätzen an der Ostfront und in Tunesien ausgezeichnet. In Nordafrika wurden vergleichsweise wenige Tiger eingesetzt, da die Alliierten regelmäßig die Nachschubkonvois mit Flugzeugen oder U-Booten von Malta aus angriffen.

Konstruktion und Gefechtstaktik

Der Tiger I hatte eine bis zu 120 mm dicke Frontpanzerung sowie seitlich und hinten eine 80-mm-Panzerung, die fast alle Panzerabwehrgeschosse wirkungslos abprallen ließ. Andererseits konnte er wiederum alle gängigen gegnerischen Panzer, wie den T-34, den Sherman und den Churchill IV, schon aus einer Entfernung von ca. 1500 m ausschalten. Beispielsweise konnte der T-34 die Frontpanzerung aus keiner Entfernung durchdringen und die Seitenpanzerung erst aus einer Entfernung von maximal 500 m. Gleiches galt für den M4 Sherman – also versuchten die Amerikaner, sobald sie auf einen Tiger trafen, ihn mit Einheiten aus mindestens vier Panzern einzukesseln, um ihn aus nächster Nähe mit einem Schuss in die Seite auszuschalten. Im Endstadium des Krieges ging für den Tiger die größte Gefahr von Jagdbombern mit Luft-Boden-Raketen aus. Aber auch diese waren nicht präzise genug, um einzelne Tiger wirksam auszuschalten, jedoch wirkungsvoll gegen Massierungen von Panzern. Mit der Einführung des Königstiger (Tiger II) ab Januar 1944 trat der Tiger I immer mehr in den Hintergrund.

Neue Herausforderungen

1942 Deutschland

NASHORN

Anfänglich als Hornisse bekannt, war der Panzerjäger Nashorn lediglich als Übergangslösung gedacht. Allerdings erwies er sich überraschenderweise als einer der erfolgreichsten Panzerjäger überhaupt.

Links: *Der Soldat, der auf dem erbeuteten und ziemlich angeschlagenen Jagdpanzer Nashorn posiert, verdeutlicht die Größe des feuerkräftigen 88-mm-Geschützes. Die hintere und die seitliche Panzerung sind offensichtlich abmontiert worden.*

Unten: *Die Konstruktion des Nashorn war anderen Übergangslösungen für Jagdpanzer sehr ähnlich: Obwohl das Geschütz hinten auf der Wanne hinter Panzerplatten montiert war, bot die ohnehin relativ schwache Panzerung der Besatzung nach oben und nach hinten überhaupt keinen Schutz.*

Im Februar 1942 entwickelte die Firma Alkett (Altmärkische Kettenwerke GmbH) aus Berlin einen Panzerjäger, der auf den gepanzerten Geschützwagen III bzw. IV basierte, die hauptsächlich aus Komponenten der Panzer PzKpfw III bzw. IV bestanden. Der Jagdpanzer war mit einer Pak 43 L/71 bestückt, die eine Weiterentwicklung der 88-mm-Panzerabwehrkanone „Acht-Acht“ mit verlängertem Rohr war. Das Geschütz war auf dem hinteren Teil der Wanne in einem nach oben offenen Aufbau untergebracht, dessen Panzerung der Besatzung Schutz vor Explosionen und Infanteriebeschuss bot. Der Panzerjäger Nashorn ging im Frühjahr 1943 in Produktion, und die meisten der 494 Exemplare wurden noch im selben Jahr fertiggestellt.

Einsätze

Der Panzerjäger Nashorn kam bei der Schlacht von Kursk zu seinem ersten Einsatz und bewährte sich im Gegensatz zum Elefant hervorragend – vor allem weil er Ziele aus großer Distanz wirksam bekämpfen konnte. Er diente an allen Fronten. Heute existieren nur noch zwei Exemplare des Nashorn – eines im US Ordnance Museum und ein zweites im Kubinka-Panzermuseum in Moskau.

Technische Daten

Bewaffnung: eine 88-mm Pak; ein 7,92-mm-MG

Panzerung: maximal 30 mm

Besatzung: 4

Maße: Länge 8,44 m; Breite 2,86 m; Höhe 2,65 m

Gewicht: 24 000 kg

Antrieb: ein Maybach-HL120TRM-V12-Benzinmotor mit 223,7 kW (300 PS)

Höchstgeschwindigkeit: 42 km/h (Straße)

Reichweite: 215 km (Straße)

Neue Herausforderungen

1942 Italien

CARRO ARMATO M15/42

Der M15/42 aus dem Jahre 1943 war der letzte der mittelschweren Panzerserie von FIAT. Sein Konzept vereinigte in sich Neuerungen, die aus den in Nordafrika gesammelten Erfahrungen herrührten.

Technische Daten

Bewaffnung: ein 47-mm-Geschütz; zwei MGs

Panzerung: 6–42 mm

Besatzung: 4

Maße: Länge 4,92 m; Breite 2,20 m; Höhe 2,40 m

Gewicht: 14 600 kg

Antrieb: ein SPA-8TM41-V8-Dieselmotor mit 108 kW (145 PS) bei 1800 U/min

Höchstgeschwindigkeit: 35 km/h

Reichweite: 200 km

Der mittelschwere Carro Armato M15/42 von FIAT war im Grunde genommen nur eine Weiterentwicklung des M13/40. Er war mit einem leistungsstärkeren Dieselmotor und mit Luftfiltern ausgestattet, die für Wüstenbedingungen geeignet sein sollten. Der Motor ermöglichte eine höhere Endgeschwindigkeit als bei seinem Vorgänger. Der M15/42 unterschied sich von seinem Vorgängermodell M14/41 dadurch, dass er eine etwas längere Wanne hatte und sich die Einstiegsluke an der Seite befand.

Einsätze

Die meisten M15/42 wurden der Ariete Division zugeteilt, die aus Nordafrika zurückgezogen worden war und nun in Italien wieder neu formiert wurde. Nach der italienischen Kapitulation im September 1943 wurde die Division nach Zentralitalien verlegt und nahm an den Kämpfen um Rom gegen die angreifenden deutschen Panzergrenadier- und Fallschirmjägereinheiten teil. Die Italiener verloren diese Schlacht. Viele Panzer wurden anschließend von den Deutschen beschlagnahmt, die die Herstellung von weiteren 28 M15/42 anordneten.

Unten: *Das Erscheinungsbild dieses M15/42 mit herabhängender Kanone ist symptomatisch für die Geschichte dieses Panzers, der im Gefecht wesentlich weniger Wirkung erzielte als seine alliierten Gegenspieler.*

Neue Herausforderungen
1942 Japan

TYPE 2 KA-MI

Bei der Entwicklung von Amphibienpanzern hatten die Japaner eine Vorreiterrolle inne, da sie bereits 1928 einen Prototyp getestet hatten. Von dem taktischen Konzept machten sie allerdings nie richtig Gebrauch.

Unten: *Der Amphibienpanzer Type 2 war als Landungsfahrzeug ein sehr guter Entwurf. Er war sowohl einfach als auch robust und hielt 1942 dem Vergleich mit allen alliierten Fahrzeugen seiner Art stand. Er konnte aber nicht in ausreichender Menge produziert werden.*

In den frühen 1930er-Jahren leistete die japanische Armee Pionierarbeit bei der Entwicklung amphibischer Panzerfahrzeuge. Sie testete zunächst ein Halbkettenfahrzeug, gab dieses Konzept aber auf, als sich die fehlende Geländegängigkeit des Fahrzeugs herausstellte. Trotzdem führte man weitere Versuche durch, diesmal mit dem leichten Panzer Type 95 Go-Ha, indem man an dem Fahrzeug mit Kapok gefüllte Schwimmer anbrachte. Im Wasser wurde diese Kombination von zwei Außenbordmotoren angetrieben.

Pazifische Feldzüge

1940 übernahm die Kaiserliche Japanische Marine das Entwicklungsprogramm für Amphibienpanzer und stellte 1942 den Type 2 Ka-Mi fertig. Er sollte von spezialisierten Landungstruppen der Marine zur Einnahme von Inseln ohne Hafenanlagen eingesetzt werden. In die Wanne selbst waren Auftriebskammern eingebaut, weitere Schwimmkörper aus Stahl wurden an Bug und Heck angebracht, von denen der hintere mit Steuerrudern versehen wurde. Die 184 produzierten Fahrzeuge wurden in der Anfangsphase des Krieges mit Erfolg zur Unterstützung der Invasionstruppen eingesetzt. Später diente der Panzer nur noch Verteidigungszwecken – tief eingegraben im Strand, als ein Teil der Küstenbefestigungen.

Unten: *Der Ka-Mi war die einfallsreiche Umrüstung eines leichten Panzers für amphibische Landungsaufgaben. Ähnlich diesem entwickelten die Alliierten für die Landung in der Normandie den M4 Sherman DD.*

Technische Daten

Bewaffnung: ein 37-mm-Geschütz; zwei 7,7-mm-MGs

Panzerung: 13 mm

Besatzung: 5

Maße: Länge 7,42 m; Breite 2,79 m; Höhe 2,34 m

Gewicht: 12 500 kg

Antrieb: ein Mitsubishi-6-Zylinder-Dieselmotor mit 86 kW (115 PS)

Höchstgeschwindigkeit: 37 km/h (Straße); 10 km/h (Wasser)

Reichweite: 200 km (Straße); 150 km (Wasser)

Neue Herausforderungen

⚒ **1942 Japan**

TYPE 3 KA-CHI

Der Amphibienpanzer Type 3 Ka-Chi bewies erneut den Einfallsreichtum der japanischen Entwickler, aber auch hier fehlten die Produktionskapazitäten, um diese Panzer in ausreichender Anzahl zu fertigen.

Oben: *Der Type 3 Ka-Chi basierte auf dem Modell eines erfolgreichen Kampfpanzers. Daher war er auch an Land ein wirkungsvolles Kampffahrzeug.*

Technische Daten

Bewaffnung: ein 47-mm-Geschütz; zwei 7,7-mm-MGs

Panzerung: 50 mm

Besatzung: 5–7

Maße: Länge 10,30 m; Breite 3,00 m; Höhe 3,82 m

Gewicht: 28 700 kg

Antrieb: ein Mitsubishi-Typ-100-V12-Dieselmotor mit 179 kW (240 PS)

Höchstgeschwindigkeit: 32 km/h (Straße); 10 km/h (Wasser)

Reichweite: 320 km (Straße)

Der Amphibienpanzer Type 3 Ka-Chi war die schwerere Ausgabe des Type 2 Ka-Mi und basierte auf dem Chassis des Kampfpanzers Type 1 Chi-He, allerdings mit umfangreichen Veränderungen. Er besaß Schwimmkörper, die abgeworfen werden konnten, nachdem der Panzer angelandet war. Der Geschützturm war mit der 47-mm-Kanone des Kampfpanzers Type 1 Chi-He bestückt, hatte aber eine tonnenförmige Kuppel, um die Turmluke über Wasser zu halten. Dazu kam ein hinter dem Turm senkrecht in die Höhe ragendes Auspuffrohr. Im Januar 1944 hatte der Type 3 Ka-Chi seinen ersten Kampfeinsatz auf dem Kwajalein-Atoll, wo er als statischer Teil der Küstenbefestigung genutzt wurde. Nur 19 Exemplare wurden hergestellt und über den pazifischen Kriegsschauplatz verstreut.

Amerikanische Beute

Die Amerikaner erbeuteten einen Type 3 Ka-Chi und erachteten ihn als äußerst tauglich für die ihm zugedachte Aufgabe. Er beeinflusste die Entwicklung der US-Amphibienpanzer, die sich bei der Landung in der Normandie als sehr nützlich erweisen sollten.

Neue Herausforderungen

⚒ **1942 Sowjetunion**

SU-76

Die SU-76 war ein umgerüsteter leichter Panzer T-70, ausgestattet mit einem 76,2-mm-Geschütz. Sie wurde in großer Stückzahl gefertigt und ab 1943 mit Erfolg an der Ostfront eingesetzt.

Die SU-76 (Samochodnaja Ustanowka, dt.: Selbstfahrlafette) war eine Notlösung, deren Produktion zu einer Zeit angeordnet wurde, als die Rote Armee nach den Verlusten in der zweiten Hälfte des Jahres 1941 dringend Panzerkampfwagen benötigte, um die Deutschen aufzuhalten. Eine Waffe, die dies konnte, war das 76,2-mm-Feldgeschütz Zis-3, das auch ausgezeichnete Panzerabwehrfähigkeiten bewiesen hatte. Nachdem die bisherigen Gefechte gezeigt hatten, dass die leichten Panzer der Russen für den Kampfeinsatz ungeeignet waren, wurde der leichte T-70 zum Untersatz für das Zis-3-Geschütz umfunktioniert – das Resultat war die SU-76.

Oben: *Die SU-76 war ein umgerüsteter leichter Panzer T-70. Sie wurde eilig produziert als verzweifelter Versuch, ein Gegenmittel gegen die neuesten deutschen Panzermodelle zu finden.*

Der Einsatz der SU-76

Aufgrund einiger Änderungen an der Konstruktion des T-70 konnte die SU-76 nicht vor Ende 1942 in Produktion gehen, und bis sie endlich an die Rote Armee ausgeliefert werden konnte, wurde es Mitte 1943. Nach dem Einbau eines neuen Antriebs zeigte sie sehr gute Leistungen. Weil sie jeden Komfort vermissen ließ, war sie nicht sehr beliebt. Nach dem Krieg wurde die SU-76 an verschiedene sowjetische Satellitenstaaten geliefert.

Technische Daten

Bewaffnung: ein 76,2-mm-Zis-3-L/41-Geschütz

Panzerung: 10–35 mm

Besatzung: 4

Maße: Länge 5,00 m; Breite 2,70 m; Höhe 2,10 m

Gewicht: 10 200 kg

Antrieb: zwei GAZ-203-6-Zylinder-Benzinmotoren mit 103 kW (138 PS) bei 3400 U/min

Höchstgeschwindigkeit: 45 km/h

Reichweite: 320 km

Neue Herausforderungen
1942 Sowjetunion

T-70

Der T-70 war schon bei seiner Indienststellung ein Anachronismus, da mittlerweile schwerere Panzer mit besserer Panzerung gefragt waren.

Technische Daten

Bewaffnung: ein 45-mm-Geschütz; ein 7,62-mm-DT-MG
Panzerung: 10–45 mm
Besatzung: 2
Maße: Länge 4,29 m; Breite 2,32 m; Höhe 2,04 m
Gewicht: 9200 kg
Antrieb: zwei GAZ-202-6-Zylinder-Benzinmotoren mit 104 kW (85 PS) bei 3600 U/min
Höchstgeschwindigkeit: 45 km/h
Reichweite: 360 km

Der leichte Panzer T-70 wurde produziert, um die Funktionen des Spähpanzers T-60 und des Infanteriepanzers T-50 zu kombinieren. Er war mit einem 45-mm-L/46-Geschütz bewaffnet und wurde von zwei Mann Besatzung bedient, dem Fahrer und dem Kommandanten, der gleichzeitig laden und feuern musste. Eine Panzereinheit zu führen war praktisch unmöglich: Der Kommandant war schon mit der Zielaufnahme, dem Laden und dem Abfeuern sowohl des Hauptgeschützes als auch des Maschinengewehrs mehr als beschäftigt – und sollte dem Fahrer auch die Befehle geben.

Herstellung

Zwischen März 1942 und Oktober 1943 wurden 8226 T-70 hergestellt. Die erste Serie hatte pro Kette einen GAZ-202-Motor an den Innenseiten der Wanne. Später wurden die Motoren auf der rechten Seite in Reihe angeordnet, mit normalen Antriebswellen und Differenzial. Eine Variante, der mit einem Zwei-Mann-Geschützturm ausgestattete T-80, wurde nur in kleiner Stückzahl gebaut. Die Fertigung wurde eingestellt, nachdem im Oktober 1943 alle leichten Panzer aus der sowjetischen Rüstungsproduktion genommen worden waren.

Unten: *Der leichte Panzer T-70 war ein nützlicher Spähpanzer. Jedoch war die schwache Bewaffnung ein großer Nachteil. Seine 45-mm-Kanone war praktisch wirkungslos gegen die meisten deutschen Panzer. In Gefechten konnte er sich, wenn überhaupt, nur knapp behaupten.*

Neue Herausforderungen

1942 Schweden

STRIDSVAGN M/42

Der Strv m/42 war einer der letzten aus der Reihe der schwedischen leichten Panzer, die in vorderster Linie ihren Dienst versahen, bis ihn der britische Centurion Mark III ersetzte.

Oben: *Mit seiner 75-mm-Kanone und einer ausreichenden Panzerung war der Stridsvagn m/42 Ausdruck der schwedischen Politik, die Neutralität des Landes wirkungsvoll zu schützen.*

Der Stridsvagn m/42 wurde aus einer Serie von Panzern entwickelt, die die Firma Landsverk gebaut hatte. Einer dieser Vorläufer war der L/60 mit einer geschweißten Wanne, abgeschrägter Panzerung und 20-mm-Bewaffnung. Der L/60 wurde von den Ungarn unter der Bezeichnung Toldi übernommen. Aufgrund seiner Bewaffnung war er vergleichbar mit dem PzKpfw II oder dem sowjetischen T-60. Landsverk stellte auf dem Chassis des L/60 auch eine Selbstfahrlafette mit einem 40-mm-Geschütz her. Im Vergleich zum Strv m/40 war der Strv m/42 mit einem überarbeiteten Turm sowie einer längeren und größeren Hülle ausgestattet. Er besaß sechs Laufrollen an jeder Seite und zwei Ersatzrollen hinten am Turm.

Einsatzgebiet

Der m/42 wurde an die Kompanien mit schweren Panzern in den Panzerbrigaden der schwedischen Armee ausgeliefert, die damit ein Fahrzeug erhielten, das den russischen oder deutschen Panzern Paroli bieten konnte. Er blieb im Dienst, bis er von der schwedischen Version des britischen Centurion Mark III abgelöst wurde.

Technische Daten

Bewaffnung: ein 75-mm-Geschütz; drei MGs

Panzerung: 80 mm

Besatzung: 4

Maße: Länge 4,90 m; Breite 2,20 m; Höhe 1,61 m

Gewicht: 22 500 kg

Antrieb: ein Scania-Vabis-Motor mit 239 kW (320 PS)

Höchstgeschwindigkeit: 45 km/h

Reichweite: 200 km

Neue Herausforderungen

1942 USA

M10

Der Jagdpanzer M10 war der meistproduzierte Jagdpanzer aus Amerika. Er war der Standardpanzer der US-amerikanischen Jagdpanzerbataillone und wurde auch von den Briten, Franzosen und Italienern eingesetzt.

Rechts: *Der M10 war als Standardpanzer für die Jagdpanzerbataillone der US-Armee geplant. Er war relativ leicht gepanzert, daher schnell und beweglich. In der britischen Armee hieß der M10 Wolverine.*

Technische Daten

Bewaffnung: ein 76,2-mm-M7-Geschütz; ein 12,7-mm-MG

Panzerung: 37 mm

Besatzung: 5

Maße: Länge 5,97 m (inkl. Rohr); Breite 3,05 m; Höhe 2,49 m

Gewicht: 29 028 kg

Antrieb: zwei GMS6-71-Dieselmotoren mit je 276,6 kW (375 PS)

Höchstgeschwindigkeit: 48 km/h

Reichweite: 320 km

Der M10 war das Ergebnis eines taktischen Konzeptes, das die US-Armee in den 1930er-Jahren entwickelt hatte. Danach sollten mit Panzerabwehrkanonen und Selbstfahrlafetten ausgerüstete Panzerabwehreinheiten massiert eingesetzt werden, um einen gegnerischen Panzervorstoß zu unterbinden. Die Rolle der Infanterieunterstützung sollte dabei anderen Panzern zukommen. Das erste diesem Konzept entsprechende Fahrzeug war der 76-mm-Gun-Motor-Carriage M10. Der M10 bestand größtenteils aus dem Chassis des M4A2 Sherman, auf das ein nach oben offener, um 360 Grad schwenkbarer Turm mit einem M7-76-mm-Geschütz gesetzt worden war.

Herstellung

Der M10 wurde seit September 1942 gebaut. Bei Einstellung der Fertigung Ende desselben Jahres waren bereits 4993 Einheiten vom Band gerollt. Dieser Panzerjäger wurde von den Briten unter dem Namen „Wolverine“ (dt.: Vielfraß) eingesetzt, später auch von den Freien Französischen Truppen und der neuen italienischen Armee. Die Briten statteten einige M10 mit der hervorragenden 76,2-mm-Pak aus; in dieser Version bekam er den Namen Achilles.

Unten: *Gegen Ende des Krieges wurde der M10 von einer verbesserten Version unterstützt. Der hier abgebildete M36 war mit einem 90-mm-Geschütz bestückt, der Turm war oben weiterhin offen.*

Neue Herausforderungen
1942 USA

M4 SHERMAN

Der M4 Sherman war der erste schlagkräftige mittelschwere Kampfpanzer der USA. Er war seinem Vorgängermodell M3 weit überlegen und erwies sich als ebenbürtiger Gegner des PzKpfw IV Ausführung F.

Der mit einem ausgezeichneten 76-mm-Geschütz bestückte M4A1 Sherman gab den Alliierten endlich die Chance, die deutsche 88-mm-Panzerabwehrkanone „Acht-Acht" zu überwinden, die sich als verheerend erwiesen hatte, wenn ältere Panzermodelle angegriffen wurden. Vom Sherman wurden verschiedene Versionen gebaut: Einige bekamen sehr zuverlässige Dieselmotoren, während andere mit benzinbetriebenen Sternmotoren ausgestattet wurden, die aus dem Flugzeugbau kamen. Die Versionen mit dem Benzinmotor waren unbeliebt, weil sie bei Beschuss sehr schnell ausbrannten. Die Deutschen gaben ihnen den Spitznamen „Tommy-Kocher" nach einem tragbaren Herd oder „Ronson" nach einer berühmten Feuerzeugmarke. Zum Problem konnte auch das Verlassen eines Sherman werden: Wenn der Turm des Hauptgeschützes in einem ungünstigen Winkel stehen blieb, blockierte er eine der beiden vorderen Ausstiegsluken.

Oben: *Ein Sherman im Einsatz. Im Dienst der 79. Panzerdivision leisteten diese Panzer einen wesentlichen Beitrag während der Landung in der Normandie.*

Herstellung

Das erste Modell des M4 wurde im September 1941 mit dem Laufwerk und der Wanne des M3 gebaut. Er hieß anfänglich Medium Tank T6, ging aber unter der Bezeichnung M4 in Massenproduktion. Das Serienmodell dieses äußerst wichtigen Kampffahrzeugs war der M4A1 (Sherman II) mit einer Wanne aus Gussstahl, die widerstandsfähiger war als die

Technische Daten

Bewaffnung: ein 75-mm-Geschütz; ein 12,7-mm- und zwei 7,62-mm-MGs
Panzerung: maximal 62 mm
Besatzung: 5
Maße: Länge 5,88 m; Breite 2,68 m; Höhe 2,74 m
Gewicht: 75 705 kg
Antrieb: ein Wright-R-975-C1-9-Zylinder-Sternmotor mit 294 kW (400 PS)
Höchstgeschwindigkeit: 39 km/h
Reichweite: 160 km

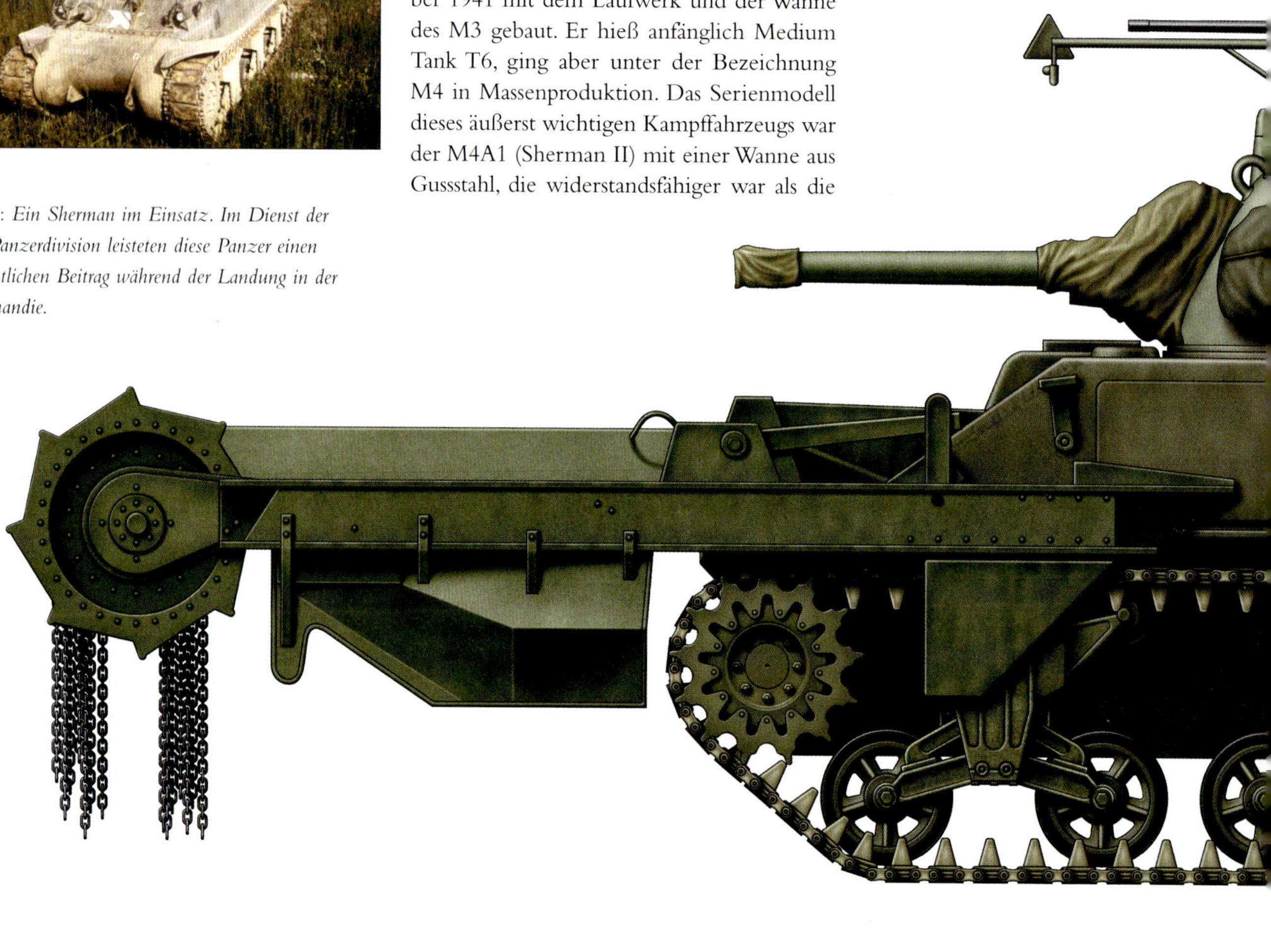

Rechts: *Shermans gehen von Bord eines Landungsschiffes. Die Briten, die ihn in zahlreichen Schlachten in Nordafrika und Nordwesteuropa einsetzten, gaben dem M4 den Namen Sherman.*

Unten: *Der Sherman Crab war der meistgenutzte Minenräumer des Zweiten Weltkrieges. Auch andere Panzer wurden mit Minen-Dreschflegeln ausgerüstet, aber der Sherman war das bevorzugte Modell.*

geschweißte Walzstahlwanne des Vorgängermodells. Andere Varianten waren der M4A2 (Sherman III) mit einer geschweißten Wanne, der M4A3 (Sherman IV) und der M4A4 (Sherman V), wobei einige der späteren Versionen mit einem 76-mm-Geschütz bestückt wurden. Alle Modelle hatten verschiedene Motoren, die immer leistungsfähiger wurden. Die britische Armee beschaffte sich Sherman-Panzer in großen Mengen und setzte sie im Oktober 1942 in der Schlacht um El Alamein zum ersten Mal ein. Wie bei den Churchill-Panzern rüsteten die Briten den Sherman zu verschiedenen Zwecken um, so zum Flammpanzer, zum Minenräumer Crab oder zum amphibischen Landungspanzer DD Sherman.

Unzulänglichkeiten

Obwohl der Sherman dem deutschen PzKpfw IV ebenbürtig war, konnte er in einem Gefecht mit dem Panther oder dem Tiger nicht mehr mithalten. Die Sherman-Verbände erlitten schwere Verluste, als sie in Tunesien zum ersten Mal auf den Tiger trafen. Dies wiederholte sich nach der Landung in der Normandie. Aber was dem Sherman an Panzerung und Feuerkraft fehlte, wurde durch seine zahlenmäßige Überlegenheit wettgemacht: Bei Produktionsende 1945 waren über 40 000 Exemplare vom Band gegangen.

Neue Herausforderungen

1942 USA

M5 GENERAL STUART

Der M5 verdeutlichte, dass man sich mit leichten Panzern keine Hoffnungen mehr machen durfte, auf einem von PzKpfw IV und Tiger beherrschten Schlachtfeld zu bestehen.

Technische Daten

Bewaffnung: ein 37-mm-M6-Geschütz; drei 7,62-mm-MGs

Panzerung: 64 mm

Besatzung: 4

Maße: Länge 4,34 m; Breite 2,25 m; Höhe 2,30 m

Gewicht: 14 969 kg

Antrieb: zwei Cadillac-Serie-42-V8-Motoren mit je 82 kW (110 PS)

Höchstgeschwindigkeit: 58 km/h

Reichweite: 161 km

Der M5 war der letzte leichte Panzer der M3-Serie. Er wurde von zwei Cadillac-Motoren angetrieben, durch die die Heckpartie anders aussah als bei seinen Vorläufern. Der M5A1 hatte einen verbesserten Turm, an dessen rückwärtigem Teil in einer Ausbuchtung eine Funkanlage untergebracht wurde. In britischen Diensten hieß der M5 Stuart VI. Ab 1942 ersetzte er nach und nach den M3 und blieb bis 1944 der vorherrschende leichte Panzer der Amerikaner, bis er wiederum seinem Nachfolgemodell M24 weichen musste. Der M5 kam im Pazifikraum und in Burma zum Einsatz. Die Schwächen der leichten Panzer wurden im Februar 1943 in Tunesien mit verheerenden Auswirkungen offengelegt, als alliierte M3

Oben: *Obwohl der M5 auf den Kriegsschauplätzen im Pazifik triumphierte, hatte er Anfang 1943 in Nordafrika gegen die deutschen Panzer keine Chance.*

und M5 in der Schlacht am Kasserine-Pass gegen deutsche PzKpfw IV und Tiger antraten – und völlig aufgerieben wurden.

Rückzug der leichten Panzerverbände

Nach der katastrophalen Schlacht am Kasserine-Pass lösten die Amerikaner ihre leichten Panzerbataillone auf. Sie verteilten die M5 auf Kompanien, die Teil von Bataillonen mittelschwerer Panzer waren, und nutzten sie als Spähpanzer. Einige ehemalige britische M5 kamen 1947/48 bei Kampfhandlungen zwischen Indien und Pakistan zum Einsatz.

Oben: *Der leichte Stuart-Panzer fand in mittelschweren Panzerbataillonen verbreitet als Spähpanzer Verwendung. Viele wurden von den Russen im Rahmen des Leih-Pacht-Vertrages genutzt.*

Neue Herausforderungen

1942 USA

M6

Die Entwicklung des schweren Panzers M6 begann 1940 als Teil eines Modernisierungsprogramms, das nach Ausbruch des Krieges in Europa höchste Priorität bekommen hatte.

Technische Daten

Bewaffnung: ein 76-mm-Geschütz; eine 37-mm-Kanone; drei 12,7-mm- und zwei 7,92-mm-MGs

Panzerung: 133 mm

Besatzung: 5

Maße: Länge 8,44 m; Breite 3,10 m; Höhe 3,23 m

Gewicht: 45 360 kg

Antrieb: ein Wright-Whirlwind-G-200-9-Zylinder-Sternmotor mit 690 kW (925 PS)

Höchstgeschwindigkeit: 35 km/h

Reichweite: 160 km

Das grundsätzliche Problem des M6 war sein veraltetes Konzept, das sich an den britischen und französischen Panzern der 1920er- und 1930er-Jahre orientierte. Der erste Entwurf des M6 sah vier Türme vor: Die zwei Haupttürme sollten mit 75-mm-Geschützen und die zwei kleineren mit 37-mm-Kanonen und/oder mit Maschinengewehren bestückt werden. Zusätzlich sollten vier weitere Maschinengewehre auf verschiedenen Halterungen auf der Wanne angebracht werden. Der Entwurf mit Namen Heavy Tank TI bekam am 11. Juni 1940 den Zuschlag. Aber nur drei Monate später wurde das Multiturmkonzept zugunsten eines einzigen Turmes mit einem 76-mm-Geschütz und einer koaxialen 37-mm-Kanone aufgegeben.

Oben: *Der M6 war ein vielversprechendes Projekt, das nicht ausgeführt wurde, weil die Amerikaner ihre Produktion auf mittelschwere Panzer konzentrierten. Dieser M6 wird von einem leichten M3A1 und einem mittelschweren M3 Grant flankiert.*

Prototypen und Herstellung

Zwischen 1941 und 1942 wurden drei Prototypen gebaut, einer mit einem elektrischen Antrieb und die zwei anderen mit einem Getriebe mit Drehmomentwandler. Ersterer bekam die Bezeichnung M6A2 und die anderen M6 bzw. M6A1. 40 Einheiten wurden gefertigt, kamen aber zu keinem Kampfeinsatz. Ein Exemplar wird heute im US Army Ordnance Museum in Aberdeen, Maryland, ausgestellt.

Neue Herausforderungen

1942 USA

T17E1 STAGHOUND

Der Staghound war ein robuster und beliebter Panzerwagen, der im und nach dem Krieg den Streitkräften Großbritanniens und des Commonwealth gute Dienste leistete.

Der T17 war das Resultat einer Anforderung der US-Armee nach zwei neuen Panzerwagen, einem schweren und einem mittelschweren. Der schwere Panzerwagen wurde der T18 Boarhound, wohingegen der mittelschwere der T17 Deerhound war, dessen Prototyp von Ford gebaut wurde. Dieser Prototyp hatte zwar ein 6x6-Fahrwerk, das Serienmodell T17E1, Staghound genannt, ging jedoch mit einem 4x4-Fahrwerk in Produktion. Dieser Panzerwagen hatte ein 37-mm-Geschütz im drehbaren Turm, ein koaxiales Maschinengewehr und ein weiteres Maschinengewehr im Bug. Die US-Armee hat ihn nie benutzt, aber die Briten bestellten sofort 300 Stück. Der Staghound wurde auch von Australien, Kanada, Indien, Neuseeland und Belgien angeschafft.

Varianten

Vom Staghound gab es unterschiedliche Ausführungen: Eine war der Staghound Mark II mit einer 75-mm-Haubitze anstelle der 37-mm-Kanone, eine andere war der Staghound Mark III, der mit dem Turm des Panzers Crusader und dessen 75-mm-Geschütz ausgerüstet wurde. Der Staghound Command dagegen war eine Version ohne Geschützturm. Dieses Fahrzeug blieb nach 1945 in Diensten verschiedener Armeen.

Unten: *Der Staghound war ein geräumiges, gut gepanzertes Kampffahrzeug, das einfach zu handhaben und zu warten war. Er war außerdem schnell und hatte eine große Reichweite. Seine Feuertaufe erhielt er 1943 in Italien, wo er seine Fähigkeit bewies, auch mit schwierigem Gelände klarzukommen.*

Technische Daten

Bewaffnung: ein 37-mm-Geschütz; zwei oder drei 7,62-mm-MGs

Panzerung: 51 mm

Besatzung: 5

Maße: Länge 5,49 m; Breite 2,69 m; Höhe 2,36 m

Gewicht: 13 700 kg

Antrieb: ein Twin-GMC-270-Motor mit 144,8 kW (194 PS)

Höchstgeschwindigkeit: 89 km/h

Reichweite: 724 km

Unten: *Der Staghound blieb noch viele Jahre nach 1945 im Dienst der britischen Armee. Eine Version wurde mit dem Geschützturm des Crusader aufgerüstet.*

Neue Herausforderungen

⚒ **1943 Kanada**

GRIZZLY I

Obwohl man geplant hatte, unter dem Namen Grizzly einen kanadischen Nachbau des M4A1 Sherman in hohen Stückzahlen herzustellen, wurde das Programm vorzeitig eingestellt.

Technische Daten

Bewaffnung: ein 75-mm-Geschütz; zwei 7,62-mm-MGs; ein 12,7-mm-MG
Panzerung: 75 mm
Besatzung: 5
Maße: Länge 5,816 m; Breite 2,626 m; Höhe 2,997 m
Gewicht: 30 391 kg
Antrieb: ein Continental-R975-C1-Benzinmotor mit 263 kW (353 PS) bei 2400 U/min
Höchstgeschwindigkeit: 39 km/h
Reichweite: 193 km

Der Grizzly war ein M4A1 Sherman, der von Kanada mit einigen Veränderungen, hauptsächlich an den Ketten, nachgebaut werden sollte. Anfangs war geplant, bis Februar 1944 1200 Exemplare dieser kanadischen Version zu fertigen. Die Produktion wurde jedoch vorzeitig abgebrochen, als im Juni 1943 Sherman-Panzer aus US-Produktion in solchen Mengen verfügbar waren, dass sie den Bedarf der kanadischen Armee decken konnten. Im September 1943 einigte man sich vertraglich darauf, dass alle vier kanadischen Panzerbrigaden und zwei Panzeraufklärungsregimenter mit dem US-Sherman ausgestattet werden sollten.

Oben: *Der Grizzly war die kanadische Version des M4A1 Sherman.*

Abbruch

Die Firma Montreal Locomotive Works, die den kanadischen Grizzly herstellte, wurde angewiesen, die Produktion so schnell wie möglich abzubrechen und sich der Fertigung von schwerer Artillerie zu widmen. Die Herstellung des Grizzly hatte im August 1943 begonnen, die erste Lieferung von 28 Panzern erfolgte im Oktober desselben Jahres. Als die Produktion Mitte Januar 1944 schließlich auslaufen konnte, waren insgesamt 188 Grizzly gebaut worden.

Neue Herausforderungen

1943 Deutschland

JAGDPANTHER

Dieser hervorragende Jagdpanzer, der zuerst unter dem Namen Panzerjäger Panther bekannt war, beeindruckte Adolf Hitler dermaßen, dass er die Umbenennung in Jagdpanther anordnete.

Links: *Das durchschlagskräftige Geschütz konnte alle alliierten Panzer ausschalten – sogar den schweren sowjetischen IS-2. Allerdings war bei diesem normalerweise ein „Blattschuss" von der Seite nötig.*

Oben: *Der Jagdpanther war ein Kampffahrzeug der Superlative und dazu bestimmt, einer der berühmtesten Jagdpanzer überhaupt zu werden. Kleinste Gruppen von ihm konnten zahlenmäßig weit überlegene Panzerverbände für lange Zeit aufhalten.*

Der Jagdpanther war im Gegensatz zu anderen Modellen, bei denen ein nur zum Teil gepanzerter Geschützstand hastig auf ein Panzerchassis montiert wurde, ein speziell für seine Aufgabe maßgeschneiderter Jagdpanzer. Zugegebenermaßen handelte es sich bei seinem Chassis um das des Panthers, aber die gepanzerten Aufbauten waren für die Zwecke eines Jagdpanzers ausgezeichnet konzipiert. Er war mit einem 88-mm-Pak-43-Geschütz und einem Maschinengewehr MG34 oder MG42 zur Nahbereichsverteidigung bewaffnet. Damit konnte er praktisch alle alliierten Panzer ausschalten, und es war bekannt, dass ein einzelner Jagdpanther anrückende gegnerische Panzerverbände lange aufhalten konnte.

Luftkrieg

Obgleich eine monatliche Produktion von 150 Stück geplant war, konnte dies wegen der alliierten Bomberangriffe nie erreicht werden. Als die Fabriken in Braunschweig und Brandenburg von den Alliierten eingenommen wurden, waren nur 383 Jagdpanther fertiggestellt worden. Ein Fehler des Jagdpanthers war seine unzureichende Motorleistung, weshalb er nur zu defensiven Aufgaben herangezogen werden konnte.

Technische Daten

Bewaffnung: eine 88-mm-Pak; eine oder zwei 7,92-mm-MGs

Panzerung: maximal 100 mm

Besatzung: 5

Maße: Länge 9,90 m; Breite 3,42 m; Höhe 2,72 m

Gewicht: 46 000 kg

Antrieb: ein Maybach-HL230P30-V12-Benzinmotor mit 522 kW (700 PS)

Höchstgeschwindigkeit: 46 km/h (Straße)

Reichweite: 160 km (Straße)

Technische Daten

Bewaffnung: ein 75-mm-Geschütz; ein oder zwei 7,92-mm-MGs
Panzerung: maximal 60 mm
Besatzung: 4
Maße: Länge 6,85 m; Breite 3,17 m; Höhe 1,85 m
Gewicht: 24 000 kg
Antrieb: ein Maybach-HL120TRM-V12-Benzinmotor mit 197,6 kW (265 PS)
Höchstgeschwindigkeit: 40 km/h (Straße)
Reichweite: 210 km (Straße)

Neue Herausforderungen

1943 Deutschland

JAGDPANZER IV

Der Jagdpanzer IV war eine Umrüstung des PzKpfw IV. Er war mit einem 75-mm-Geschütz in einem flachen Aufbau aus geneigten Panzerplatten bewaffnet.

Die deutsche Panzertruppe benötigte im Lauf des Russlandkrieges dringend geeignete Fahrzeuge, um die Panzerrudel der Roten Armee bekämpfen zu können. Beweglichkeit, Panzerschutz und Feuerkraft waren dafür notwendig. Das Geschütz, das sie dazu auswählten, war eine 75-mm-Pak mit einem langen Rohr, mit dem auch der Panther ausgerüstet wurde. Ein solches Geschütz in einen PzKpfw III zu installieren, hätte viele Änderungen am Chassis erfordert und dementsprechend viel Zeit in Anspruch genommen. Also wurde das geräumigere Chassis des PzKpfw IV als Untergestell für den neuen Jagdpanzer IV ausgewählt, der im Oktober 1943 einsatzbereit war. Er fand sofort den Beifall seiner Besatzungen – vor allem wegen seiner guten Panzerung und des niedrigen Profils der Wanne, sodass er zu einem schwierig zu entdeckenden und auszuschaltenden Gegner wurde.

Veränderungen

Die frühen Jagdpanzer IV wurden noch mit einer Mündungsbremse ausgestattet, aber spätere Versionen trotz der Gefahr der Überbelastung des Chassis mit einem viel längeren Rohr ohne Mündungsbremse bestückt und mit zusätzlichen seitlichen Panzerplatten versehen.

Unten: *Der Jagdpanzer IV mit seiner effizienten Panzerung und einer 75-mm-Kanone war eine Umrüstung des bewährten PzKpfw IV. Das kann man auf diesem Foto, das eine spätere Version ohne Mündungsbremse zeigt, gut sehen.*

Neue Herausforderungen
1943 Deutschland

TIGER II

Der Tiger II, auch Königstiger genannt, war der beste Panzer, der im Zweiten Weltkrieg zum Einsatz kam. Aber er war langsam und schwerfällig und verfügte nur über eine geringe Reichweite.

Technische Daten

Bewaffnung: ein 88-mm-Geschütz; zwei 7,92-mm-MGs
Panzerung: maximal 150 mm (Rumpf)
Besatzung: 5
Maße: Länge 10,286 m; Breite 3,625 m; Höhe 3,075 m
Gewicht: 68 000 kg
Antrieb: ein Maybach-HL230P30-V12-Benzinmotor mit 514,3 kW (700 PS)
Höchstgeschwindigkeit: 35 km/h (Straße)
Reichweite: 170 km (Straße)

Der Tiger II (PzKpfw VI) verband die Stärke der Panzerung vom Tiger I mit der geneigten Anordnung beim Panther und war dadurch ein völlig anderer Panzer als sein Vorgänger. Zu seinen ersten Kampfeinsätzen kam er im Juli 1944 in der Normandie und einen Monat später an der Ostfront. Der Tiger II war der kampfstärkste Panzer, der im Zweiten Weltkrieg eingesetzt wurde, und zusammen mit dem Panther bildete er die Speerspitze bei der deutschen Ardennenoffensive im Dezember 1944. Diese trieb einen gefährlichen Keil zwischen die alliierten Heeresgruppen. Zum Glück für die Alliierten lief sich dieser Vorstoß wegen fehlenden Treibstoffs tot, und viele Tiger mussten von ihren Besatzungen aufgegeben werden.

Oben: *Der Tiger II war eine überragende Kampfmaschine, aber seine Schwäche war das Laufwerk, dessen Laufrollen sich leicht mit Matsch zusetzten.*

Fataler Matsch

Trotz seiner Gefechtserfolge traten beim Tiger II viele Probleme auf – nicht zuletzt mit seinen überlappenden Laufrollen, die sich leicht mit Matsch zusetzten. Das hatte ganz besonders im russischen Winter fatale Folgen, wenn der betonhart gefrorene Matsch das Fahrwerk blockierte und vor jedem Kampfeinsatz weggeschlagen werden musste. Das Chassis des Tiger II wurde als Basis für den mit einer 128-mm-Waffe bestückten Jagdtiger B genutzt, von dem 48 Stück gebaut wurden.

Oben: *Diese Königstiger waren noch mit Türmen von Porsche ausgestattet, spätere bekamen Türme von Henschel. Das langläufige 88-mm-Geschütz konnte sowohl panzerbrechende Munition als auch Splittergranaten verschießen.*

Neue Herausforderungen

1943 Deutschland

SDKFZ 234 PUMA

Die deutsche Waffenindustrie stellte die besten im Zweiten Weltkrieg eingesetzten Panzerwagen her. Die schnellen Fahrzeuge der SdKfz-234-Serie wurden von vielen als die besten überhaupt angesehen.

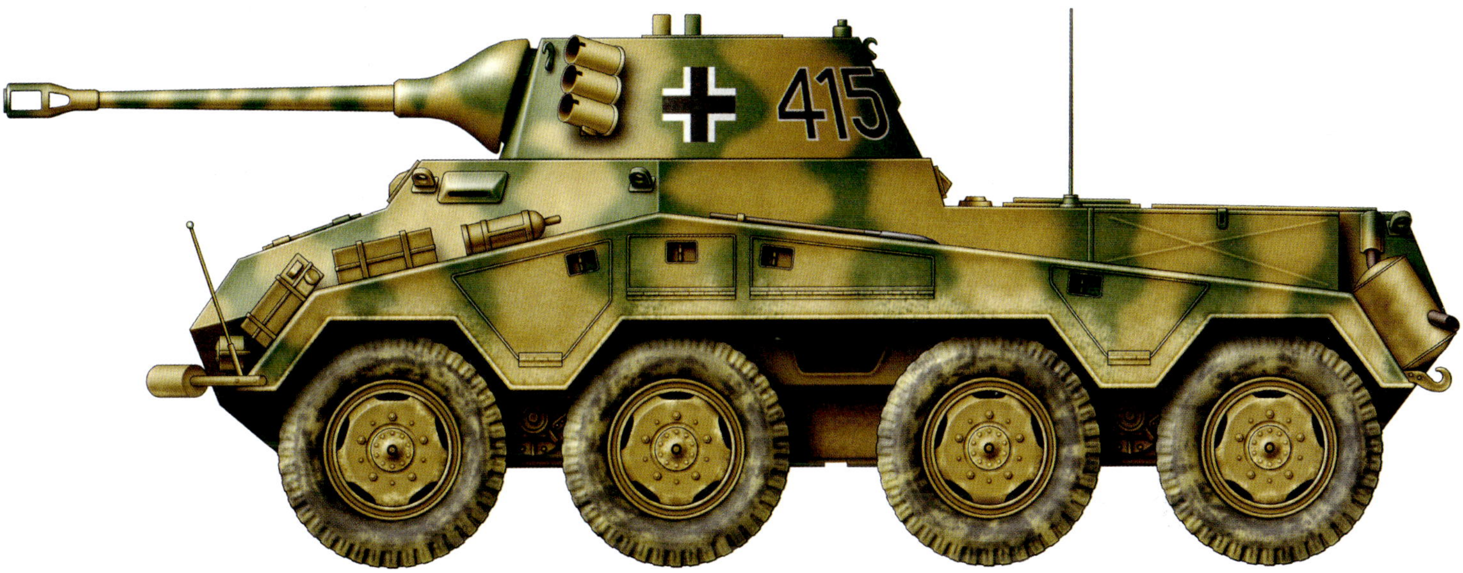

Technische Daten

Bewaffnung: ein 50-mm-Geschütz; ein 7,92-mm-MG

Panzerung: maximal 30 mm

Besatzung: 4

Maße: Länge 6,00 m; Breite 2,33 m; Höhe 2,38 m

Gewicht: 11 700 kg

Antrieb: ein Tatra-103-V12-Dieselmotor mit 156,6 kW (210 PS)

Höchstgeschwindigkeit: 90 km/h (Straße)

Reichweite: bis zu 900 km (Straße)

Der Panzerspähwagen SdKfz 234 wurde erstmals 1943 an die Ostfront abkommandiert. Die Fahrzeuge dieser Serie hatten alle einen Achtradantrieb und ein ähnliches Aussehen wie das SdKfz 233.

Varianten

Das erste Modell, das SdKfz 234/1, war mit einer 20-mm-Kanone und einem koaxialen MG34-Maschinengewehr bestückt. Das SdKfz 234/2 war mit einem 50-mm-Geschütz bewaffnet, das es sogar in die Lage versetzte, leichte Panzer wirksam anzugreifen. Darüber hinaus erreichte es trotz seiner Panzerung, die ein Gewicht von fast zwölf Tonnen verursachte, eine beeindruckende Höchstgeschwindigkeit von 90 km/h. Diese Variante bekam den Namen Puma, wohingegen die nächste Version den Namen Stummel erhielt, weil sie ein kurzes 75-mm-Geschütz in einem oben offenen Aufbau hatte. Das letzte Modell, das SdKfz 234/4, war mit einer 75-mm-Pak40 bestückt. SdKfz 234 wurden häufig dazu eingesetzt, schnelle Überfälle auf gegnerische Einrichtungen auszuführen.

Oben: *Der Panzerwagen SdKfz 234 war hervorragend geeignet, um Überraschungsangriffe auf Kommunikationseinrichtungen hinter den sowjetischen Linien auszuführen, weil er schnell und gut bewaffnet war.*

Neue Herausforderungen

1943 Ungarn

TURAN II

Die ungarische Armee hatte im Zweiten Weltkrieg nur eine einzige Panzerdivision. Sie war mit Turan I bzw. II ausgerüstet, die beide Varianten des leichten tschechischen Panzers T22 waren.

Unten: *Ein Turan I durchquert einen Fluss. Die ungarische Armee blieb bis zum Schluss Verbündeter der Deutschen – im Gegensatz zu anderen Achsenmächten wie den Rumänen, die sofort die Seiten wechselten, sobald die Russen die Oberhand gewannen.*

Die ungarische Turan-Serie basierte auf dem Škoda T22, einem leichten tschechischen Panzer. Der Turan wurde in zwei Versionen gefertigt: Der Turan I war mit einer 40-mm-Kanone bewaffnet, der Turan II erhielt ein 75-mm-Geschütz und einen überarbeiteten Turm. Ersterer war 1942 der Standardpanzer der einzigen Panzerdivision in der ungarischen Armee, aber seine schwache Bewaffnung erwies sich als völlig wirkungslos gegen sowjetische Panzer, und dementsprechend groß waren die Verluste.

Bewaffnungen

Man entschied sich für eine stärkere Bewaffnung des Panzers und wählte dafür das 75-mm-M41-Geschütz, eine Weiterentwicklung des österreichisch-ungarischen 75-mm-Böhler-18M-Feldgeschützes. Die Panzer mit dieser Bewaffnung hießen 41M Turan II Nehéz Harckoscik (dt.: schwerer Panzer), obgleich er eigentlich keineswegs in die schwere Kategorie gehörte. Der Name wurde später in 41M Turan 75 Rövid Nehéz Harckoscik, kurzer schwerer Panzer, geändert. Im Mai 1943 wurde er an die Panzerdivision ausgeliefert. Eine verbesserte Version, der Turan II 43M, war mit einer 75-mm-Kanone bestückt, die eine Weiterentwicklung der deutschen Pak-40 war. Dieser Panzer wurde bekannt als Hosszú Nehez Harckoscik (langer schwerer Panzer). Die Produktionszahlen des Turan II beliefen sich auf 139, die des Turan I auf 230 Exemplare.

Technische Daten

Bewaffnung: ein 75-mm-Geschütz; zwei 8-mm-MGs
Panzerung: 14–50 mm
Besatzung: 5
Maße: Länge 5,68 m; Breite 2,54 m; Höhe 2,33 m
Gewicht: 18 500 kg
Antrieb: ein Weiss-V8-Benzinmotor mit 194 kW (260 PS) bei 2200 U/min
Höchstgeschwindigkeit: 47 km/h
Reichweite: 165 km

Neue Herausforderungen

1943 Sowjetunion

IS-1

Der schwere Panzer IS-1 wurde nach Josef Stalin, dem Führer der Sowjetunion, benannt. Er war eine Weiterentwicklung des KW-85, der wiederum vom KW-1 abstammte. Der IS-1 war im Zweiten Weltkrieg der kampfstärkste Panzer der Sowjetunion.

Oben: *Der IS-3 hatte ein 122-mm-Geschütz in einem abgerundeten Turm. Er war der stärkste sowjetische Panzer im Zweiten Weltkrieg und beim Sturm auf Berlin an der Spitze.*

Technische Daten

(IS-1, 1943)

Bewaffnung: ein 85-mm-Geschütz; zwei 7,62-mm-DT-MGs
Panzerung: 30–132 mm
Besatzung: 4
Maße: Länge 8,32 m; Breite 3,25 m; Höhe 2,90 m
Gewicht: 46 000 kg
Antrieb: ein V-2-IS-12-Zylinder-Dieselmotor mit 380 kW (510 PS)
Höchstgeschwindigkeit: 40 km/h
Reichweite: 250 km

Der IS-1 war eine Weiterentwicklung der KW-Serie, um die deutschen Tiger und Panther zu bekämpfen. Sein Entwurf hieß noch KW-13, aber da der Namensgeber für das Kürzel, Marschall Kliment Woroschilow, in Ungnade gefallen war, wurde er nach Josef (Iossif) Stalin benannt. Das Serienmodell IS-1 erhielt das 85-mm-Geschütz des KW-85, der Nachfolger IS-2 dagegen eine lange 122-mm-Kanone. Das Geschütz besaß eine größere Durchschlagskraft, sodass die Geschosse, auch wenn sie die Panzerung nicht durchschlugen, einen kompletten Turm absprengen konnten. Diese Version erschien 1944 auf den Schlachtfeldern. Das Modell IS-3 behielt die 122-mm-Bewaffnung, hatte aber einen runderen Geschützturm, der an einen umgedrehten Suppenteller erinnerte.

Sturm auf Berlin

Die IS-Panzer bildeten im April 1945 die Speerspitzen des Sturms auf Berlin. Seine durchschlagende Feuerkraft und eine massive Panzerung ermöglichten ihm den Durchbruch durch alle gegnerischen Verteidigungslinien.

Neue Herausforderungen
1943 Sowjetunion

KW-85

Der schwere KW-85 wurde als Notlösung gegen den deutschen Panther gebaut. Obwohl er nur in geringer Stückzahl hergestellt wurde, war er die Grundlage für zukünftige, kriegsentscheidende Konstruktionen.

Oben: *Der KW-85 wurde in den frühen Operationen 1944 nur als Rammbock genutzt und deshalb erheblich dezimiert. Aber gerade das führte zur Entwicklung seines äußerst erfolgreichen Nachfolgers – des IS-1.*

Nach enttäuschenden Leistungen und wegen ihrer Schwerfälligkeit waren schwere Panzer im sowjetischen Generalstab 1942 in Ungnade gefallen. Es gab ernsthafte Überlegungen, ihre Entwicklung und Produktion gänzlich aufzugeben. Aber das Erscheinen des deutschen Panther 1943 bewirkte die Wiederbelebung des sowjetischen Konzepts für schwere Panzer. Als Übergangslösung wurde die KW-Serie mit dem KW-85 fortgesetzt. Dieser hatte ein KW-1S-Chassis mit einem überarbeiteten Geschützturm, der für die letzte Variante der KW-Serie, den KW-13, geplant gewesen war. Der KW-85 war mit dem gleichen 85-mm-DT-5-Geschütz bestückt wie die SU-85 – daher auch sein Name. Da das Geschütz sehr gefragt war, verzögerte sich die Fertigstellung des KW-85: Lediglich 130 Exemplare wurden gebaut, bevor man die Produktion auf modernere Modelle umgestellte. Der KW-85 wurde im Herbst und Winter 1943/44 hergestellt, die meisten wurden in den heftigen Schlachten während der Offensiven im Jahr 1944 aufgerieben. Dennoch war der KW-85 das Vorbild für den IS-1, mit dem die Rote Armee im April 1945 vor den Toren Berlins erschien.

Technische Daten

Bewaffnung: ein 85-mm-Geschütz; drei 7,62-mm-DT-MGs
Panzerung: 30–110 mm
Besatzung: 4
Maße: Länge 8,60 m; Breite 3,25 m; Höhe 2,90 m
Gewicht: 46 000 kg
Antrieb: ein V-2-12-Zylinder-Dieselmotor mit 448 kW (600 PS) bei 1900 U/min
Höchstgeschwindigkeit: 40 km/h
Reichweite: 250 km

Neue Herausforderungen

1943 Großbritannien

CHALLENGER

Der Challenger gehörte zu den hässlichsten Panzern des Zweiten Weltkrieges. Er war ursprünglich ein Cromwell-Panzer, der mit einem 76-mm-Geschütz bestückt und dessen Panzerung verringert worden war.

Ganz oben: *Der riesige Turm des Challenger ist auf diesem Foto gut zu sehen.*

Technische Daten

Bewaffnung: ein 76-mm-Geschütz; ein 7,62-mm-MG

Panzerung: 20–102 mm

Besatzung: 5

Maße: Länge 8,147 m; Breite 2,90 m; Höhe 2,66 m

Gewicht: 32 000 kg

Antrieb: ein Rolls-Royce-Meteor-V12-Benzinmotor mit 448 kW (600 PS)

Höchstgeschwindigkeit: 24 km/h

Reichweite: 193 km

Die britische Armee suchte 1941 nach einem Panzer mit einer Bewaffnung, mit der man die stärksten deutschen Panzer zerstören konnte. Diese Anforderung schien ein neu entwickeltes 76-mm-Geschütz zu erfüllen. Deshalb entschied man, die Waffe auf das Chassis eines A27 Cromwell/Centaur zu montieren und es zu verlängern, um dem höheren Gewicht und dem größeren Turm zu genügen. Der neue Panzer, der zunächst A30 und später Challenger hieß, ging im März 1942 in die Erprobung und zeigte zahlreiche Unzulänglichkeiten, nicht zuletzt beim verlängerten Laufwerk. Das zusätzliche Gewicht des neuen Turmes konnte wider Erwarten nicht ausgeglichen werden; darüber hinaus verlangsamte es das Schwenken des Turmes derart, dass hierfür eine neue Mechanik entwickelt werden musste.

Oben: *Der Challenger war eigentlich nur ein verlängerter Cromwell mit einer 76-mm-Bewaffnung und einer dünneren Panzerung zur Gewichtsverringerung. Deshalb ist verständlich, dass die britische Armee den gleich stark bewaffneten Sherman Firefly anschaffte.*

Zu spät

Trotz dieser Probleme ging der Challenger in Produktion. Die ersten Exemplare wurden seit März 1944 ausgeliefert – zu spät, um sie noch auf Landungstauglichkeit für die Invasion zu testen. Letztlich erfüllte der Sherman die Anforderungen der britischen Armee, und der Challenger trat in den Hintergrund.

Neue Herausforderungen

1943 Großbritannien

CROMWELL (A27M) UND CENTAUR

Der Cromwell und der Centaur waren mit unterschiedlichen Motoren ausgestattet. Entscheidend war der im Cromwell eingebaute Rolls-Royce-Motor Meteor, eine Variante des Flugzeugantriebs Merlin.

Technische Daten

(Cromwell)

Bewaffnung: ein 57-mm- oder 75-mm-Geschütz; zwei 7,92-mm-Besa-MGs
Panzerung: 8–76 mm
Besatzung: 5
Maße: Länge 6,35 m; Breite 2,91 m; Höhe 2,83 m
Gewicht: 27 970 kg
Antrieb: ein Rolls-Royce-Meteor-V12-Benzinmotor mit 448 kW (600 PS)
Höchstgeschwindigkeit: 51 km/h
Reichweite: 278 km

Die britische Armee gab 1941 die Ausschreibung A27 heraus, in der sie einen Ersatz für den Crusader forderte. Zwei Vorschläge wurden eingereicht. Ein Entwurf war mit dem Motor von Liberty ausgestattet, der andere mit dem Meteor, einer Version des Rolls-Royce Merlin. Aus dem ersten Entwurf A27L wurde der Panzer Centaur IV, den die gepanzerte Unterstützungseinheit der Royal Marines in der Normandie einsetzte. Wegen seines unzureichenden Motors blieb er immer hinter seinen Einsatzmöglichkeiten zurück.

Cromwell Mark IV

Der zweite Entwurf, der die Bezeichnung Cromwell Mark IV (A27M) bekam, erwies sich als besonders verlässliches Kampffahrzeug, vor allem nachdem seine ursprüngliche 57-mm-Kanone durch ein durchschlagskräftigeres 75-mm-Geschütz ersetzt worden war. Er wurde im Oktober 1943 an die britischen Panzerregimenter ausgeliefert. Obwohl die Herstellung des Sherman Anfang 1944 bereits begonnen hatte, bewährte sich der Cromwell beim Einsatz der 7. Panzerdivision nach der Alliiertenlandung im Sommer 1944 in der Normandie.

Oben: *Der Cromwell bewährte sich bei den Gefechten in der Normandie, da seine 75-mm-Kanone die deutschen Panzerungen durchschlagen konnte. Nach seiner Indienststellung 1943 wurden viele Besatzungen auf ihm ausgebildet, bevor sie zu Kampfeinsätzen kamen.*

Technische Daten

(Centaur)

Bewaffnung: ein 57-mm-Geschütz oder eine 95-mm-Haubitze; ein oder zwei 7,92-mm-Besa-MGs
Panzerung: 20–76 mm
Besatzung: 5
Maße: Länge 6,35 m; Breite 2,896 m; Höhe 2,49 m
Gewicht: 27 432 kg
Antrieb: ein Nuffield-Liberty-Benzinmotor mit 294,67 kW (395 PS)
Höchstgeschwindigkeit: 43 km/h
Reichweite: 265 km

Technische Daten

Bewaffnung: ein 76-mm-Geschütz; ein 7,62-mm-MG
Panzerung: 12–75 mm
Besatzung: 5
Maße: Länge 5,89 m; Breite 2,62 m; Höhe 2,75 m
Gewicht: 30 164 kg
Antrieb: ein Continental-9-Zylinder-Sternmotor mit 298 kW (400 PS)
Höchstgeschwindigkeit: 40 km/h
Reichweite: 193 km

Neue Herausforderungen

1943 Großbritannien

SHERMAN FIREFLY

Der Sherman Firefly wurde als Gegenpart zu den neuesten, stark gepanzerten und schwer bewaffneten deutschen Panzern gebaut – dem Tiger und dem Panther –, und er wurde dieser Rolle mehr als gerecht.

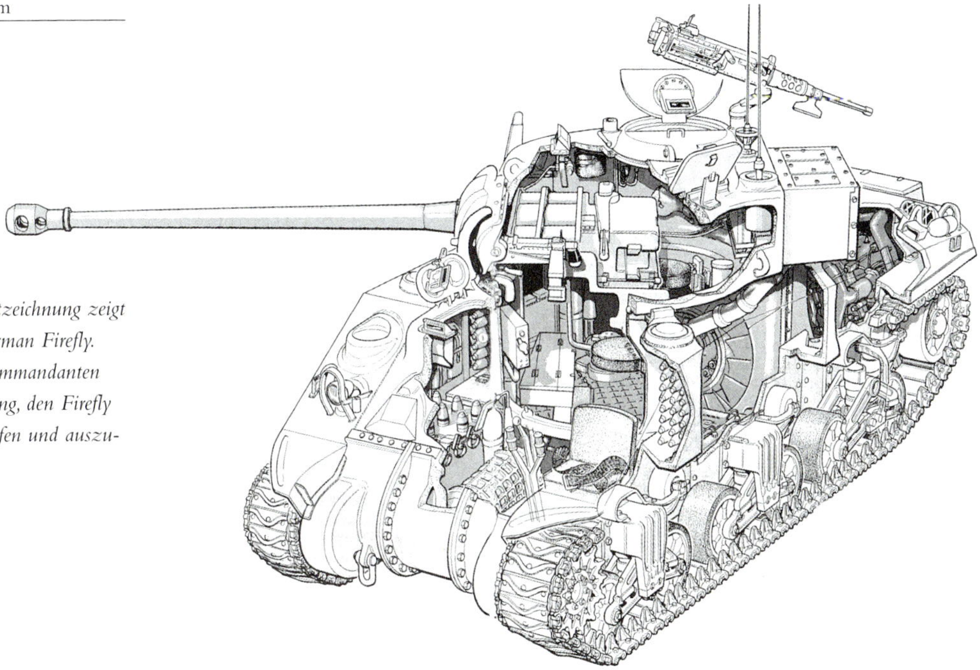

Rechts: *Die Schnittzeichnung zeigt das Innere des Sherman Firefly. Deutsche Panzerkommandanten hatten die Anweisung, den Firefly als Ersten anzugreifen und auszuschalten.*

Die bekannteste Version des Sherman, der Firefly, war eine britische Variante des M4, die mit einem 76-mm-Geschütz bestückt worden war. Er wurde 1944 an die britischen Panzerdivisionen ausgeliefert, sodass er an der Landung in der Normandie teilnehmen konnte. Die ursprüngliche Taktik sah vor, den Firefly in selbstständigen Panzereinheiten zusammenzufassen, weil er zu den wenigen alliierten Panzern gehörte, die es mit den deutschen Tiger und Panther aufnehmen konnten. Doch dann wurde entschieden, jedem Panzerbataillon mehrere Firefly zuzuteilen

Unten: *Der Firefly war die bekannteste Version des Sherman. Er war mit einem feuerkräftigen 76-mm-Geschütz bewaffnet und den meisten deutschen Panzern überlegen.*

Feuerkraft

Das 76-mm-Geschütz verschoss Munition, die die Panzerung eines Tiger aus einer Entfernung von über 1000 Metern durchschlug. Diese Entfernung verdoppelte sich, als gegen Ende des Krieges noch effektivere Granaten zum Einsatz kamen. Wegen seiner Feuerkraft hatten deutsche Panzerkommandanten die Anweisung, vorrangig den Firefly anzugreifen. Da die Panzerung des Firefly derjenigen anderer M4-Versionen entsprach, war es für die Besatzung überlebenswichtig, dass sie schnell auf diese Angriffe reagierte. Ungefähr 600 Exemplare wurden gebaut.

Neue Herausforderungen

1943 USA

M18 HELLCAT

Durch sein niedriges Profil, seine Schnelligkeit und seine durchschlagende Feuerkraft konnte der Jagdpanzer M18 jeden deutschen Panzer zerstören – bis auf den Königstiger.

Technische Daten

Bewaffnung: ein 76-mm-M1-Geschütz; ein 12,7-mm-MG
Panzerung: 12 mm
Besatzung: 5
Maße: Länge (mit Rohr) 6,70 m; Breite 2,97 m; Höhe 2,60 m
Gewicht: 18 142 kg
Antrieb: ein 4-Zylinder-Benzinmotor mit 298 kW (400 PS)
Höchstgeschwindigkeit: 80 km/h
Reichweite: 240 km

Oben: *Der M18 war zu Beginn als Jagdpanzer entworfen worden. Dennoch wurde er in der Praxis mehr als Sturmgeschütz oder Selbstfahrlafette eingesetzt.*

Im Dezember 1941 schrieb das US-Kriegsministerium die Anforderungen für einen schnellen Jagdpanzer aus, der ein Christie-Laufwerk mit einem Continental-R-975-Motor und ein 37-mm-Geschütz haben sollte. Im Laufe der Entwicklung wurde das Christie-Laufwerk durch eine Blattfederung und das unzureichende 37-mm-Hauptgeschütz durch eine 57-mm-Kanone ersetzt. Die so bewaffneten Prototypen erwiesen sich bei Tests immer noch als zu schwach, und so wurde das Kaliber des Geschützes auf 76 mm erhöht. Die Produktion des M18, der inoffiziell Hellcat genannt wurde, begann im Juli 1943. Er wurde im Sommer 1944 in Italien erstmals eingesetzt.

Erfolge

Der M18 war nicht ausreichend gepanzert, um gegen die neuesten deutschen Panzer bestehen zu können. Trotzdem machte es seine Schnelligkeit möglich, im Gefecht schnell und hart zuzuschlagen, um dann schnell wieder zu verschwinden. So zerstörte beispielsweise das 630. Jagdpanzerbataillon im Juli 1944 bei einer Schlacht 53 Tiger und Panther sowie 15 Selbstfahrlafetten bei nur 17 eigenen Verlusten unter den M18. Bis Produktionsende im Oktober 1944 wurden etwa 2500 Hellcat gefertigt.

Links: *Ein M18 rückt in Winter 1944/45 an die Front vor. Der Hellcat galt als der anerkannt schnellste Panzer des Zweiten Weltkrieges. Trotz seiner schwachen Panzerung und dem nach oben offenen Geschützturm, der auf dem Foto gut zu erkennen ist, war er der ideale Jagdpanzer.*

Neue Herausforderungen

1943 USA

M8 GREYHOUND

Der M8 ist einer der am längsten genutzten Panzerwagen der Militärgeschichte. Er wurde im Zweiten Weltkrieg in großem Umfang eingesetzt, und selbst zu Beginn des 21. Jahrhunderts sind einige dieser Fahrzeuge immer noch weltweit im Dienst.

Technische Daten

Bewaffnung: ein 37-mm-Geschütz; zwei 7,62-mm-MGs

Panzerung: 8 mm

Besatzung: 4

Maße: Länge 5,01 m; Breite 2,54 m; Höhe 2,26 m

Gewicht: 7802 kg

Antrieb: ein Hercules-JXD-6-Zylinder-Benzinmotor mit 82 kW (110 PS)

Höchstgeschwindigkeit: 100 km/h

Reichweite: 263 km

Oben: *M8 der US-Armee rücken über eine Straße in Tunesien vor. Die Besatzung musste ihre Ausrüstung außen anbringen, da im Inneren nur wenig Platz war.*

Die Anforderungen in der Ausschreibung für den M8 Greyhound entsprachen den Lehren, die die Militärbeobachter aus den Kämpfen in Europa und Nordafrika 1940/41 gezogen hatten. Von den vier Vorschlägen bekam der Entwurf T22 der Ford Motor Company den Zuschlag und ging als leichter Panzerwagen M8 in Produktion. Mit 11 667 gefertigten Fahrzeugen war der M8 der meistproduzierte Panzerwagen der USA. Er erwies sich als ausgezeichnetes Kampffahrzeug mit einer hervorragenden Geländegängigkeit.

Links: *Der leichte Panzerwagen M8 fand breite Verwendung, obwohl er von den Briten als zu schwach gepanzert erachtet wurde.*

Einsatzgebiete

Die Streitkräfte Großbritanniens und des Commonwealth schafften den M8 1943 an, obwohl die Briten den Greyhound, wie sie ihn nannten, für zu schwach gepanzert hielten. Kleinere Staaten schätzten ihn so sehr, dass in einigen afrikanischen und lateinamerikanischen Entwicklungsländern ein paar der M8 aus Kriegszeiten auch zu Beginn des 21. Jahrhunderts noch im Dienst sind. Das Mehrzweckfahrzeug M20 war eigentlich eine M8-Variante mit demontiertem Geschützturm.

83BA

Kapitel 5

VOM WELT-KRIEG ZUM KALTEN KRIEG

Revolutionäre Entwicklungen bei Panzerung und Feuerkraft, die vorher aufgrund der ungenügenden Motorleistungen unmöglich gewesen waren, kennzeichnen das Jahrzehnt zwischen 1944 und 1954. Seit 1944 wurden britische Panzer vom Rolls-Royce-Motor Meteor angetrieben, einer Variation des Flugzeugantriebs Merlin. Nach dem Ende des Zweiten Weltkrieges verschrotteten die westlichen Aliierten den Großteil ihrer Panzer.

Oben: *Der T-54/55 war eine Weiterentwicklung des berühmten T-34/85 und wurde von vielen Armeen weltweit genutzt. Seit dem Zweiten Weltkrieg wurde er in zahllosen Konflikten eingesetzt.*

Links: *Der Saracen Schützenpanzer im Manöver. Er hat einen Maschinengewehrturm und war häufig in Nordirland bei der Eindämmung von Unruhen eingesetzt.*

Die Sowjetunion verfolgte eine andere Strategie: Sie rüstete weiterhin ihre Panzerdivisionen massiv auf, zum Beispiel mit dem hervorragenden mittleren Panzer T-54/55 oder den schweren Ungetümen aus der IS-Serie. Die Mitglieder der neu gegründeten NATO drängten auf die Entwicklung von vergleichbaren Panzerfahrzeugen, um einem sowjetischen Panzerüberfall entgegentreten zu können. Bis Ende der 1940er-Jahre hätten die Russen nämlich vergleichsweise leicht bis an den Rhein vorstoßen können. Obgleich die drohende nukleare Vergeltung der USA für Westeuropa solche Ambitionen vereitelte, war eine kommunistische Expansion anderenorts durchaus möglich. So bildete der T-34 1950 die Speerspitze des Angriffs auf die Republik Korea. Zum ersten Mal in der Geschichte begegneten NATO-Panzer ihren sowjetischen Widersachern auf dem Schlachtfeld. Dies eröffnete eine neue Runde in der Weiterentwicklung gepanzerter Kampffahrzeuge.

Vom Weltkrieg zum Kalten Krieg
1944 Deutschland

JAGDPANZER HETZER

Der Hetzer war der beste deutsche Jagdpanzer, der im Zweiten Weltkrieg zum Einsatz kam. Er war ein schlagkräftiges Gefährt und in der Anschaffung sowie im Unterhalt günstiger als andere Jagdpanzer.

Links: *Wie klein der Jagdpanzer war und wie niedrig die Silhouette, erkennt man im Bild gut beim Vergleich mit dem US-Soldaten. Man beachte auch die fehlende Mündungsbremse und die Saukopfblende um das Geschützrohr, die die Frontpanzerung zusätzlich verstärkte.*

Unten: *Dieser Hetzer hat oben auf der Wanne ein Maschinengewehr zur Nahbereichsverteidigung gegen Infanterie.*

An der Ostfront setzte die Wehrmacht zahlreiche Sturmgeschütze ein, weil diese sich im Gefecht als weitaus effektiver beim Ausschalten gegnerischer Panzer erwiesen als die eigentlichen Jagdpanzer, die nicht viel mehr waren als große, schwerfällige Geschütze auf einem Panzerchassis. Das deutsche Oberkommando entschied deshalb, einen leichten Jagdpanzer zu entwickeln, der aus einem Sturmgeschütz auf dem Chassis des PzKpfw 38 (t) bestehen sollte. Das Ergebnis war der Jagdpanzer 38 (t) Hetzer, der sich zum erfolgreichsten deutschen Jagdpanzer des Zweiten Weltkrieges entwickeln sollte.

Produktion

Der Hetzer wurde seit Frühjahr 1944 von den Škoda-Werken in Prag gefertigt, aber auch in anderen Betrieben in der Tschechoslowakei. Bevor die Fabriken im Mai 1945 die Produktion einstellten, konnten 1577 Hetzer fertiggestellt werden. Der Jagdpanzer war im Gefecht äußerst effektiv – nicht zuletzt wegen seiner niedrigen Silhouette war er ein schwieriges Zielobjekt. Der Jagdpanzer 38 (t) wurde auch nach dem Krieg in der Tschechoslowakei hergestellt. Zwischen 1947 und 1952 wurden einige in die Schweiz exportiert, wo sie bis in die 1970er-Jahre verwendet wurden.

Technische Daten

Bewaffnung: ein 75-mm-Geschütz; ein 7,92-mm-MG
Panzerung: maximal 60 mm
Besatzung: 4
Maße: Länge 6,27 m; Breite 2,63 m; Höhe 2,17 m
Gewicht: 15 750 kg
Antrieb: ein Benzinmotor mit 119,3 kW (160 PS)
Höchstgeschwindigkeit: 42 km/h (Straße)
Reichweite: 177 km (Straße)

Vom Weltkrieg zum Kalten Krieg

1944 Deutschland

JAGDTIGER

Der bullige Jagdtiger mit seinem 128-mm-Geschütz war ein feuerkräftiger Jagdpanzer. Jedoch war er zu schwach motorisiert und zu schwer, um zu anderen Zwecken als zur Verteidigung zu dienen.

Rechts: *Dieser Jagdtiger ist mit einem Laufwerk von Henschel ausgestattet, eines von zwei möglichen Laufwerken. Das andere wurde von Porsche gefertigt und unterschied sich von dem vorigen durch größere Laufräder. Der Jagdtiger war das schwerste Panzerfahrzeug, das im Zweiten Weltkrieg zum Einsatz kam.*

Der Jagdtiger, der auf dem Tiger II basierte, war das schwerste und schlagkräftigste Kampffahrzeug des Zweiten Weltkrieges. Voll ausgerüstet wog er 76 Tonnen, und den größten Anteil daran hatte die Panzerung. Der Jagdtiger benötigte deshalb eine starke Motorleistung, die der 700-PS-Maybach jedoch nicht erbringen konnte. Sein Hauptgeschütz war eine 128-mm-Pak-44/L55-Kanone. Als die alliierte Bombardierung die Fertigung dieser Geschütze stoppte, wurde der Jagdtiger mit einer 88-mm-Bewaffnung versehen.

Verteidigungsaufgaben

Es ist kaum angemessen, beim Jagdtiger von einem Jagdpanzer zu sprechen: Er war so schwer, dass er im Gefecht vorbeikommenden feindlichen Panzer auflauern musste, um sie angreifen zu können – was seine taktischen Einsatzmöglichkeiten auf die Verteidigung beschränkte. Der Jagdtiger wurde von den Nibelungenwerken in St. Valentin (Österreich) hergestellt, die bis Kriegsende lediglich 70 Exemplare produzierten.

Unten: *Obwohl der Jagdtiger durch seine Panzerung nur sehr schwer ausgeschaltet werden konnte, war er aufgrund des schwachen Motors und seines Gewichts nur zur Verteidigung einsetzbar.*

Technische Daten

Bewaffnung: ein 128-mm-Geschütz; zwei 7,92-mm-MGs

Panzerung: maximal 250 mm

Besatzung: 6

Maße: Länge 10,65 m; Breite 3,63 m; Höhe 2,95 m

Gewicht: ca. 70 000 kg

Antrieb: ein Maybach-HL230P30-V12-Benzinmotor mit 522 kW (700 PS)

Höchstgeschwindigkeit: 38 km/h (Straße)

Reichweite: 170 km (Straße)

Oben: *Bei seiner Indienststellung 1941 war der T-34 der modernste Panzer seiner Art. Heute ist er ein Museumsstück.*

Vom Weltkrieg zum Kalten Krieg

1944 Sowjetunion

T-34/85

Nachdem der T-34/85 im Winter 1943/44 in Produktion gegangen war, war er der eindrucksvollste Panzer, der je verwendet wurde. Er sollte die Speerspitze der Roten Armee bei ihrem Vorstoß auf Berlin bilden.

Technische Daten

Bewaffnung: ein 85-mm-Geschütz; zwei 7,62-mm-DT-MGs
Panzerung: 90 mm
Besatzung: 5
Maße: Länge 8,20 m; Breite 3,02 m; Höhe 2,76 m
Gewicht: 32 510 kg
Antrieb: ein V-2-34-12-Zylinder-Dieselmotor mit 368 kW (500 PS) bei 1800 U/min
Höchstgeschwindigkeit: 55 km/h
Reichweite: 230 km (Straße)

Im Jahr 1943 bauten sowjetische Fabriken mehr als 5000 T-34/76, aber bald wurde klar, dass an der Konstruktion umfangreiche Änderungen vorgenommen werden mussten, um dem T-34 ein Bestehen gegen die neuesten deutschen Panzer zu ermöglichen. Das vorhandene Chassis wurde für den T-34/85 weiterverwendet und bekam einen neuen, gegossenen Drei-Mann-Turm und eine stärkere Bewaffnung. Diese bestand aus einer 85-mm-Kanone mit einem langen Rohr. Ihre Leistungen waren mit denen der „Acht-Acht" im Tiger I vergleichbar, das 85-mm-Geschütz verschoss 9,75-kg-Granaten mit einer Mündungsgeschwindigkeit von 792 m/s. Für den T-34/85 bedeutete die stärkere Bewaffnung in Verbindung mit einer dickeren Panzerung ein höheres Gewicht, das eine geringere Beweglichkeit und Einsatzreichweite bewirkte. Nichtsdestotrotz sprechen die Zahlen in den Einsatzberichten eindeutig für die Effektivität der Änderungen. Das Gewicht des T-34/85 wuchs von 27 500 kg auf 32 500 kg, seine Einsatzreichweite fiel von 300 km auf 230 km. Mit einer Höchstgeschwindigkeit von 55 km/h erreichte er ein ähnliches Tempo wie der Panther. Als er im Winter 1943 in Produktion ging, war der T-34/85 ein Panzer, der seinerzeit sicherlich jedem Gegner Respekt einflößte.

Oben: *Diese Schnittzeichnung zeigt die zu seiner Zeit äußerst fortschrittliche Konstruktion des T-34/85. Er wurde zu Tausenden hergestellt und erwies sich im Gefecht als robust, beweglich und kampfstark.*

Vom Weltkrieg zum Kalten Krieg
⚒ **1944 Großbritannien**

KANGAROO

Technische Daten

Bewaffnung: ein 7,7-mm-MG
Panzerung: 90 mm
Besatzung: (Sherman/Ram) 2 plus 12 Infanteristen; (M7 Priest) 2 plus 20 Infanteristen
Maße: Länge 6,02 m; Breite 2,59 m; Höhe 2,54 m
Gewicht: 29 000 kg
Antrieb: ein Continental-R975-EC2-9-Zylinder-Sternmotor mit 298,2 kW (400 PS) bei 2400 U/min
Höchstgeschwindigkeit: 40 km/h
Reichweite: 230 km

Die Entwicklung des Mannschaftstransportpanzers Kangaroo beruhte auf der Idee eines kanadischen Offiziers, um die 1944 alarmierend gestiegenen Opferzahlen zu verringern.

Oben: *Der kanadische Panzer Ram Mark I wurde nur zu Ausbildungszwecken genutzt. Als er ausgemustert wurde, baute man seinen Turm ab und funktionierte ihn zum Mannschaftstransportpanzer Kangaroo um.*

Der Kangaroo entstand aus einer Idee von Generalleutnant Guy Simonds, der das kanadische 2. Corps befehligte. Er war von den Verlusten alarmiert, die seine Truppen in den Wochen nach der Landung in der Normandie erlitten hatten, sodass er nach einem Mittel suchte, mit dem sie besser geschützt werden konnten. Hierzu ordnete er an, 102 Selbstfahrlafetten des Typs M7 Priest, die wegen ihrer abgenutzten Geschütze nicht mehr einsatzfähig waren, zu Mannschaftstransportpanzern umzurüsten. Zum gleichen Zweck wurden auch Sherman sowie kanadische Panzer vom Typ Ram umgebaut, die gleichfalls den Namen Kangaroo bekamen. Jedes dieser Fahrzeuge konnte 12 Infanteristen transportieren, der umgerüstete M7 Priest sogar 20. In der Normandie wurde der Kangaroo vom 49. Schützenpanzerregiment eingesetzt, das Teil der 79. Panzerdivision war. Bei den Kämpfen um Caen wurden die Kangaroo zum ersten Mal verwendet, später bei Angriffen auf die französischen Kanalhäfen.

Mannschaftstransportpanzer

Mit dem Kangaroo erhielten die Infanterieeinheiten zum ersten Mal ein schwer gepanzertes Fahrzeug, das einen Panzervorstoß begleiten konnte. Er war der Vorläufer der heutigen Schützenpanzer.

Vom Weltkrieg zum Kalten Krieg
1944 USA

M26 PERSHING

Der schwere Panzer M26 Pershing war erst 1945 einsatzfähig – zu spät, um in Europa noch Einfluss auf das Kriegsgeschehen zu nehmen, aber rechtzeitig für das Endstadium des Krieges im Pazifikraum.

Oben: *Ein M26 Pershing bei einer Rheinüberquerung. Dieser ausgezeichnete Panzer war zu spät einsatzbereit, um den Kriegsverlauf in Europa wesentlich beeinflussen zu können, aber im Pazifikraum nahm er noch an einigen Schlachten teil.*

Das Modell wurde nach General John „Black Jack" Pershing benannt, der im Ersten Weltkrieg die amerikanischen Expeditonsstreitkräfte befehligt hatte. Der M26 war vorrangig zur Bekämpfung des Panthers entwickelt worden. Dieser wurde in Frankreich in großem Umfang eingesetzt und war in allen Belangen dem M4 Sherman überlegen. Zuvor hatten die USA der Entwicklung von schweren Panzern kaum Bedeutung zugemessen, sondern sich weitgehend auf die mittelschweren Panzer der M3/M4-Serie konzentriert. Als man in den Wochen nach der Landung die hervorragende Kampfkraft der neuesten deutschen Panzer analysierte, wurde der Entwicklung neuer schwerer Panzer eine höhere Priorität eingeräumt. Nach der

Rechts: *Eine Gruppe von Soldaten der D-Kompanie der 1. Marinedivision steht auf einem M26, der auch als Spähpanzer gegen Guerillas eingesetzt wurde.*

Technische Daten

Bewaffnung: ein 90-mm-M3-Geschütz; zwei 7,62-mm-MGs	
Panzerung: 102 mm	
Besatzung: 5	
Maße: Länge 8,79 m; Breite 3,51 m; Höhe 2,78 m	
Gewicht: 41 891 kg	
Antrieb: ein Ford-GAF-Motor mit 373 kW (500 PS)	
Höchstgeschwindigkeit: 40 km/h	
Reichweite: 160 km	

Unten: *Der Pershing beeinflusste die Entwicklung von amerikanischen Panzern bis zum heutigen M60.*

Erprobung verschiedener Prototypen bekam das Modell T26E3 den Zuschlag, der erste einer neuen Generation von amerikanischen schweren Panzern. Dieses Modell ging unter dem Namen M26 in Produktion.

Einsatzgebiete

Die ersten M26 erreichten Nordwesteuropa im Frühjahr 1945. Sie wurden der 3. und der 9. Panzerdivision zugeteilt, nahmen aber bis zum Ende des Zweiten Weltkrieges nur an wenigen Kampfhandlungen teil. Immerhin zerstörten zehn Pershing der 3. Panzerdivision in einem Gefecht zwei Tiger und einen PzKpfw IV. Ein oder zwei Exemplare des mit einem 90-mm-T15E1-Hochrasanzgeschütz ausgestatteten, sogenannten „Super Pershing" erreichten Europa erst im Spätstadium des Krieges. Eines wurde am 4. April 1945 in einem Gefecht in der Nähe von Dessau eingesetzt, wo es einen Königstiger und einen Panther vernichtete. Andere wurden in den Pazifik verlegt und bei der Eroberung von Okinawa benutzt; fünf Jahre später folgten Kämpfe in Korea. Dort war der Pershing der einzige amerikanische Panzer, der mit den von den Chinesen und Nordkoreanern eingesetzten T34/85 mithalten konnte. Nach offizieller US-Geschichtsschreibung wurden hierfür sogar einige M26 Pershing aus Museen geholt und eiligst aufpoliert, damit sie ins Kriegsgeschehen in Korea eingreifen konnten.

NATO-Panzerverbände

Der Hauptteil der nach dem Zweiten Weltkrieg einsatzfähigen M26 wurde in Europa stationiert. Der Pershing stellte in der Anfangsphase des Kalten Krieges eine wertvolle Ergänzung der NATO-Panzerverbände dar.

Vom Weltkrieg zum Kalten Krieg

1944 USA

M36

Der Jagdpanzer M36 wurde als Antwort auf die neueste Generation der deutschen Panzer entwickelt: den Panther und den Tiger. Er konnte diese mit hohen Erfolgsaussichten angreifen und zerstören.

Technische Daten

Bewaffnung: ein 90-mm-M3-Geschütz; ein 12,7-mm-MG

Panzerung: 50 mm

Besatzung: 5

Maße: Länge 6,14 m (ohne Geschütz); Breite 3,04 m; Höhe 2,71 m

Gewicht: 28 123 kg

Antrieb: ein Ford-GAA-V8-Motor mit 373 kW (500 PS)

Höchstgeschwindigkeit: 42 km/h

Reichweite: 150 km

Der Jagdpanzer M36 wurde entwickelt, um den M10 zu ersetzen, da sich dessen 76,2-mm-Kanone als zu schwach erwiesen hatte. Der neue M36 bestand aus der Wanne des M10A1 mit einem neuen Geschützturm, der mit einer 90-mm-M3-Kanone und einem Maschinengewehr in einer Fla-Halterung ausgerüstet war. Zur Gewichtsersparnis war der Turm nach oben offen. Die große Ausbuchtung am Turm diente einerseits als Gegengewicht zu der schweren Waffe, andererseits bot sie Stauraum für Munition. Während des Zweiten Weltkrieges wurden etwa 1400 Exemplare des M36 gebaut. Die ersten kamen im Herbst 1944 in Europa zum Kampfeinsatz, rechtzeitig, um beim Zurückschlagen der deutschen Ardennenoffensive zu helfen. Auch etwa 300 M4-Sherman-Wannen wurden mit dem 90-mm-Geschütz aufgerüstet, die unter dem Namen M36B1 bekannt waren.

Erfolg

Der Jagdpanzer M36 war einer der wenigen Panzer überhaupt, die sich erfolgreich mit den deutschen Panzer messen konnten. Außerdem wurde er auch im Koreakrieg gegen den T-34 eingesetzt.

Oben: *Der M36 war ein erfolgreicher und kampfstarker Jagdpanzer und allen gegnerischen Panzern mehr als ebenbürtig. Er war mit einem durchschlagskräftigen 90-mm-Geschütz bestückt.*

Links: *Der M36 fuhr auch Kampfeinsätze im Koreakrieg und wurde noch lange Jahre nach dem Zweiten Weltkrieg von vielen Streitkräften verwendet.*

Vom Weltkrieg zum Kalten Krieg

1944 USA

M24 CHAFFEE

Der Kampfpanzer M24 Chaffee kam zu spät, um einen wesentlichen Beitrag im Zweiten Weltkrieg zu leisten, aber er wurde zum Beispiel im Koreakrieg und im Krieg zwischen Indien und Pakistan eingesetzt.

Technische Daten

Bewaffnung: ein 75-mm-M6-Geschütz; ein 12,7-mm- und zwei 7,62-mm-MGs

Panzerung: 38 mm

Besatzung: 5

Maße: Länge 5,49 m; Breite 2,95 m; Höhe 2,46 m

Gewicht: 18 371 kg

Antrieb: zwei Cadillac-44T24-V8-Motoren mit 82 kW (110 PS)

Höchstgeschwindigkeit: 55 km/h

Reichweite: 280 km

Der leichte Panzer M24 entsprang einer Zusammenarbeit der amerikanischen Militärbehörde und der Firma Cadillac. Im März 1943 versuchte Cadillac, die Unzulänglichkeiten der M3/M5-Serie mit einer Neuentwicklung auszumerzen. Eine dieser Schwächen war die zu leichte 37-mm-Bewaffnung gewesen, und so wurde der neue, auf der Basis des M5A1 gebaute Panzer mit einem 75-mm-Geschütz bestückt. Die Neuentwicklung bekam den Namen T24, der in M24 geändert wurde, als er von der Armee diensttauglich erklärt wurde. Sein Geschütz war eine Weiterentwicklung der 75-mm-Kanone des Bombers B-25H von Mitchell, die zur Bekämpfung von Kampfschiffen eingesetzt wurde. Die Serien-Produktion des M24 begann 1944. Von den Briten bekam er auch den Namen, unter dem er später allgemein bekannt wurde: Chaffee, nach dem amerikanischen General Adna R. Chaffee.

Oben: *Der M24 war für seine Größe sowie sein Gewicht gut bewaffnet. Dieser kleine Panzer hatte eine recht große Besatzung von fünf Mann: Kommandant, Bordschütze, Lader, Fahrer und Funker.*

Einsatzgebiete

Die ersten M24 wurden im Dezember 1944 nach Europa verlegt, spielten aber im Zweiten Weltkrieg keine wichtige Rolle mehr. Sie waren nur in relativ geringer Anzahl verfügbar und beschussempfindlich. Dennoch wurden M24 Chaffee während des Koreakrieges zu Aufklärungszwecken eingesetzt, außerdem in Indochina von den Franzosen und 1971 von der pakistanischen Armee im Krieg gegen Indien.

Unten: *Der mit einer 75-mm-Kanone bestückte leichte Panzer M24 Chaffee wurde Ende 1944 in Dienst gestellt und bildete in der Nachkriegszeit den Grundstock für eine neue Generation von Panzern.*

Vom Weltkrieg zum Kalten Krieg
1945 Sowjetunion

T-44

Der T-44 war als Ersatz für den hervorragenden T-34 gedacht, doch seine Entwicklung wurde von technischen Problemen verzögert. Dennoch bildete er eine Vorstufe zum später sehr erfolgreichen T-54.

Der in den letzten Monaten des Zweiten Weltkrieges gefertigte T-44 war als Nachfolger für den berühmten T-34 vorgesehen. So entstand der T-44, der zwar seinem Vorgänger äußerlich ähnelte, aber aufgrund einer verstärkten Panzerung, die besser gegen schwere Panzerabwehrkanonen schützte, eine echte Neuentwicklung war. Die Produktion des T-44 begann im August 1944. Einen Monat später wurden bereits drei sowjetische Panzerbrigaden damit ausgerüstet. Auf diesen T-44 wurden die Besatzungen ausgebildet, die später in T-34/85-Panzern am Sturm auf Berlin teilnahmen. Etwa 150 T-44 wurden vor Ende des Krieges fertiggestellt, aber andauernde technische Probleme verhinderten, dass der T-44 je im Gefecht eingesetzt wurde. Gegen Ende des Jahres 1945 wurde die Produktion des T-44 nach 965 gebauten Einheiten eingestellt; einige kamen 1956 bei der Niederschlagung des Ungarnaufstandes zum Einsatz. Obgleich der T-44 ein erfolgloser Versuch war, gilt er dennoch als eine grundlegende Vorstufe des sehr erfolgreichen T-54 – des wichtigsten Panzermodells des Kalten Krieges auf Seiten des Warschauer Pakts.

Oben: *Der T-44 war kein erfolgreicher Panzer und war nur eine Übergangslösung zwischen dem exzellenten T-34 und dem sehr effizienten T-54, dem sowjetischen Standardpanzer der Nachkriegsära.*

Technische Daten

Bewaffnung: ein 85-mm-D-5T-Geschütz; zwei 7,62-mm-MGs
Panzerung: 120 mm
Besatzung: 4
Maße: Länge 7,65 m; Breite 3,15 m; Höhe 2,45 m
Gewicht: 31 900 kg
Antrieb: ein V-2-44-12-Zylinder-Dieselmotor mit 382 kW (512 PS)
Höchstgeschwindigkeit: 50 km/h
Reichweite: 300 km

Vom Weltkrieg zum Kalten Krieg

1945 **Großbritannien**

CENTURION (A41)

Oben: *Der Centurion war zweifellos der beste Panzer, der im Koreakrieg zum Einsatz kam. Sein größter Vorzug war das berühmte L7-105-mm-Geschütz, auf dem viele heutige Panzergeschütze basieren.*

Obwohl er ursprünglich nur entworfen wurde, um 88-mm-Panzerabwehrgranaten standzuhalten, wurde der Centurion einer der erfolgreichsten Kampfpanzer in den Zeiten des Kalten Krieges.

Rechts: *Der Kampfpanzer Centurion vereinigte die Erfahrungen, die man mit früheren britischen Panzergenerationen gemacht hatte. Er war außergewöhnlich erfolgreich, was Tausende Panzer mit ihrem langjährigen Einsatz für Armeen in aller Welt belegen.*

Technische Daten

Bewaffnung: ein 105-mm-Geschütz; ein koaxiales 7,92-mm-Besa-MG

Panzerung: 17–127 mm

Besatzung: 4

Maße: Länge 7,82 m; Breite 3,39 m; Höhe 3,01 m

Gewicht: 43 182 kg

Antrieb: ein Meteor-V12-Benzinmotor mit 484,7 kW (650 PS)

Höchstgeschwindigkeit: 35 km/h

Reichweite: 190 km

Die Entwicklung des Centurion begann 1943 als schwerer Kampfpanzer, der direktem Beschuss durch eine 88-mm-Pak standhalten sollte. Bereits in einer frühen Phase der Entwicklung zeigte sich, dass man hierfür die Gewichtsgrenze von 40 Tonnen, die sich aus der zulässigen Nutzlast der vorgesehenen Transport-Lkws ergab, würde anheben müssen. Das Kriegsministerium entschied, dass man eher die Lkws umbauen sollte, als den vielversprechenden Entwurf zu behindern, und so setzte man die Arbeiten an dem schwereren Entwurf fort. In diesem Stadium war die Fertigung der 40-Tonnen-Prototypen schon weit fortgeschritten, und die leichtere Variante rollte als Centurion Mark I vom Band. Von diesen wurden nur wenige Exemplaren gefertigt, bevor die Produktion auf den schwereren Mark II umgestellt wurde. Diesem Modell folgte der Centurion Mark III, der ein automatisches Stabilisierungssystem für die 84-mm-Kanone aufwies, die aber nach kurzer Zeit durch ein 105-mm-Geschütz ersetzt wurde.

Erfolgsgeschichte

Der Centurion wurde zu einem der erfolgreichsten Panzer, der an zahlreiche Armeen geliefert und in Kämpfen in Korea, im Nahen Osten und in Vietnam eingesetzt wurde. Als die Fertigung 1962 auslief, waren 4423 Einheiten produziert worden.

Vom Weltkrieg zum Kalten Krieg

1944 Großbritannien

COMET (A34)

Noch in der Endphase des Zweiten Weltkrieges kam der Comet zu einigen Kampfeinsätzen. Er war das Ergebnis der Anstrengungen, die Mängel früherer Panzerkampfwagen seiner Kategorie auszugleichen.

Unten: *Die britische Armee nutzte den Comet von seiner Indienststellung im Herbst 1944 bis in die frühen 1960er-Jahre – andere Armeen sogar noch bis Mitte der 1970er-Jahre.*

Der Comet war ein Versuch der britischen Armee, die bei Kämpfen in Nordafrika offenbarten Konstruktionsfehler früherer Panzer zu beheben. Ein erster Anlauf war der Challenger gewesen, der mit einer 77-mm-Pak auf dem Chassis eines Cromwell-Panzer ausgestattet gewesen war. Die Bestückung mit dem größeren Geschütz verursachte Probleme: So musste unter anderem die Panzerung abgespeckt werden. Letztendlich war dem Challenger kein Erfolg beschieden. Der Comet wurde mit einer Version der 77-mm-Kanone versehen, die eine geringere Mündungsgeschwindigkeit hatte. Darüber hinaus wurde die Motorisierung aufgerüstet und die Wanne nicht mehr genietet, sondern geschweißt. Der erste Prototyp des Comet wurde im Februar 1944 gebaut, die Auslieferung an die Truppe erfolgte im Herbst 1944. Das britische 30. Korps setzte ihn beim Sturm auf die Brücke von Arnheim ein, ebenso im März 1945 bei der Rheinüberquerung bei Wesel. Er wurde auch im Koreakrieg verwendet. Die Produktion wurde nach Fertigung von 1200 Einheiten eingestellt.

Technische Daten

Bewaffnung: ein 77-mm-Geschütz; zwei 7,92-mm-Besa-MGs

Panzerung: 25–102 mm

Besatzung: 5

Maße: Länge 7,66 m; Breite 3,07 m; Höhe 2,67 m

Gewicht: 32 223 kg

Antrieb: ein Rolls-Royce-Meteor-V-12-Benzinmotor mit 447,6 kW (600 PS)

Höchstgeschwindigkeit: 50 km/h

Reichweite: 250 km

Vom Weltkrieg zum Kalten Krieg
1947 USA

M46

Der mittelschwere M46 war eine Weiterentwicklung des M26 und kam in Korea äußerst erfolgreich zum Einsatz, wobei er bewies, dass er dem T-34/85 mehr als ebenbürtig war.

Technische Daten

Bewaffnung: ein 90-mm-Geschütz; ein 7,62-mm- und ein 12,7-mm-MG
Panzerung: 100 mm
Besatzung: 5
Maße: Länge 9,50 m; Breite 3,48 m; Höhe 3,17 m
Gewicht: 44 000 kg
Antrieb: ein Continental-AV-1790-5 V12-Motor mit 525,4 kW (704 PS)
Höchstgeschwindigkeit: 48 km/h
Reichweite: 130 km

Der M46 war ein direkter Nachfolger des M26 Pershing. Dieser war kurz nach dem Krieg zum mittelschweren Panzer zurückgestuft worden, erwies sich aber für diese taktische Rolle als zu unbeweglich. Also wurde 1948 entschieden, den M26 mit einem stärkeren Motor, dem Continental AV-1790-3, und dem Allison-CD-850-1-Getriebe auszustatten. Mit diesen Verbesserungen wurde er in M26E2 umbenannt. Nach weiteren Änderungen gab ihm das amerikanische Kriegsministerium den Namen M46.

China und Korea

Der M46 spielte eine wichtige Rolle im Koreakrieg, als südkoreanische und UN-Truppen durch die nordkoreanische Offensive in der zweiten Hälfte des Jahres 1950 bei der Verteidigung des sogenannten Busan-Perimeters fast von der Halbinsel vertrieben wurden. Er wurde im September bei der Landung der US-Marines bei Inchon ebenso eingesetzt wie beim kämpfenden Rückzug der UN-Truppen vor den massiv intervenierenden chinesischen Truppen in den letzten Wochen des Jahres. Der M46 war der erste einer Panzer-Serie, die nach dem berühmten US-General Georg S. Patton benannt wurde.

Oben: *Im Koreakrieg war der M46 Patton dem T-34/85 erwartungsgemäß mehr als ebenbürtig: Er war später entwickelt worden und fiel mehr in die Kategorie der schweren sowjetischen IS-Serie.*

Vom Weltkrieg zum Kalten Krieg

1948 Sowjetunion

T-54/55

Die Kampfpanzer der Modellreihe T-54/55 sind in mehr Kämpfen eingesetzt worden als jeder andere Nachkriegspanzer – und sie sind der Panzertyp, der mit den höchsten Stückzahlen produziert wurde.

Kein anderer Panzer der Welt ist in den Mengen produziert worden wie die Modelle der Reihe T-54/55. Er wurde 1947 als Standardkampfpanzer der Sowjetarmee entwickelt und dient 60 Jahre später immer noch in Armeen von Entwicklungsländern, die vormals sowjetfreundlich gesinnt waren. Der T-54 basierte auf dem T-44, hatte aber statt seiner 85-mm-Kanone ein 100-mm-Geschütz. In der Praxis wurde der Panzer fortwährend aufgerüstet. So erhielt der T-54A einen Stabilisator für das Geschützrohr und eine Nachtsichtausrüstung. Der T-54B war der erste Panzer der Reihe, der Infrarot-Nachtsichtgeräte und eine Zwei-Achsen-Stabilisation des Hauptgeschützes besaß.

Ausstattung und Einsatzgebiete

Der T-55 war ein T-54, der für Operationen bei nuklearer Kriegsführung ausgerüstet war. Er hatte eine dickere Turmpanzerung, einen kräftigeren Motor und einen primitiven ABC-Schutz. Die Fertigung des T-54/55 setzte sich in der früheren Sowjetunion bis in die 1980er-Jahre fort, darü-

Oben: *Der T-54/55 war ursprünglich mit einem 100-mm-D-10T-Geschütz mit gezogenem Lauf bestückt. Dieses seinerzeit große Kaliber war schnell veraltet, da die verwendete panzerbrechende Munition die modernen Panzerungen nicht durchdringen konnte.*

Technische Daten

Bewaffnung: ein 100-mm-D-10T-Geschütz; zwei 7,62-mm-DT-MGs; ein 12,7-mm-DshK-AA-MG

Panzerung: 203 mm

Besatzung: 4

Maße: Länge 9,00 m; Breite 3,27 m; Höhe 2,40 m

Gewicht: 36 000 kg

Antrieb: ein V-54-12-Zylinder-Dieselmotor mit 388 kW (520 PS) bei 2000 U/min

Höchstgeschwindigkeit: 48 km/h

Reichweite: 400 km

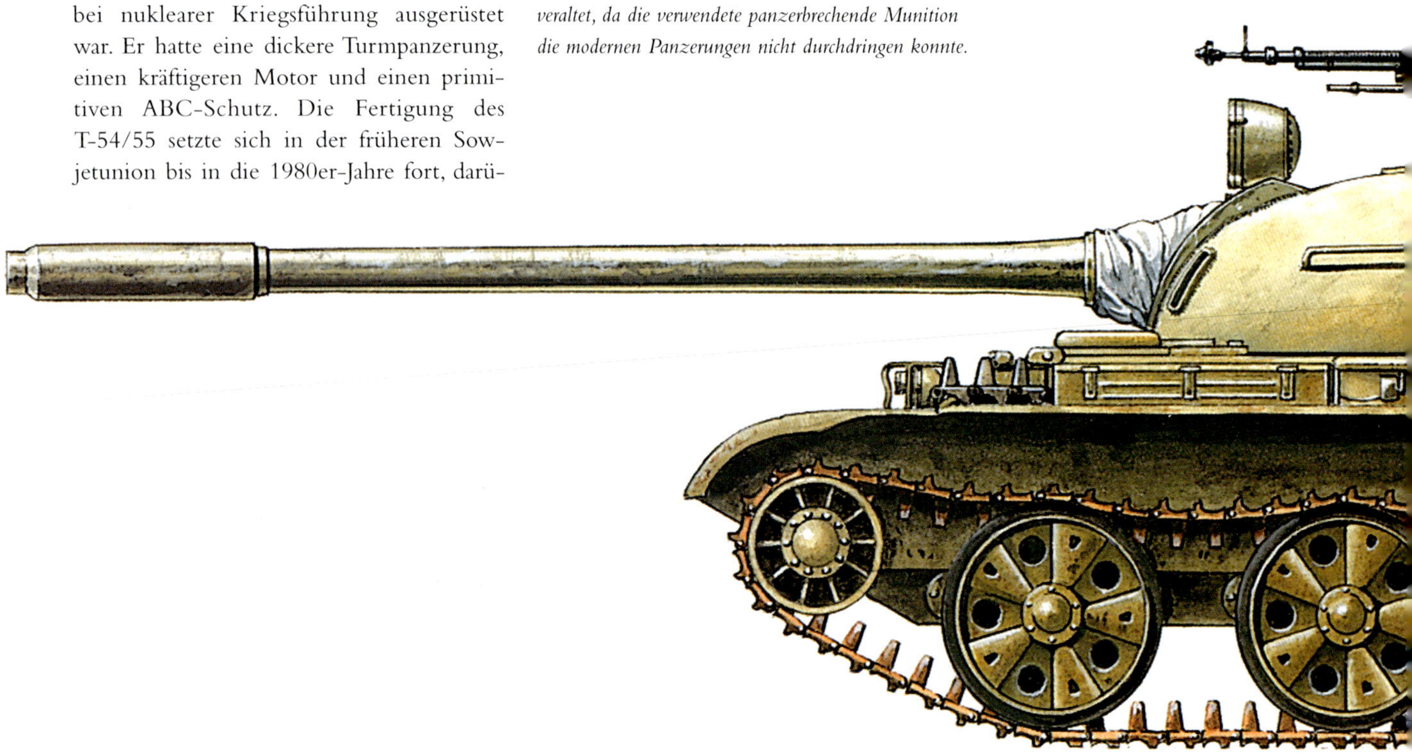

Oben: *T-54 der Nationalen Volksarmee (NVA) im Manöver. Wie viele andere Armeen des Warschauer Paktes nutzte die NVA den T-54/55 auch nach der Einführung modernerer Kampfpanzer lange weiter.*

Unten: *Der T-55 war eine Weiterentwicklung des T-54, der mit einem einfachen ABC-Schutz gegen den möglichen Einsatz von Atomwaffen auf dem Schlachtfeld versehen worden war.*

ber hinaus wurde er auch in China (unter der Bezeichnung Typ 69), Rumänien, Polen und in der Tschechoslowakei gebaut. Der T-54/55 kam weltweit zum Einsatz, insbesondere auch im Nahen Osten beim Sechs-Tage-Krieg 1967 und dem Jom-Kippur-Krieg 1973. Während dieser zwei Konflikte erbeuteten die Israelis über 1000 T-54/55 und gliederten sie in ihre Streitkräfte ein. Sie ersetzten die sowjetische 100-mm-Bewaffnung durch ein 105-mm-L5- oder M68-Geschütz und den russischen Motor durch einen General-Motors-Dieselantrieb. In israelischen Diensten bekam der T-54/55 den Namen Tiran-5. Nach der Ausmusterung aus den Reserveeinheiten in den 1990er-Jahren wurden viele nach Lateinamerika weiterverkauft bzw. zu Schützenpanzern umgerüstet.

Export

Der T-54/55 wurde in über 40 Länder exportiert; hinzu kamen die vielen tausend Exemplare der chinesischen Variante vom Typ 69. Viele dieser Panzer wurden in den Iran und den Irak geliefert und in den 1980er-Jahren während der langen „Ölkriege" auf beiden Seiten im Gefecht eingesetzt. Im Golfkrieg 1991 wurden die meisten irakischen Panzer zerstört – ihre Begegnungen mit amerikanischen M1 Abrams und britischen Challenger waren kurz, brutal und einseitig. Einige der übrig gebliebenen irakischen Typ 69 kamen noch im zweiten Golfkrieg 2003 zum Einsatz, wo sie in einer statischen Artillerierolle verwendet wurden. Der T-54/55 diente auch im Vietnamkrieg und in den kriegerischen Auseinandersetzungen, die die Auflösung des früheren Jugoslawien begleiteten. Die Modellreihe wurde in mindestens zwölf verschiedenen Varianten produziert und auch im Dienst ständig verändert.

Vom Weltkrieg zum Kalten Krieg

1948 Frankreich

AMX-13

Der AMX-13 war der erste französische Entwurf eines leichten Panzers in der Nachkriegszeit und ein großer Erfolg. Er wurde in 24 Länder exportiert und natürlich auch von der französischen Armee eingesetzt.

In den Jahren nach dem Zweiten Weltkrieg benötigte die französische Armee neues Waffenarsenal und gab Ausschreibungen für drei neue Panzerfahrzeuge heraus: Eines sollte ein leichter Panzer sein, der vom Atelier de Construction d'Issy-les-Moulineaux unter dem Namen AMX-13 entwickelt wurde. Er ging 1953 in Produktion und sollte sich als einer der erfolgreichsten Panzer seiner Art erweisen. Zwischen 1945 und 1985 wurden geschätzte 7700 Einheiten fertiggestellt: etwa die Hälfte war für den Export bestimmt. Das ursprüngliche 75-mm-Geschütz des AMX-13 war ein Nachbau der deutschen L/71-Kanone des Panther und wurde 1966 durch eine 90-mm-Bewaffnung ersetzt.

Einsatzgebiete

In der französischen Armee wurde der AMX-13 in den 1970er-Jahren schrittweise ausgemustert. Da das Fahrzeug jedoch in 24 Länder exportiert worden war, versieht es in einigen von ihnen bis zum heutigen Tag seinen Dienst. Der größte Kunde war Singapur mit 350 Einheiten. Einige Exportversionen wurden mit einem 105-mm-Geschütz bestückt. Im Sechs-Tage-Krieg 1967 wurde der AMX-13 von der israelischen Armee eingesetzt, aber die 75-mm-Bewaffnung erwies sich als wirkungslos gegenüber den T-54 und T-55.

Oben: *Spätere Versionen des AMX waren mit einem 90-mm- oder 105-mm-Geschütz bestückt; Letzteres ist auf dem Foto zu sehen.*

Technische Daten

Bewaffnung: ein 75-mm-, 90-mm- oder 105-mm-Geschütz; ein oder zwei 7,5-mm- bzw. 7,62-mm-MGs

Panzerung: maximal 25 mm

Besatzung: 3

Maße: Länge 6,36 m; Breite 2,51 m; Höhe 2,31 m

Gewicht: 15 000 kg

Antrieb: ein Sofam-Modell-8Gxb-8-Zylinder-Benzinmotor mit 186,4 kW (250 PS)

Höchstgeschwindigkeit: 60 km/h (Straße)

Reichweite: 375 km (Straße)

Unten: *Die Schnittzeichnung zeigt einen AMX-13 mit dem Zwei-Mann-Geschützturm FL-10 und der ursprünglichen 75-mm-Bewaffnung.*

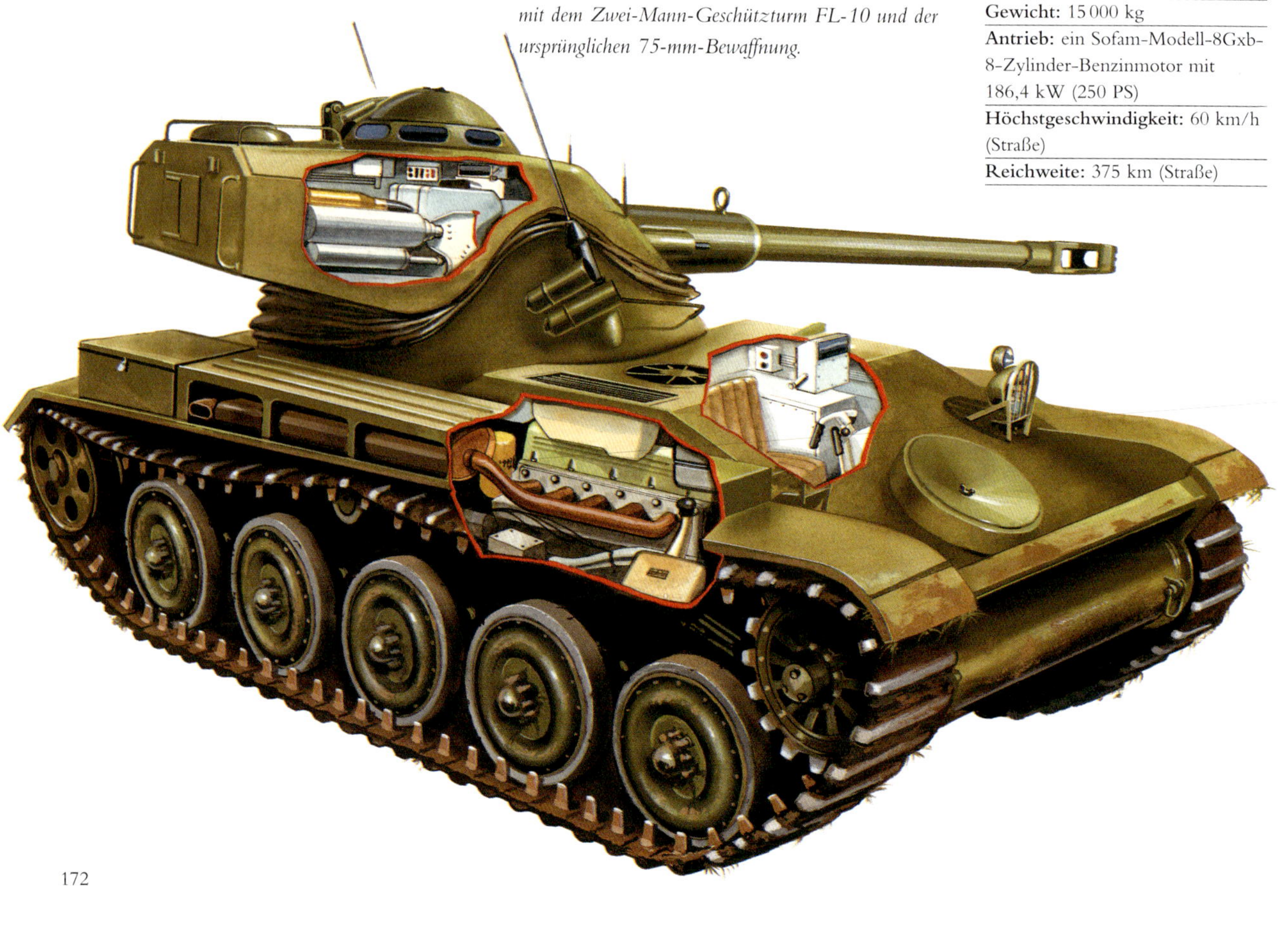

Vom Weltkrieg zum Kalten Krieg

1950 Frankreich

SCHÜTZENPANZER AMX-13 VCI

Der AMX-13 VCI war ein vielseitiger Schützenpanzer, der später auch für andere Aufgaben umgebaut wurde.

Oben: *Dieser AMX-13 VCI der französischen Armee ist mit einem Maschinengewehr auf der Kuppel bestückt. An den Seiten kann man gut die Schießscharten für die Infanteristen erkennen.*

Technische Daten

Bewaffnung: ein 12,7-mm- oder ein 7,62-mm-MG
Panzerung: maximal 30 mm
Besatzung: 3 plus 10 Infanteristen
Maße: Länge 5,59 m; Breite 2,51 m; Höhe 2,41 m
Gewicht: 13 500 kg
Antrieb: ein Detroit-6V-53T-Dieselmotor mit 208,8 kW (280 PS)
Höchstgeschwindigkeit: 60 km/h (Straße)
Reichweite: 500 km (Straße)

Der AMX-13 VCI (Véhicule de Combat d'Infanterie) gehörte zu den drei Panzerfahrzeugen, die die französische Armee nach dem Zweiten Weltkrieg angefordert hatte; die zwei anderen waren der leichte Panzer AMX-13 und der Panzerwagen Panhard. Der AMX-13 VCI war in den Armeen von Entwicklungsländern äußerst beliebt. Sein Konzept war anderen Schützenpanzern überlegen, da die Infanteristen vom geschützten Innenraum aus durch Gewehrblenden schießen konnten. Sein größter Nachteil war das Fehlen amphibischer Fähigkeiten. Der AMX-13 VCI wurde in unterschiedlichen Versionen gebaut. Eine Variante war der AMX-13 VCI Toucan, dessen Turm mit einer 20-mm-Maschinenkanone bestückt war. Eine andere Version war der AMX-13 Cargo, ein nach oben hin offenes Nachschubfahrzeug, dessen Panzerung zugunsten des Gewichts verringert worden war. Die Ausführung AMX-13 TB war ein unbewaffneter Krankentransportpanzer, der mit Tragbahren, einem Beatmungsgerät, Mitteln zur medizinischen Versorgung und einem Kühlschrank ausgestattet war.

Vom Weltkrieg zum Kalten Krieg
1950 Frankreich

PANHARD EBR

Der Panzerspähwagen Panhard leistete der französischen Armee fast 40 Jahre lang gute Dienste. Die vier mittleren seiner acht Räder konnten für den Straßeneinsatz angehoben werden.

Der Entwurf für den Panhard EBR (Engin Blindé de Reconnaissance, dt.: Panzerspähwagen) stammte aus den 1930er-Jahre, als Panhard et Levassor einer der maßgeblichen Hersteller von Panzerwagen für die französische Armee war. Nach dem Zweiten Weltkrieg erhielt Panhard den Auftrag, einen Prototypen für einen achträdrigen Panzerwagen zu bauen, während der Konkurrent Hotchkiss eine 6x6-Variante fertigen sollte. Nachdem die Armee beide Prototypen erprobt hatte, erhielt der Vorschlag von Panhard et Levassor den Zuschlag und ging unter dem Namen Panhard EBR in Produktion. Die ersten Serienfahrzeuge waren 1950 fertig. Bis zur Einstellung der Produktion 1960 wurden 1200 Exemplare hergestellt. Das Fahrzeug wurde nach Mauretanien, Marokko und Tunesien exportiert.

EBR VTT

Der EBR VTT war eine Schützenpanzer-Version des Panzerspähwagens, die von den portugiesischen Sicherheitskräften importiert und eingesetzt wurde. Einige Fahrzeuge wurden auch mit dem FL-10-Geschützturm des AMX-13 und dessen 75-mm-Geschütz ausgestattet. Der EBR wurde von den Franzosen 1987 ausgemustert.

Oben: *Die mittleren zwei Achsen hatten Stahlräder mit Gummilaufflächen, die zur besseren Geländegängigkeit heruntergelassen wurden.*

Unten: *Der Panhard EBR war seit 1950 der Standardpanzerspähwagen der französischen Armee. Er basierte auf einem Vorkriegsentwurf.*

Technische Daten

Bewaffnung: (EBR-75) ein 75-mm Geschütz; ein oder drei 7,5-mm-MGs; (EBR-90) ein 90-mm-Geschütz; ein 7,5-mm-MG

Panzerung: maximal 40 mm

Besatzung: 4

Maße: Länge (EBR-75) 6,157 m; (EBR-90) 7,331 m; Breite (beide Modelle) 2,42 m; Höhe (EBR-75) 2,327 m; (EBR-90) 2,582 m

Gewicht: (EBR-75) 12 500 kg; (EBR-90) 14 900 kg

Antrieb: ein Panhard-12-H-6000-S-12-Zylinder-Benzinmotor mit 149,1 kW (200 PS)

Höchstgeschwindigkeit: 105 km/h (Straße)

Reichweite: 570 km (Straße)

Vom Weltkrieg zum Kalten Krieg
1951 Sowjetunion

ASU-57

Der Jagdpanzer ASU-57 ist das Ergebnis einer Anforderung der sowjetischen Luftlandetruppen an einen Jagdpanzer, der an der Seite der Fallschirmjäger aus der Luft abgesetzt werden konnte.

Oben: *Der ASU-57 war entwickelt worden, um zur Unterstützung der sowjetischen Luftlandetruppen mit abgeworfen zu werden – ein gutes Beispiel für die hohe Bedeutung, die dieser Taktik beigemessen wurde.*

Technische Daten

Bewaffnung: ein 57-mm-M55-Geschütz
Panzerung: 6 mm
Besatzung: 3
Maße: Länge 4,99 m; Breite 2,08 m; Höhe 1,18 m
Gewicht: 7400 kg
Antrieb: ein M-20E-4-Zylinder-Benzinmotor mit 36,8 kW (50 PS)
Höchstgeschwindigkeit: 45 km/h
Reichweite: 250 km

Die sowjetischen Luftlandetruppen wurden 1949 aus der Armee ausgegliedert und als eigenständige Einheit direkt dem Verteidigungsministerium unterstellt. Diese Reorganisation löste verschiedene Bestellungen von spezialisierten Panzerfahrzeugen für Luftlandeoperationen aus. Da die Fallschirmjäger schlecht gegen feindliche Panzer geschützt waren, stand ein luftlandefähiger Jagdpanzer ganz oben auf der Wunschliste. Nach umfangreichen Experimenten mit verschiedenen Prototypen ging der ASU-57 1951 in Produktion. Durch die Verwendung von Aluminium neben dem üblichen Stahl war dieses Fahrzeug äußerst leicht. Daher war es möglich, es auf Paletten zu montieren und von kleinen Transportflugzeugen aus abzuwerfen. Häufig wurden spezielle Bremsraketen an den Paletten angebracht, um den Aufprall bei der Landung zu mildern – eine Technik, die auch bei den späteren Landungen der Raumkapseln eingesetzt wurde. Der ASU-57 verfügte über ein 57-mm-Geschütz, das im Zweiten Weltkrieg für die ZiS-2-Panzerabwehrkanone entwickelt worden war.

Vom Weltkrieg zum Kalten Krieg

1951 USA

M41 WALKER BULLDOG

Oben: *Der M41 war der ideale Panzer für die Niederschlagung von Aufständen. Bei Gefechten mit gegnerischen, gut gepanzerten Panzern hätte er wohl kaum eine Chance gehabt.*

Der leichte Panzer M41 Walker Bulldog wurde auf Anforderung der US-Armee entwickelt. Er sollte den M24 Chaffee ersetzen, da dessen Hauptbewaffnung zu schwach war.

Nach der Erprobung einer Serie von Prototypen unter der Bezeichnung T37 wurde das Modell, das in Produktion ging, in T41 umbenannt. Diese Bezeichnung änderte sich 1950 in M41 Little Bulldog und später in M41 Walker Bulldog, zu Ehren des US-Generals Walton Walker. Die Serienfertigung begann 1951 in der Cadillac Panzerfabrik in Cleveland. Bis 1953 hatte der neue Panzer seinen Vorgänger M24 ersetzt. Der Walker Bulldog war sowohl gut bewaffnet als auch wendig, aber er war laut und schwer, was beim Lufttransport Probleme verursachte. Der M41 wurde von der US-Armee nie eingesetzt, aber nach Vietnam exportierte M41 kamen in der südvietnamesischen Armee in Gefechten gegen T-54 zum Einsatz. In der Anfangszeit der Bundeswehr diente der M41 dort als Jagdpanzer. Er wurde auch nach Brasilien, Chile, Dänemark, Guatemala, Neuseeland, Somalia, Taiwan, Thailand, Tunesien und in die Dominikanische Republik exportiert. Viele dieser Panzer wurden Nachrüstungen und Verbesserungen unterzogen und sind zu Beginn des 21. Jahrhunderts noch immer im Dienst.

Technische Daten

Bewaffnung: ein 76-mm–Geschütz; ein 7,62-mm- und ein 12,7-mm-MG

Panzerung: 32 mm

Besatzung: 4

Maße: Länge 8,08 m; Breite 3,26 m; Höhe 2,85 m

Gewicht: 25 400 kg

Antrieb: ein Continental-AOS-95-3-6-Zylinder-Benzinmotor mit 373 kW (500 PS)

Höchstgeschwindigkeit: 65 km/h

Reichweite: 150 km

Links: *Als preiswerter, aber effektiver Panzer war der M41 für viele amerikanische Verbündete in der Dritten Welt eine interessante Option, die häufig angenommen wurde.*

Vom Weltkrieg zum Kalten Krieg

1952 Sowjetunion

AMPHIBIENPANZER PT-76

Oben: *In den Armeen früherer Warschauer-Pakt-Staaten versieht der PT-76 noch immer seinen Dienst.*

Obgleich der russische leichte PT-76 schon in den späten 1940er-Jahren entwickelt wurde, erwies er sich als exzellentes Konzept und wird in vielen Teilen der Welt immer noch eingesetzt.

Oben: *Der PT-76 rollt bei einem amphibischen Manöver aus einem Landungsboot an Land. Dieser Panzer kam bei zahlreichen Kämpfen zum Einsatz.*

Technische Daten

Bewaffnung: ein 76,2-mm-D056T-Geschütz; ein 7,62-mm SGMT-MG; ein 12,7-mm-DShKM-Flugabwehr-MG

Panzerung: 5–17 mm

Besatzung: 3

Maße: Länge 7,62 m; Breite 3,14 m; Höhe 2,255 m

Gewicht: 14 000 kg

Antrieb: ein V6-Dieselmotor mit 179 kW (240 PS) bei 1800 U/min

Höchstgeschwindigkeit: 45 km/h (Land), 10 km/h (Wasser)

Reichweite: 280 km (Land), 65 km (Wasser)

Die Entwicklung des leichten Amphibienpanzers PT-76 begann 1949, die Zulassung zur Serienproduktion erfolgte 1952, und im Jahr darauf begann die Produktion in der Panzerfabrik von Stalingrad, dem heutigen Wolgograd. In der Roten Armee und den Streitkräften der Warschauer-Pakt-Staaten wurde das Fahrzeug als Standardspähpanzer eingeführt. Das PT im Namen steht für Plawajuschtschyi Tank, schwimmender Panzer. Etwa 7000 Exemplare des PT-76 wurden bis Ende der Produktion 1963 gefertigt; insgesamt wurden 2000 Einheiten in 24 Länder exportiert. Ab 1958 wurde eine verbesserte Variante, der PT-76B, hergestellt, die auch in China unter dem Namen Type 63 produziert wurde. Dieses Modell wurde nach Pakistan, Vietnam und in den Sudan exportiert. Indien schaffte eine große Anzahl PT-76 an, die in Kriegen gegen Pakistan zum Einsatz kamen. Der Amphibienpanzer wurde auch in den arabisch-israelischen Kriegen und in Ländern wie Indonesien zur Bekämpfung von Aufständen genutzt. Zu Beginn des 21. Jahrhunderts ist der PT-76 weltweit immer noch im Einsatz – Berichten zufolge soll Russland ihn derzeit in Tschetschenien einsetzen.

Vom Weltkrieg zum Kalten Krieg
1952 USA

M103

Der schwere Panzer M103 sollte eine durchschlagskräftigere Bewaffnung bekommen als die neuesten sowjetischen Panzer seiner Klasse, IS und T-10. Er musste sich aber nie in einem Gefecht beweisen.

Unten: *Ein Prototyp des M103. Der Geschützturm ist nach hinten gedreht, damit das Rohr in einer Transporthalterung gesichert werden kann.*

Der M103 war ein Produkt der frühen Jahre des Kalten Krieges, in der Zeit, als auch die leichten und mittelschweren Panzer M41 bzw. M47 entstanden. Der ursprüngliche Name des M103 war T43. Er durchlief eine ausgedehnte Entwicklungsphase mit diversen Prototypen, die in der Erprobungsphase zahllose Mängel offenbarten. Bevor der Panzer 1952 als M103 bei den Chrysler-Panzerwerken in Detroit endlich in Produktion gehen konnte, mussten 100 Änderungswünsche umgesetzt werden. In den nächsten zwei Jahren wurden 200 Einheiten gefertigt und nach Europa zur 7. US-Armee verlegt. Der Panzer war nie sonderlich beliebt – er war zu schwer, untermotorisiert und litt unter einem anfälligen Antrieb und Laufwerk.

Verschiedene Versionen

Die nachfolgenden Versionen des M103 hatten viele Gemeinsamkeiten mit den Modellen M47, M48 und M60, obgleich der Geschützturm größer war, um das massive 120-mm-Geschütz, zwei Lader, den Bordschützen und den Kommandanten aufzunehmen. Die Anzahl der M103 im Dienst wurde in den 1960er-Jahren kontinuierlich reduziert, 1974 wurde der letzte ausgemustert. Einige M103 existieren noch als Ausstellungsstücke in Museen.

Technische Daten

Bewaffnung: ein 120-mm-M58-Geschütz; ein 7,62-mm- und ein 12,7-mm-MG
Panzerung: 178 mm
Besatzung: 5
Maße: Länge 10,11 m; Breite 3,76 m; Höhe 3,56 m
Gewicht: 56 700 kg
Antrieb: ein Continental-AV-1790-5B-Benzinmotor mit 604 kW (810 PS)
Höchstgeschwindigkeit: 34 km/h
Reichweite: 129 km

Vom Weltkrieg zum Kalten Krieg

1952 USA

M47 PATTON

Technische Daten

Bewaffnung: ein 90-mm-M36-Geschütz; ein 12,7-mm- und ein 7,62-mm-MG
Panzerung: 100 mm
Besatzung: 5
Maße: Länge 8,56 m (inkl. Rohr); Breite 3,20 m; Höhe 2,96 m
Gewicht: 46 165 kg
Antrieb: ein Continental-AVDS-1790-5B-12-Zylinder-Benzinmotor mit 604 kW (810 PS)
Höchstgeschwindigkeit: 48 km/h
Reichweite: 129 km

Der M47 war eines der ältesten Modelle einer Serie von mittelschweren Panzern, die mit dem M26 begonnen hatte und sich bis zum heutigen M60 fortsetzt. Er wurde weltweit von vielen Armeen eingesetzt.

Die Forderung nach dem mittelschweren M47 Patton ergab sich aus dem Koreakrieg. Zu dieser Zeit war der mittelschwere M46, der immer als Übergangslösung für den in Entwicklung befindlichen T42 angesehen wurde, der Standardpanzer der amerikanischen Armee. Als nach dem Beginn der Feindseligkeiten in Korea die Wiederaufrüstung höchste Priorität erhielt, wurde schnell klar, dass sich die weitere Entwicklung des T42 zu lange hinziehen würde. Und so entschloss man sich zu einer weiteren Übergangslösung: zu dem aus einem T42-Geschützturm und einem M46-Chassis bestehenden M47. Er bekam den Beinamen Patton, nach dem berühmten Befehlshaber der amerikanischen 3. Armee im Zweiten Weltkrieg. Hergestellt wurde der M47 von der Detroit-Waffenfabrik, und er wurde äußerst erfolgreich. Obwohl die amerikanische Armee ihn bald durch den M48 ersetzte, war er in den Streitkräften anderer NATO-Mitglieder und in 18 weiteren Staaten vielfach im Einsatz. So fand er in vielen Teilen der Welt Verwendung, unter anderem im früheren Jugoslawien.

Unten: *Der M47 Patton wurde überstürzt produziert, um den Bedarf an Panzern im Koreakrieg zu decken, kam dort allerdings nicht zum Einsatz.*

Unten: *Der mittelschwere Panzer M47 kam zwar für einen Einsatz in Korea zu spät, wurde aber später weltweit in Konfliktgebieten eingesetzt.*

Vom Weltkrieg zum Kalten Krieg
1953 Sowjetunion

T-10

Der Prototyp des schweren Panzers T-10 erschien 1955, obgleich schon seit 1948 daran gearbeitet wurde. Der Panzer blieb bis 1966 in Produktion, als sich die Sowjetunion von fast allen schweren Panzern trennte.

Unten: *Ein Panzer T-10 mit einem schweren 12,7-mm-Flugabwehr-Maschinengewehr, das vor der Kommandanten-Luke montiert ist. Der Panzer wurde 1955 einsatzbereit.*

Der T-10 war die abschließende Entwicklung der KW- und der IS-Serie. Als der Panzer 1952 in die Fertigung beordert wurde, hieß er noch IS-10, später wurde er in T-10 umbenannt. Dieses Modell unterschied sich von seinem Vorgänger IS-3 dadurch, dass seine Wanne länger war, er sieben anstatt sechs Laufrollen hatte, einen größeren Turm mit einem neuen Geschütz bekam und mit einem stärkeren Motor ausgestattet war. Die Modelle T-10A und T-10B waren nachgerüstet, wobei das erste eine Zwei-Achsen-Stabilisation für die Kanone bekam und das zweite mit einer verbesserten Zieloptik ausgerüstet wurde. Die letzte Version war der T-10M, der mit einem längeren M-62-T2-Geschütz mit einer Mündungsbremse, einem Zwei-Achsen-Rohrstabilisator, einem Maschinengewehr mit größerem Kaliber, einem Infrarot-Nachtsichtgerät und einer ABC-Ausrüstung ausgestattet war. Als die Produktion 1966 eingestellt wurde, waren insgesamt ca. 2500 Exemplare der verschiedenen Varianten gefertigt worden. Neben den Sowjets nutzten auch die Armeen Ägyptens, Nordvietnams und Syriens den T-10.

Links: *Der T-10 war mit einem sehr durchschlagskräftigen 122-mm-Geschütz bestückt. Die Israelis nutzten einige der eroberten ägyptischen T-10 als Artillerie-Befestigung des Suezkanals.*

Technische Daten

Bewaffnung: ein 122-mm-D-74-Geschütz; zwei 14,5-mm-MGs; (optional) ein 12,7-mm-Flugabwehr-MG

Panzerung: 250 mm

Besatzung: 4

Maße: Länge 9,87 m; Breite 3,56 m; Höhe 2,43 m

Gewicht: 52 000 kg

Antrieb: ein V2-IS-12-Zylinder-Dieselmotor mit 515 kW (690 PS) bei 2000 U/min

Höchstgeschwindigkeit: 42 km/h

Reichweite: 250 km

Vom Weltkrieg zum Kalten Krieg

1953 Großbritannien

SCHÜTZENPANZER SARACEN

Unten: *Der Schützenpanzer Saracen gehört zu einer Serie von leistungsfähigen Panzerfahrzeugen. Er wurde 1953 in Dienst gestellt.*

Der Saracen war der erste Schützenpanzer, den die Briten nach dem Zweiten Weltkrieg entwickelten, und er blieb auch für lange Zeit der einzige in Diensten der britischen Armee.

Technische Daten

Bewaffnung: ein 7,62-mm-Browning- und ein 7,62-mm-Bren-MG

Panzerung: 8–16 mm

Besatzung: 2 plus 10 Infanteristen

Maße: Länge 5,23 m; Breite 2,54 m; Höhe 2,46 m

Gewicht: 10 170 kg

Antrieb: ein Rolls-Royce-8-Zylinder-Benzinmotor mit 119,3 kW (160 PS) bei 3750 U/min

Höchstgeschwindigkeit: 70 km/h

Reichweite: 400 km

Der 6x6 Schützenpanzer Saracen, der von der Firma Alvis in Coventry produziert wurde, gehörte zu einer Familie von Radpanzern, die von den Firmen Fighting Vehicles Research and Development Establishment entworfen worden war. Diese Serie war unter dem Namen FV600 bekannt, zu der auch der FV601 Saladin gehörte, der zum Teil aus den gleichen Bauteilen wie der Saracen bestand. Schließlich wurde der Herstellung des Saracen Vorrang gegeben, weil in dem eskalierenden Konflikt in Malaysia Tausende Soldaten des Commonwealth in Kämpfe gegen kommunistische Guerillas verstrickt waren. Die Produktion begann im Dezember 1952 und wurde 1972 mit insgesamt gefertigten 1838 Einheiten beendet.

Rechts: *Der 6x6 Saracen wurde weltweit von der britischen Armee eingesetzt und erwies sich als ideal zur Bekämpfung von Aufständen, die in den 1950er-Jahren in Malaysia und auf Zypern ausbrachen.*

Einsatzgebiete

Der Saracen diente überall auf der Welt, wo immer die britische Armee zum Einsatz kam – in Deutschland ebenso wie in Hongkong; dort setzte man ihn noch 1993 ein. Der Saracen wurde, wenn auch nur mit geringen Änderungen, in einigen Varianten gefertigt. Trotz seines weltweiten Einsatzes fand er nur in Malaysia in Gefechten Verwendung. Er wurde bei den in Deutschland stationierten Verbänden vom Kettenfahrzeug FV432 ersetzt, das eine bessere Geländegängigkeit, eine verstärkte Panzerung und einen größeren Aktionsradius hatte.

Vom Weltkrieg zum Kalten Krieg

1953 USA

M48

Der M48 gehört zu den mittelschweren Panzern mit der größten Verbreitung. Sein Konzept war von Anfang an ein Erfolg, und er überzeugte auch nachher mit seinen Leistungen bei Konflikten weltweit.

Der Vorgänger M47 war nur ein Jahr im Dienst, als die US-Armee sich entschloss, ihn durch ein weiteres Modell der Patton-Serie zu ersetzen, den M48. Dieser hatte einen neuen Geschützturm, eine überarbeitete Wanne und ein verbessertes Laufwerk. Die ersten Versionen des M48 hatten einen Benzinmotor, aber Erfahrungen aus dem arabisch-israelischen Konflikt 1956 zeigten, dass sie zu schnell Feuer fingen, wenn sie getroffen wurden. Dementsprechend rüstete Chrysler 1959 die M48 mit einem Dieseltriebwerk nach. Diese Fahrzeuge bekamen die Kennung M48A3. Die Herstellung der M48 endete im selben Jahr, nachdem über 11 700 Einheiten gefertigt worden waren.

Oben: *Ein M48 rückt im Mai 1968 bei Straßenkämpfen während der Tet-Offensive vor. Der M48 war für Gefechte auf Distanz ausgelegt, deshalb musste in Vietnam die Nahbereichsverteidigung häufig von einem Maschinengewehrschützen auf der hinteren Wanne übernommen werden.*

Nachrüstungen

Mitte der 1970er-Jahre wurde der Panzer unter der Bezeichnung M48A5 mit einem 105-mm-Geschütz aufgerüstet, damit er besser zum M60-Panzer passte, mit dem er gemeinsam eingesetzt wurde. Zu dieser Zeit

Technische Daten

(M48A5)

Bewaffnung: ein 105-mm Geschütz; drei 7,62-mm-MGs

Panzerung: 110 mm

Besatzung: 4

Maße: Länge 9,31 m; Breite 3,63 m; Höhe 3,01 m

Gewicht: 47 000 kg

Antrieb: ein Continental-AVDS-1790-2-12-Zylinder-Dieselkompressormotor mit 559,7 kW (750 PS)

Höchstgeschwindigkeit: 48 km/h

Reichweite: 200 km

Links: *Die israelischen M48 verfügen über ein 105-mm-Geschütz, einen Dieselmotor und eine niedrigere Silhouette des Turmes. Viele sind mit der gleichen Reaktivpanzerung (ERA= explosive reactive armour) ausgestattet wie die M60-Panzer.*

Unten: *US-Marineinfanteristen landen während einer Übung auf einem M48 an. Der M48 war unter amerikanischem Kommando sehr effizient, in anderen Armeen jedoch weniger, da deren Taktik viel zu wünschen übrig ließ. Er erwies sich bei Kämpfen als dem britischen Centurion unterlegen.*

war der M48 bereits größtenteils der Nationalgarde zugewiesen worden, auch wenn er weiterhin in aktiven Kampfeinheiten verwendet wurde. Die Bundeswehr modernisierte ihre M48, indem sie die M68-105-mm-Kanone durch ein britisches L7A3-Geschütz ersetzte und mit zusätzlichem Equipment versah. Diese Ausführung bekam die Kennung M48A2GA2.

Kampfeinsätze

Der M48 wurde in Vietnam zur Unterstützung der Infanterie eingesetzt. Erstmalig im Gefecht gegen gegnerische Panzer verwendet wurde er 1965 im indisch-pakistanischen Krieg, wo er schwere Verluste durch indische Centurion erlitt. Allein in der Schlacht von Asal Uttar verloren die Pakistani bei einem Angriff auf indische Stellungen 97 Panzer, darunter 72 M48. Nachdem sie ihre Taktik verbessert hatten, verringerten sich jedoch die Verluste. Taktische Überlegenheit war auch für die Verluste verantwortlich, die israelische M48 ägyptischen T-54- und T-55 während des Sechs-Tage-Krieges zufügten. Das bewies die israelische Armee auch auf der Westbank, als die mit veralteten M4 Sherman ausgestatteten israelischen Panzereinheiten die jordanischen M48 bezwangen. Viele erbeutete jordanische Panzer wurden in die israelischen Verbände eingegliedert.

Immer noch im Dienst

Zu Beginn des 21. Jahrhunderts werden in vielen Ländern noch immer M48 aktiv genutzt. Obwohl der M48 anfälliger für tragbare Panzerabwehrwaffen wird, stellt er immer noch ein fähiges Kampffahrzeug dar.

Vom Weltkrieg zum Kalten Krieg
1955 USA

M50 ONTOS

Der hässliche Ontos war zwar als Jagdpanzer konzipiert, wurde in dieser Funktion aber nie eingesetzt. Stattdessen nutzte ihn die US-Marineinfanterie in Vietnam zur Feuerunterstützung ihrer Bodentruppen.

In den 1950er-Jahren wuchs weltweit die Gefahr militärischer Konflikte. Daher regte die US-Armee die Entwicklung eines leichten, lufttransportfähigen Panzerabwehrraketensystems an. Das Ergebnis war die Selbstfahrlafette M50 mit einem 106-mm-Mehrfachraketenwerfer. Sie war ein hässliches Gefährt, dessen sein Aussehen ihm den Namen Ontos eintrug, was auf Griechisch wenig charmant einfach „Das Ding" bedeutet. Seine Bewaffnung bestand aus sechs rückstoßfreien 106-mm-Rohren, die in schneller Folge abgefeuert werden konnten. Der 1952 von Allis-Chalmers gefertigte Prototyp basierte auf dem Chassis des leichten Panzers M56 Scorpion.

Oben: *Obschon der M50 sich zur Feuerunterstützung in Vietnam als nützlich erwies, wäre er bei einem massiven sowjetischen Panzerangriff kaum nützlich gewesen.*

Erprobung und Fertigung

Ausgiebige Erprobungen des Prototyps wurden durchgeführt, doch kurz vor dem Ende der Tests zog die US-Armee ihren Auftrag zurück. Das US Marine Corps dagegen entdeckte einige Vorzüge an dem Fahrzeug und orderte 297 Einheiten. Die im Oktober 1956 beginnende Produktion wurde im Folgejahr abgeschlossen. Das US Marine Corps setzte den Ontos in Vietnam zur Feuerunterstützung ein. Die verbliebenen Fahrzeuge wurden 1970 ausrangiert.

Technische Daten

Bewaffnung: sechs rückstoßfreie 106-mm-M40A1C-Geschütze; ein 7,62-mm-MG; vier 12,7-mm-M8C-MGs
Panzerung: 13 mm
Besatzung: 3
Maße: Länge 3,83 m; Breite 2,60 m; Höhe 2,13 m
Gewicht: 8650 kg
Antrieb: ein General-Motors-302-V6-Benzinmotor mit 108,2 kW (145 PS)
Höchstgeschwindigkeit: 48 km/h
Reichweite: 185 km

Vom Weltkrieg zum Kalten Krieg
1956 Großbritannien

CONQUEROR

Der schwere Panzer Conqueror sollte sowjetische schwere Panzer wie den IS-3 bekämpfen und war daher mit einem feuerstarken 120-mm-Geschütz bestückt. Sein Hauptproblem war sein Gewicht, das ihn unbeweglich machte.

Oben: *Der schwere Panzer Conqueror wurde gebaut, um der Bedrohung durch die IS-3 zu begegnen. Er ließ aber die Beweglichkeit vermissen, die für eine schnelle Aufstellung gegen Panzerverbände notwendig ist.*

Technische Daten

Bewaffnung: ein 120-mm-Geschütz; zwei 7,7-mm-MGs
Panzerung: maximal 178 mm
Besatzung: 4
Maße: Länge 11,90 m; Breite 3,99 m; Höhe 3,35 m
Gewicht: 66 045 kg
Antrieb: ein Rover-Meteor-M120Mk1A-12-Zylinder-Benzinmotor mit 604 kW (810 PS) bei 2800 U/min
Höchstgeschwindigkeit: 34 km/h
Reichweite: 65 km

In den späten 1940er-Jahren analysierten die westlichen Alliierten die Bedrohung durch sowjetische Panzer. Eine ihrer größten Sorgen war die überragende Panzerung des neuen IS-3, die von den damaligen NATO-Panzerwaffen nicht durchschlagen werden konnte. Sowohl die Amerikaner als auch die Briten entwickelten daraufhin neue schwere Panzer, um dieser Bedrohung entgegenzutreten. Die amerikanische Entwicklung war der M103, die britische der FV214 Conqueror. 200 Exemplare dieses Panzers wurden zwischen 1955 und 1958 produziert und in der britischen Rheinarmee stationiert.

Schwächen

Schnell zeigten sich die Schwächen des Conqueror, die vor allem auf die starke Panzerung, die an der Frontpartie 178 mm dick war, und auf das daraus resultierende Übergewicht zurückzuführen waren. Zu diesem Problem trug auch der große Geschützturm bei, dessen Größe jedoch nötig war, um die 120-mm-Kanone zu tragen. Durch sein hohes Gewicht war den Conqueror sehr langsam. Da zudem viele deutsche Flussbrücken diese Last nicht tragen konnten, war sein Einsatzradius stark eingeschränkt. Außer seiner Feuerkraft besaß er gegenüber dem Centurion keinerlei Vorteile, sodass die letzten Conqueror 1966 ausgemustert wurden.

Vom Weltkrieg zum Kalten Krieg

1956 USA

LVTP-5

Das Amphibienfahrzeug LVTP-5 diente dem US Marine Corps zwei Jahrzehnte, war aber wegen seiner Wartungsprobleme und einer unzureichenden Einsatzreichweite nie sonderlich beliebt.

Oben: *Der LVTP-5 hatte ausgezeichnete amphibische Fähigkeiten und diente in Vietnam als maßgeblicher Truppentransporter des US Marine Corps.*

Unten: *Dem LVTP-5 lag dasselbe taktische Konzept zugrunde wie dem Vorgängermodell LVT Buffalo.*

Der LVTP-5 (Landing Vehicle Tracked Personnel Model 5) wurde 1956 vom US Marine Corps in Dienst gestellt. Er war ein geräumiges, gepanzertes Landungsfahrzeug, dessen Bug zur besseren Beweglichkeit im Wasser wie ein auf dem Kopf stehendes V geformt war. Über 1100 Einheiten wurden innerhalb eines Jahres hergestellt und ersetzten die Fahrzeuge, die noch aus dem Zweiten Weltkrieg stammten. Das Konzept wurde während seiner Dienstzeit nur geringen Veränderungen unterzogen. Die Version LVTP-5A1 war mit einem Schnorchel für den Motorraum ausgestattet. Das Fahrzeug konnte 34 voll ausgerüstete Infanteristen transportieren, 32 auf Vierersitzen und die anderen zwei im Bordschützenstand. Notfalls konnte er auch 45 Soldaten stehend befördern. Im Wasser konnte der LVTP-5 Ladung mit einem Gewicht von 5443 kg aufnehmen, an Land sogar 8165 kg.

Unzulänglichkeiten

Obgleich der LVTP-5 eine gelungene Konzeption war, konnte er dies nie richtig unter Beweis stellen, da sein Einsatzradius zu gering und seine Wartung zu kompliziert waren. Bis 1974 wurden alle Exemplare ausrangiert, wobei einige Fahrzeuge von Taiwan, den Philippinen und Chile gekauft wurden.

Technische Daten

Bewaffnung: ein 7,62-mm-MG

Panzerung: 16 mm

Besatzung: 3 plus 34 Infanteristen (sitzend); maximal plus 45 (stehend)

Maße: Länge 9,04 m; Breite 3,57 m; Höhe 3,06 m

Gewicht: 37 400 kg

Antrieb: ein Continental-AV-1790-1-V12-Benzinmotor

Höchstgeschwindigkeit: 48 km/h (Land); 11 km (Wasser)

Reichweite: 306 km (Land); 92 km (Wasser)

Vom Weltkrieg zum Kalten Krieg

1956 USA

TRUPPENTRANSPORT-PANZER M113

Unten: *Die norwegischen Verbände des aufgerüsteten M113A1 waren mit einem Hägglund-Turm ausgestattet, der mit einer 20-mm-Kanone der Firma Rheinmetall bestückt war.*

Der M113 ist der meistgenutzte Truppentransportpanzer der Welt. Bis 1992 erreichte die Fertigung die Gesamtzahl von 75 000 Einheiten, und die nachfolgenden Produktionen steigerten die Zahl auf über 80 000.

Technische Daten

(M113A1)

Bewaffnung: ein 7,62-mm-MG

Panzerung: 35 mm

Besatzung: 2 plus 11 Infanteristen

Maße: Länge 3,67 m; Breite 2,61 m; Höhe 2,50 m

Gewicht: 10 900 kg

Antrieb: ein General-Motors-6V53-6-Zylinder-Dieselmotor mit 158,2 kW (212 PS)

Höchstgeschwindigkeit: 68 km/h

Reichweite: 500 km

Mit über 80 000 Exemplaren übertrifft der M113 alle anderen Panzerfahrzeuge in Zahl und Verbreitung. Der 1960 eingeführte Truppentransportpanzer war darauf ausgelegt, zusammen mit Fallschirmjägern in einem Transportflugzeug wie der Lockheed C-130 Hercules abgesetzt zu werden oder einfach nur als Truppentransporter auf dem Schlachtfeld zu fungieren. Die erste Version des M113 besaß einen Benzinmotor, der aber 1964 bei der Ausführung M113A3 durch einen Dieselmotor ersetzt wurde. Das Nachfolgemodell M113A2 glich im Wesentlichen dem M113A1, hatte jedoch ein verbessertes Kühlsystem und Laufwerk. Die nächste Variante M113A3 war mit einem leistungsstärkeren Turbodieselmotor ausgestattet. Der M113 war nur schwach gepanzert, denn er sollte den elf mitgeführten Infanteristen lediglich Schutz vor Schrapnellen bieten.

ACAV-Version

Zusätzliche Panzerung und ein zusätzlicher Schutzschild für das Maschinengewehr machten aus dem Transportpanzer einen „richtigen" Schützenpanzer, der unter der Bezeichnung ACAV (Armoured Cavalry) geführt wurde.

Oben: *Der M113 ist von etwa 50 Staaten eingesetzt worden. Er wurde in vielen Varianten hergestellt, um verschiedenen Aufgaben gerecht zu werden.*

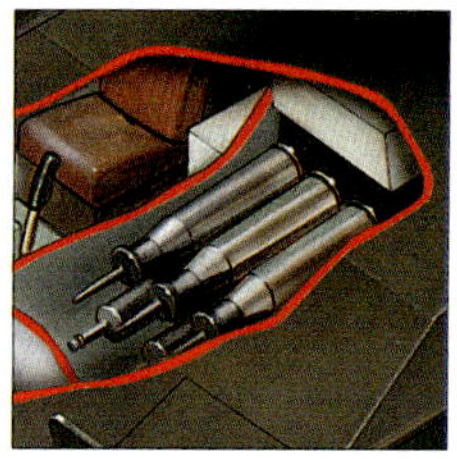

Kapitel 6

NACHKRIEGS-ZEIT

Ende der 1950er-Jahre mussten die Entwickler von Panzern einen neuen Faktor berücksichtigen: die Bedrohung durch taktische Atomwaffen. Dieser Umstand verschaffte den Panzern eine neue Chance: Ein gepanzertes Kampffahrzeug schien auf dem Schlachtfeld den besten Schutz gegen Hitze, Druckwelle und Strahlung einer nuklearen Gefechtsfeldwaffe zu bieten. Zudem konnte es kontaminiertes Gelände schnell durchqueren.

Oben: *Chinesische Panzergrenadiere werden von einem leichten Panzer Type 63 abgesetzt. Der Type 63 kann Diesel in das Auspuffsystem leiten, um sich einzunebeln.*

Links: *Der deutsche Leopard leistete in den Jahren des Kalten Krieges einen wichtigen Beitrag zur Verteidigungsstrategie der NATO. Er vereinte alle guten Eigenschaften früherer Panzerentwicklungen.*

Die spätere Entwicklung von Neutronenbomben ließ die Situation für die Panzer allerdings aus einem neuen Blickwinkel erscheinen, da die Panzerungen gegen diese massive Strahlung keinen Schutz gewährleisteten. In den 1960er-Jahren wurden vermehrt Truppentransportpanzer eingesetzt, die im Laufe der Zeit immer häufiger zu kampfstarken Schützenpanzern umgerüstet wurden. Sie waren mit eigenen Geschützen bestückt, sodass die Infanteristen, die gerade abgesetzt worden waren, wertvolle Feuerunterstützung bekamen. Manchmal waren sie auch mit Panzerabwehrraketen ausgerüstet, die in dieser Zeit zur größten Bedrohung für Panzerfahrzeuge wurden. Anfänglich waren diese Raketen groß und unbeweglich, wurden aber dahingehend entwickelt, dass sie von einem einzelnen Infanteristen transportiert und bedient werden konnte. Schon bald wurde aus jedem Infanteristen ein ernstzunehmender Panzerjäger.

Nachkriegszeit

1958 Schweden

STRIDSVAGN 74

Der leichte Panzer Strv 74 von 1957 war eine weitere Eigenentwicklung in einer langen Reihe von schwedischen Panzerfahrzeugen, deren Entstehungsgeschichte bis in die Zeit zwischen den Weltkriegen zurückreichte.

Oben: *Der leichte Panzer Stridsvagn 74 war ein effizientes Kampffahrzeug, das lange Jahre genutzt wurde. Seine Produktion endete erst 1981.*

Der Strv 74 war eine überarbeitete Version des Strv m/42, der wiederum eine Weiterentwicklung des Strv m/40 gewesen war. Die Serie der Panzer, auf denen diese Entwicklung fußte, kann zurückverfolgt werden bis auf den von der schwedischen Firma Landsverk für die ungarische Armee produzierten, etwa 16 Tonnen schweren Panzer Lago, der eine verbesserte Variante des Strv L-60 war. Der m/42 hatte ein längeres Chassis als der m/40 sowie zwei zusätzliche Laufräder. Der Panzer hatte auf dem vorderen Teil der Wanne einen überarbeiteten, abgerundeten Geschützturm und eine stärkere Bewaffnung. Sowohl der m/42 als auch der Strv 74 waren gut manövrierbare, stark gepanzerte Konstruktionen mit einem effizienten Hauptgeschütz. Der Strv 74 war das Resultat einer Reihe von Überarbeitungen und Verbesserungen, die an dem m/42 ausgeführt worden waren. Die Produktion des Strv 74 begann 1957 und setzte sich in Intervallen bis ins Jahr 1981 fort. Er wurde in vielen Bereichen modernisiert.

Technische Daten

Bewaffnung: ein 75-mm-Geschütz; drei MG

Panzerung: 80 mm

Besatzung: 4

Maße: Länge 7,93 m; Breite 2,43 m; Höhe 3,00 m

Gewicht: 26 000 kg

Antrieb: ein Scania-Vabis-Motor mit 239 kW (320 PS)

Höchstgeschwindigkeit: 45 km/h

Reichweite: 200 km

Nachkriegszeit
1959 China

TYPE 59

Seit den frühen 1960er-Jahren stellte der Kampfpanzer Type 59 den Hauptteil der chinesischen Panzerverbände. Er war eine exakte Kopie des russischen T-54A.

Technische Daten

Bewaffnung: ein 100-mm-Geschütz; ein 12,7-mm- und zwei 7,62-mm-MG
Panzerung: 203 mm
Besatzung: 4
Maße: Länge 9,00 m; Breite 3,27 m; Höhe 2,59 m
Gewicht: 36 000 kg
Antrieb: ein Typ-12150L-V-12-Dieselmotor mit 390 kW (523 PS)
Höchstgeschwindigkeit: 50 km/h
Reichweite: 440 km

Die Sowjetunion belieferte 1956 China mit einer Anzahl von T-54A. Später wurde in Baotou in der Inneren Mongolei mit sowjetischer Hilfe eine Fabrikationsanlage für diesen Panzer aufgebaut. Der erste in China produzierte T-54A, der noch aus sowjetischen Bauteilen bestand, rollte 1958 vom Band. Im folgenden Jahr wurden bereits die ersten Exemplare mit ausschließlich chinesischen Bauteilen gefertigt, und 1963 begann die Serienproduktion dieser Panzer unter der Bezeichnung Type 59. Bis in die späten 1980er-Jahre wurden 10 000 Stück des Type 59 in zahlreichen Varianten hergestellt. Die chinesische Volksbefreiungsarmee übernahm etwa 6000 Panzer, von denen viele Ende der 1990er-Jahre immer noch in Dienst waren.

Oben: *Der chinesische Kampfpanzer Type 59 kam 1989 in die Schlagzeilen, als er gegen die auf dem Tian'anmen-Platz demonstrierenden Studenten eingesetzt wurde. Das Foto, auf dem ein einzelner Student sich gegen den Panzer stellt, ging um die Welt.*

Nachrüstungen

In seiner späten Dienstzeit wurde der Type 59 einigen wesentlichen Nachrüstungen unterzogen. So bekam der Type 59-I ein einfaches Feuerkontrollsystem und einen Laser-Entfernungsmesser, während der Type 59-II mit einem britischen L5-105-mm-Geschütz mit gezogenem Lauf und einem stärkeren Dieselmotor ausgerüstet wurde. In den 1990er-Jahren wurden auch einige Type 59 zur Ausführung Type 59-D nachgerüstet.

Nachkriegszeit

1959 Deutschland

JAGDPANZER KANONE

Der Jagdpanzer Kanone war eines der ersten Kampffahrzeuge, die an die neue Bundeswehr geliefert wurden. Sein Entwurf sollte in vielen Baugruppen mit den Panzern seiner Fahrzeugfamilie übereinstimmen.

Als die Bundeswehr in den 1950er-Jahren gegründet wurde, legte man bei der Entwicklung der neuen Kampffahrzeuge großen Wert darauf, dass sie möglichst viele gleiche Baugruppen hatten und auch das gleiche Chassis nutzten. Eines dieser Fahrzeuge war der Jagdpanzer Kanone, der mit einem 90-mm-Geschütz bestückt war. Eine Variante dieses Panzers war der Raketen-Jagdpanzer 2, von dem 316 Exemplare gebaut wurden. Er war zur Panzerabwehr mit französischen SS12- und später mit HOT-Lenkflugkörpern bewaffnet. Der Jagdpanzer Kanone zeichnete sich, wie die besten seiner Vorgänger, durch seine Schnelligkeit und seine niedrige Silhouette aus. Er erinnerte insgesamt sehr an

Oben: *Das Konzept des Jagdpanzers Kanone ging auf die Jagdpanzer des Zweiten Weltkrieges zurück, das auf Schnelligkeit und die niedrige Silhouette Wert legte.*

das Sturmgeschütz IV aus dem Zweiten Weltkrieg. Die Produktion des Jagdpanzers Kanone, dessen Entwicklung 1960 begonnen hatte, belief sich auf 750 Exemplare. Der Schützenpanzer Marder war ein weiteres Mitglied dieser Fahrzeugfamilie.

Einsatz in der Bundeswehr

Der Jagdpanzer Kanone wurde 1966 bei der Bundeswehr eingeführt. Viele Fahrzeuge wurden später, nach Ausbau des Geschützes, als Beobachtungspanzer eingesetzt.

Technische Daten

Bewaffnung: ein 90-mm-Geschütz; zwei 7,62-mm-MG

Panzerung: 50 mm

Besatzung: 4

Maße: Länge 8,75 m; Breite 2,98 m; Höhe 2,085 m

Gewicht: 25 700 kg

Antrieb: ein Daimler-Benz-MB837-8-Zylinder-Dieselmotor mit 372,9 kW (500 PS)

Höchstgeschwindigkeit: 70 km/h (Straße)

Reichweite: 390 km (Straße)

Technische Daten

(BRDM-1 Spähpanzer 1959)
Bewaffnung: Bewaffnung: ein 7,62-mm-SGMB-MG
Panzerung: 10 mm
Besatzung: 5
Maße: Länge 5,70 m; Breite 2,25 m; Höhe 1,90 m
Gewicht: 5600 kg
Antrieb: ein GAZ-40P-6-Zylinder-Benzinmotor mit 67,2 kW (90 PS) bei 3400 U/min
Höchstgeschwindigkeit: 80 km/h (Land); 9 km/h (Wasser)
Reichweite: 500 km

Nachkriegszeit

1959 Sowjetunion

BRDM-SERIE

Russlands amphibische Kampffahrzeuge der BRDM-Serie waren während des Kalten Krieges bei der sowjetischen Armee und deren Verbündeten weitverbreitet und kamen in vielen Kriegen zum Einsatz.

Der BRDM-1 war der erste einer Reihe von amphibischen Panzerspähwagen und wurde 1959 in Dienst gestellt. Das Panzerfahrzeug war völlig amphibisch und wurde von einer am Heck angebrachten Wasserdüse angetrieben. Es wurde in verschiedenen Varianten produziert, und einige dieser Versionen konnten die Panzerabwehrraketen AT-1 Snapper, AT-2 Swatter oder AT-3 Sagger aufzunehmen. In den frühen 1960er-Jahren wurde der BRDM-1 vom BRDM-2 ersetzt, der eine bessere Leistung auf der Straße und im Gelände zeigte und über eine stärkere Bewaffnung in einem gänzlich geschlossenen Turm, einen kräftigeren Heckmotor, eine Nachtsichtausrüstung und eine ABC-Ausstattung verfügte. Im Jom-Kippur-Krieg 1973 setzten Ägypten und Syrien mit AT-3 Sagger ausgerüstete BRDM-2 ein. Bei diesem System wurde ein mit sechs Lenkflugkörpern bestückter Starter aus der Wanne hochgefahren. Die Raketen konnten, abgesessen vom Fahrzeug, aus einer Entfernung von bis zu 80 Metern ferngelenkt werden. Die letzte Entwicklungsstufe der BRDM-Serie ging in den 1990er-Jahren als BRDM-3 in Produktion.

Einsatzbereiche

Die Fahrzeuge aus der BRDM-Serie mit ihren verschiedenen Panzerabwehrsystemen waren in befreundeten Staaten der Sowjetunion weitverbreitet und sehr beliebt, da sie sowohl preisgünstig als auch effizient waren.

Unten: *Die amphibischen BRDM-Panzerspähwagen waren gut manövrierbar und günstig in der Herstellung. Deshalb gehörten sie während des Kalten Krieges zu den effizientesten Kampffahrzeugen der Sowjetunion und wurden in großer Zahl exportiert.*

Oben: *Die Basisversion des BRDM für Aufklärungszwecke ist mit verschiedenen Panzerabwehr- und Boden-Luft-Lenkflugkörpern ausgestattet. Das Fahrzeug auf dem Foto trägt Panzerabwehrlenkflugkörper.*

Nachkriegszeit

⚒ **1959 Großbritannien**

PANZERWAGEN SALADIN

Der Panzerwagen Saladin, der lange in den Diensten der Streitkräfte etlicher Länder eingesetzt wurde, war sehr beliebt und erwies sich als hervorragendes Fahrzeug für die Patrouillenaufgaben der UN.

Der Saladin (FV601) 6x6-Panzerwagen wurde 1959 von der damals in Coventry ansässigen Firma Alvis für die britische Armee entwickelt. Er hatte viel gemeinsam mit dem 6x6-Schützenpanzer Saracen, der ebenfalls von Alvis gebaut worden war. Die Serienfertigung begann 1959 und endete 1972 mit einer Gesamtproduktion von 1177 Fahrzeugen. Der Saladin wurde von Indonesien, Jordanien, dem Jemen, Libanon und beim Bundesgrenzschutz der Bundesrepublik Deutschland verwendet. Er kam bei zahlreichen Operationen der Vereinten Nationen zum Einsatz, beispielsweise während der Invasion der türkischen Armee im Jahr 1974 zum Schutz des Flughafens von Nikosia im nördlichen Teil Zyperns.

Keine Varianten

Vom Saladin wurden keine Varianten gebaut, obwohl einige für Indonesien bestimmte Exemplare mit einem Dieselmotor der Firma Perkins ausgestattet wurden. Geschütztürme des Saladin wurden auf M113 der australischen Armee montiert.

Links: *Die Wanne des Saladin ist eine rundum geschweißte Panzerstahlkonstruktion. Der Fahrer hatte ausgezeichnete Sichtmöglichkeiten, und das Fahrzeug erfreute sich einer großen Beliebtheit bei allen seinen Besatzungen.*

Technische Daten

Bewaffnung: ein 76-mm-Geschütz; zwei 7,62-mm-MG

Panzerung: 32 mm

Besatzung: 3

Maße: Länge 4,93 m; Breite 2,54 m; Höhe 2,39 m

Gewicht: 11 590 kg

Antrieb: ein Rolls-Royce-Benzinmotor mit 126,7 kW (170 PS) bei 3570 U/min

Höchstgeschwindigkeit: 72 km/h

Reichweite: 400 km

Unten: *Der Panzerwagen Saladin teilte sich mit dem Schützenpanzer Saracen viele baugleiche Konstruktionsdetails. Die letzten Fahrzeuge der britischen Armee wurden in Zypern stationiert, aber Saladin-Panzerwagen in Diensten der kuwaitischen Armee kamen 1990 zu Kampfeinsätzen gegen angreifende irakische Truppen.*

Nachkriegszeit

1960 **Frankreich**

KAMPFPANZER AMX-30

Unten: *Dieser AMX-30 überwindet gerade ein Hindernis. Er war ein Entwurf der Firma Atelier de Construction d'Issy-les-Moulineaux.*

Der Kampfpanzer AMX-30 ist unter Frankreichs modernen Panzerkampfwagen zweifellos der erfolgreichste. Er wurde in zwölf Länder exportiert, wobei Spanien der größte Kunde war.

Technische Daten

Bewaffnung: ein 105-mm-Geschütz; eine 20-mm-Kanone; ein 7,62-mm-MG

Panzerung: maximal 80 mm

Besatzung: 4

Maße: Länge 9,48 m; Breite 3,10 m; Höhe 2,50 m

Gewicht: 36 000 kg

Antrieb: ein Hispano-Suiza-HS110-12-Zylinder-Vielstoffmotor mit 507 kW (680 PS)

Höchstgeschwindigkeit: 65 km/h (Straße)

Reichweite: 500 km (Straße)

Die Entwicklung des AMX-30 begann Mitte der 1950er-Jahre, als die französische Armee neue Panzerfahrzeuge anforderte, um ihre veralteten Panzer zu ersetzten. Das Design stammte von der Firma Atelier de Construction d'Issy-les-Moulineaux und verzichtete von vornherein auf eine starke Panzerung. Stattdessen war die Konzeption auf folgende Kriterien ausgerichtet: Schnelligkeit, Beweglichkeit sowie eine feuerstarke und zielgenaue Bewaffnung. Die ersten Prototypen wurden 1960 gebaut, die Serienfertigung begann 1966. Seither sind über 3500 Exemplare des AMX-30 und seiner Varianten für die französische Panzertruppe und andere Exportkunden produziert worden.

Oben: *Ein AMX-30 mit einem Tarnanstrich für den Wüsteneinsatz. Mit dem 105-mm-Geschütz wurden hauptsächlich panzerbrechende Granaten des Typs OCC (HEAT) verschossen, die eine 400 mm starke Panzerung durchdringen konnten.*

Einsätze

Die französische Armee übernahm 387 AMX-30 und weitere 659 AMX-30B2. Dessen Neuerungen bestanden aus einem Feuerkontrollsystem mit einem Laser-Entfernungsmesser, einem Monitor für den Restlichtverstärker sowie einem verbesserten Antriebssystem bzw. Laufwerk. Der AMX-30 kam beim Golfkrieg 1991 in der 6. leichten Panzerdivision auf der linken Flanke der Koalitionsstreitkräfte zum Einsatz.

Nachkriegszeit

1960 Frankreich

PANZERSPÄHWAGEN PANHARD AML

Dieser exzellente Panzerwagen ist bereits seit fast einem halben Jahrhundert in Produktion. Er wurde an weltweit über 40 Länder geliefert und regelmäßig in Kämpfen eingesetzt.

Technische Daten

AML 90

Bewaffnung: ein 90-mm-Geschütz mit niedrigem Rückstoß; ein 7,62-mm-MG

Panzerung: maximal 12 mm

Besatzung: 3

Maße: Länge 5,48 m; Breite 1,97 m; Höhe 2,15 m

Gewicht: 5900 kg

Antrieb: ein Peugeot-XD-3T-4-Zylinder-Dieselmotor mit 73 kW (98 PS) oder ein Panhard-Modell-4-HD-4-Zylinder-Benzinmotor mit 67,2 kW (90 PS)

Höchstgeschwindigkeit: 90 km/h (Straße)

Links: *Der Panhard AML ist mit über 4000 in Frankreich und Südafrika gefertigten Exemplaren einer der erfolgreichsten Panzerwagen seit dem Zweiten Weltkrieg.*

Der Panhard AML wurde entwickelt, um den Daimler Ferret zu ersetzen, der in großer Zahl im Einsatz war. Die Prototypen des AML wurden 1959 fertiggestellt, die Auslieferung der ersten Serienexemplare an die französische Armee erfolgte 1961. Seither sind über 4800 Einheiten für Frankreich und den Exportmarkt hergestellt worden. Der Panzerwagen wurde in zwei Versionen gebaut: AML 60 und AML 90. Der AML 90 war mit einem Hispano-90-mm-Geschütz bestückt. Der Eland 60 und der Eland 90 sind Lizenzversionen, die Südafrika für seine Armee produziert. Der Panhard AML wurde in Angola eingesetzt, auf den Falkland-Inseln von den argentinischen Streitkräften und im libanesischen Bürgerkrieg zwischen 1975 und 1990. Er wurde in mehr als 40 Länder exportiert – ein deutliches Zeichen für seinen Erfolg.

Bewaffnung

Der AML 60 ist mit unterschiedlichen Waffen bestückt, darunter ein 60-mm-Mörser und verschiedene Kombinationen von Maschinengewehren. Einige spätere Versionen sind mit einer 20-mm-Kanone bewaffnet.

Links: *Der Panhard AML ist von mehr als 40 Ländern in zahlreichen Kriegen weltweit eingesetzt worden – von den Falkland-Inseln bis zum Libanon.*

Nachkriegszeit

1960 Japan

MANNSCHAFTSTRANS-PORTPANZER TYPE 60

Das winterliche Klima von Hokkaido, der nördlichsten Insel Japans, weckte den Bedarf nach Mannschaftstransportpanzern, die man gut im Schnee einsetzen konnte. Eines dieser Fahrzeuge war der Type 60.

Technische Daten

Bewaffnung: ein 12,7-mm- und ein 7,62-mm-MG

Panzerung: unbekannt

Besatzung: 4 plus 6

Maße: Länge 4,85 m; Breite 2,40 m; Höhe 1,70 m (bis Oberkante Wanne)

Gewicht: 11 800 kg

Antrieb: ein Mitsubishi-Modell-8-HA-21-WT-V-8-Turbodieselmotor mit 164 kW (220 PS)

Höchstgeschwindigkeit: 45 km/h

Reichweite: 230 km

Der Mannschaftstransportpanzer Type 60 wurde von der Firma Komatsu zum Einsatz auf der nördlichsten japanischen Insel Hokkaido entworfen, auf der es häufig schwere Schneefälle gibt. Eigentlich wurden zwei Modelle auf die Anforderung des Heeres hin gefertigt – das andere war der Type 61, der von Ohara Ironworks entwickelt und gebaut wurde. Der Komatsu Type 60 wurde auch als mittelschweres Schneefahrzeug bezeichnet und konnte zehn Personen inklusive Fahrer transportieren sowie einen Anhänger mit einem maximalen Gewicht von 1500 kg ziehen. Der Mitsubishi-Frontantrieb hatte ein Getriebe mit vier Vorwärtsgängen und einem Rückwärtsgang. Das Laufwerk war mit Blattfedern an den acht Doppel-Laufrädern, Andruckrollen, Umlenkrollen und Antriebszahnrädern ausgestattet. Der Laderaum war im hinteren Teil und konnte über eine Laderampe im Heck erreicht werden.

Type 61

Der andere Mannschaftstransporter, der Type 61, der auch Großes Schneefahrzeug genannt wurde, ähnelte in der Erscheinung dem Type 60, war aber größer und mit einem stärkeren Motor ausgestattet.

Unten: *Das Schneefahrzeug Komatsu Type 60 war eine Weiterentwicklung des zivilen Fahrzeugs KC-20 und wurde speziell bei Operationen auf Japans Nordinsel Hokkaido eingesetzt.*

Nachkriegszeit

1960 USA

M60

Der Kampfpanzer M60 wurde in den späten 1950er-Jahren entwickelt, um der Bedrohung durch den neuen mittelschweren Panzer T-62 der Sowjets zu begegnen.

Der M60 war der letzte in einer Reihe von amerikanischen Kampfpanzern, die mit dem M46 begonnen hatte. Seine Entwicklung wurde von Geheimdienstberichten ausgelöst, die von der Entwicklung eines neuen russischen mittelschweren Panzers berichteten, dem T-62, der mit seiner 115-mm-Bewaffnung dem amerikanischen M48 überlegen sein würde. Die einfachste Lösung war, den existierenden M48 mit einem kräftigeren Motor und dem britischen 105-mm-L7-Geschütz auszustatten. Mit diesen Verbesserungen ging der nachgerüstete Panzer, der anfänglich die Bezeichnung M68 erhalten hatte, 1959 in Serienproduktion. Die ersten Exemplare waren im folgenden Jahr

Unten: *Der M60 ist einer der erfolgreichsten Kampfpanzer der Welt. Seit seiner ersten Auslieferung 1960 diente er in über 20 Armeen und wurde im Golfkrieg in großer Zahl eingesetzt.*

Technische Daten

(M60A1)

Bewaffnung: ein 105-mm-M68-Geschütz; ein 12,7-mm- und ein 7,62-mm-MG

Panzerung: 254 mm

Besatzung: 4

Maße: Länge 9,44 m (inkl. Rohr); Breite 3,63 m; Höhe 3,27 m

Gewicht: 47 600 kg

Antrieb: ein Continental-AVDS-1790-2A-12 Zylinder-Turbodieselmotor mit 559,7 kW (750 PS)

Höchstgeschwindigkeit: 48 km/h

Reichweite: 415 km

Oben: *Das 105-mm-Geschützrohr des M60 war mit einer Hitzeschutzhülle ausgestattet, die die Lebensdauer des Rohrs verlängerte. Der M60 wurde fortwährend nachgerüstet.*

einsatzbereit. Der in M60 umbenannte Panzer erreichte eine Produktionszahl von 15 000 Einheiten. Die Fertigung endet mit dem Jahr 1987.

Nachrüstungen

Der M60 wurden während seiner Einsatzzeit mehrfach aufgerüstet. Die erste dieser Aufrüstungen 1963 führte zur Version M60A1, die einen größeren und besser konzipierten Turm, eine verstärkte Panzerung und effizientere Stoßdämpfer bekam. Die nächste Variante, der M60A2, wies einen überarbeiteten Geschützturm mit einem niedrigeren Profil auf, der darüber hinaus einen kleinen zusätzlichen Maschinengewehrturm bekam, der dem Kommandanten ein gutes Schussfeld mit ausgezeichneter Sicht und gleichzeitig maximalen Schutz bot. Weiterhin erhielt der Panzer das gleiche 152-mm-Hauptgeschütz wie der M551 Sheridan, das sowohl Panzerabwehrlenkraketen des Typs Shillelagh als auch normale Granaten verschießen konnte. Der M60A2 wurde bereits nach relativ kurzer Zeit auf die nächste Entwicklungsstufe, den M60A3, aufgerüstet. Dieser Panzer wartete mit zahlreichen technischen Verbesserungen auf: einem Laser-Entfernungsmesser, einem Vernebelungssystem, einem Ballistik-Computer und einem Stabilisierungssystem für den Turm. Alle M60 in amerikanischen Diensten wurden auf diesen Standard nachgerüstet.

Einsatzgebiete

Der M60 wurde in viele Länder exportiert und erstmals 1973 während des Jom-Kippur-Krieges von der israelischen Armee gegen die arabischen Streitkräfte verwendet. Auch 1982, bei der Invasion in den Libanon, wurde er eingesetzt. 1991 machten sich die US Marines und die saudi-arabische Armee die Stärke des M60 beim Angriff auf die irakischen Truppen in Kuwait zunutze. Er erwies sich als effektiv gegen alle irakischen Panzertypen.

Nachkriegszeit
1960 USA

M551 SHERIDAN

Der leichte Panzer Sheridan hatte eher geringen Gefechtswert und wurde nur im Dienst belassen, weil man ihn per Luft transportieren konnte. Einige Fahrzeuge wurden 1989 in Panama eingesetzt.

Technische Daten

Bewaffnung: ein 152-mm-Geschütz; ein 7,62-mm-MG
Panzerung: 50 mm
Besatzung: 4
Maße: Länge 6,30 m; Breite 2,82 m; Höhe 2,95 m
Gewicht: 15 830 kg
Antrieb: ein Detroit-6V-53T-6-Zylinder-Turbodieselmotor mit 224 kW (300 PS)
Höchstgeschwindigkeit: 72 km/h
Reichweite: 600 km

Oben: *Etwa 1700 leichte Panzer M551 Sheridan wurden produziert. Die letzte Kampfeinheit, die ihn nutzte, war die 82. Luftlandedivision.*

Die US-Armee gab 1959 einen Anforderungskatalog für einen neuen leichten Panzer für den Lufttransport heraus. Der neue Panzer wurde unter der Arbeitsbezeichnung Armoured Reconnaissance/Airborne Assault Vehicle entwickelt und später in XM551 umbenannt. Den Auftrag zur Entwicklung erhielt die Allison Division des Konzerns General Motors, die zwölf Prototypen fertigte. Deren Erprobung war noch nicht abgeschlossen, als mit der Firma 1965 ein Vier-Jahres-Vertrag zur Produktion vereinbart wurde. 1966 wurde dem Modell die Einsatzfähigkeit bescheinigt, und es bekam den Namen M551 Sheridan, nach einem General aus dem amerikanischen Bürgerkrieg. Er wurde zu US-Truppen in Europa, Südkorea und Vietnam verlegt. Zwischen 1966 und 1970 wurden 1700 Exemplare des Panzers hergestellt.

Probleme

Im Einsatz traten beim Sheridan zahlreiche Mängel zutage. Vor allem in Vietnam stellte sich heraus, dass der Panzer äußerst anfällig für Landminen war. Einige Sheridan waren für den Einsatz der Panzerabwehrrakete Shillelagh ausgerüstet worden. Aber beim Abschuss wurde die Elektronik der Rakete in Mitleidenschaft gezogen. In den 1980er-Jahren wurde der Sheridan vom Frontdienst abgezogen, obwohl ein Bataillon der 82. Luftlandedivision dieses Fahrzeug noch bis Mitte der 1990er-Jahre nutzte.

Unten: *Der Sheridan musste leicht sein, um für einen Lufttransport geeignet zu sein – das machte ihn jedoch verwundbar, da bereits ein schweres Maschinengewehr seine Panzerung durchschlagen konnte.*

Nachkriegszeit

1961 Deutschland

MARDER

Der Marder war der erste Schützenpanzer der NATO. Er vereinte die Qualitäten eines Mannschaftstransportpanzers mit denen eines leichten Panzers. Derzeit wird das Nachfolgemodell entwickelt. Es soll mit einer 30-mm-Kanone und modularer Zusatzpanzerung ausgestattet werden.

Technische Daten

(Marder 1A3)

Bewaffnung: ein 20-mm-Geschütz; ein 7,62-mm-MG; ein Starter für Milan-PzAbwLfk

Panzerung: maximal 30 mm

Besatzung: 3 plus 6 Infanteristen

Maße: Länge 6,88 m; Breite 3,38 m; Höhe 3,015 m

Gewicht: 33 500 kg (Kampfausrüstung)

Antrieb: ein MTU-MB833-Ea-500-6-Zylinder-Dieselmotor mit 447,4 kW (600 PS)

Höchstgeschwindigkeit: 65 km/h (Straße)

Reichweite: 460 km (Straße)

In den 1960er-Jahren wurden drei Firmen aufgefordert, Entwürfe für einen neuen Schützenpanzer einzureichen, der in die Baureihe des Jagdpanzers Kanone und des Jagdpanzers Rakete passen sollte. Viele Prototypen wurden gebaut und erprobt, bis sich die Bundeswehr für das Modell Marder Schützenpanzer Neu M-1966 entschied. Das Unternehmen Rheinstahl wurde als Hauptauftragnehmer gewählt, das wiederum die MaK aus Kiel als Subunternehmen hinzuzog. Beide Firmen bilden heute einen Teil des Unternehmens Rheinmetall Landsysteme. Der Marder wurde 1971 von der Bundeswehr in Dienst gestellt – und er war der erste Schützenpanzer, der von der NATO neu angeschafft wurde. Zum ersten Mal konnten Infanteristen von einem Schützenpanzer transportiert werden und gleichzeitig ausreichend Feuerunterstützung bringen, denn der Marder besaß einen motorbetriebenen Zwei-Mann-Geschützturm, der mit einer 20-mm-Kanone sowie einem 7,62-mm-Maschinengewehr bestückt war. Die letzte Version dieses Schützenpanzers ist der Marder 1A5, der einen sehr effektiven Anti-Minen-Schutz besitzt.

Unten: *Der Marder war der erste Schützenpanzer, der im Westen neu eingeführt wurde. Er blieb für lange Zeit auch einer der effizientesten der NATO.*

Nachkriegszeit
⚒ **1961 Deutschland**

RAKETENJAGDPANZER JAGUAR

Der Raketenjagdpanzer wurde als Versuch entwickelt, die Reichweite und Genauigkeit der Jagdpanzerwaffe der Bundeswehr zu erhöhen. Er war mit französischen Raketen bewaffnet.

Oben: *Ein Raketenjagdpanzer 3 Jaguar 1 mit Abschussvorrichtung für die Panzerabwehrrakete Milan. Der Raketenjagdpanzer stellte einen Durchbruch in der Militärtechnologie dar und vergrößerte die militärische Stärke der Bundeswehr.*

Um dem befürchteten Angriff sowjetischer Streitkräfte mit massierten Panzerformationen begegnen zu können, hatte die Bundeswehr sich schon früh für die Einführung von Jagdpanzern mit Raketenbewaffnung entschieden. Die Raketenjagdpanzer 1 basierten auf dem Fahrgestell des Schützenpanzers Hispano-Suiza HS-30 und waren mit französischen SS11-Lenkflugkörpern ausgerüstet. 95 dieser Fahrzeuge kamen bis 1962 zur Truppe. Ab Mitte der 1960er-Jahre wurde eine neue Generation von Gefechtsfahrzeugen entwickelt. Zu dieser Familie zählte auch der Raketenjagdpanzer 2 mit SS11, von dem 316 Exemplare gebaut wurden. Ab 1978 wurden die inzwischen veralteten SS11 gegen HOT-Raketen ausgetauscht. Zugleich verstärkte man die Panzerung. Die so modifizierten Fahrzeuge wurden in Raketenjagdpanzer 3 umbenannt und erhielten den Namenszusatz Jaguar 1. Mitte der 1980er-Jahre wurden die Kanonenjagdpanzer ebenfalls zu Raketenjagdpanzern umgerüstet. Sie erhielten das amerikanische TOW-System. Ihre Bezeichnung lautet Raketenjagdpanzer 4 Jaguar 2.

Technische Daten

(Raketenjagdpanzer 3 Jaguar 1)

Bewaffnung: ein HOT-Panzerabwehrraketen-Starter; zwei 7,62-mm-MG

Panzerung: maximal 50 mm

Besatzung: 4

Maße: Länge 6,16 m; Breite 3,12 m; Höhe 2,54 m

Gewicht: 25 500 kg

Antrieb: ein Benzinmotor mit 372,9 kW (500 PS)

Höchstgeschwindigkeit: 70 km/h (Straße)

Reichweite: 390 km (Straße)

Nachkriegszeit
1961 Sowjetunion

SCHÜTZENPANZER BTR-60P

Der BTR-60P ist einer der meistgenutzten Schützenpanzer der Welt und kam auch an einigen unerwarteten Orten zum Einsatz. Amerikanische Truppen begegneten ihm 1984 unverhofft bei ihrer Invasion auf Grenada.

BTR ist die Abkürzung für das russische Wort Bronetransporter (dt.: gepanzerter Transporter). Diese Serie von Schützenpanzern wurde 1960 von der Roten Armee in Dienst gestellt und ersetzte den BTR-152, der eine Reihe von Mängeln offenbart hatte. Die erste Version des BTR-60, die an die motorisierten Infanteriedivisionen ausgeliefert wurde, war noch ohne Dach. Doch schon die folgende Variante, der BTR-60PA, hatte eine gepanzerte Abdeckung. Das hatte zur Folge, dass er nur noch 12 statt 14 Infanteristen aufnehmen konnte. Das nächste Modell, der BTR-60PB, verfügte über ein verbessertes Zielsystem für seine Waffen. Alle Versionen dieser Serie waren amphibisch und wurden im Wasser von einem Wasserstrahlantrieb am Heck vorangetrieben. Der BTR-60P wurde bis 1976 produziert, bis er von dem BTR-70 ersetzt wurde.

Einsatzgebiete

Ägypten und Syrien setzten ihn während des Jom-Kippur-Krieges 1973 ein, die Sowjets bei der Invasion in Afghanistan, wo viele Fahrzeuge von Panzerabwehrraketen zerstört wurden. Dieser Schützenpanzer wurde von über 40 Ländern angeschafft.

Unten: *Die Version BTR-60PA hat einen rundum geschützten Transportraum und kann maximal 16 Passagiere aufnehmen, obwohl üblicherweise zwölf Soldaten mitfahren. Er ist normalerweise mit einem 7,62-mm-Maschinengewehr bewaffnet.*

Technische Daten

BTR-60PB
Bewaffnung: ein 14,5-mm- und ein koaxiales 7,62-mm-MG
Panzerung: 7–9 mm
Besatzung: 2 plus 12
Maße: Länge 7,66 m; Breite 2,85 m; Höhe 2,31 m
Gewicht: 10 300 kg
Antrieb: zwei GAZ-49B-6-Zylinder-Benzinmotoren mit je 67,16 kW (90 PS)
Höchstgeschwindigkeit: 80 km/h (Land), 10 km/h (Wasser)
Reichweite: 500 km (Straße)

Nachkriegszeit

⚒ **1961 Sowjetunion**

T-62

Der T-62 war fortschrittlich, da er als erster Panzer der Welt ein Glattlaufgeschützrohr bekam. Im Gefecht aber erwies er sich als Katastrophe. Er war unzureichend gepanzert und fing leicht Feuer.

Technische Daten

Bewaffnung: ein 115-mm-U5TS-(2A20 Rapira)-Glattrohrgeschütz; ein 7,62-mm-PKT-MG

Panzerung: maximal 230 mm

Besatzung: 4

Maße: Länge 6,63 m (Wanne); Breite 3,52 m; Höhe 2,39 m

Gewicht: 40 000 kg

Antrieb: ein V-55-12-Zylinder-Dieselmotor mit 432,8 kW (580 PS) bei 2000 U/min

Höchstgeschwindigkeit: 50 km/h

Reichweite: 450 km

Oben: *Ein T-62, hier im Einsatz in Afghanistan, war im Gefecht nicht sonderlich effizient, da er bei einem Treffer leicht Feuer fing. Ägyptische T-62 erlitten 1973 im Jom-Kippur-Krieg schwere Verluste.*

Der Kampfpanzer T-62 war eine unmittelbare Weiterentwicklung des T-55 und mit einer 115-mm-Glattrohrkanone bewaffnet. Zwischen 1961 und 1984 wurden allein in der Sowjetunion 20 000 Exemplare des T-62 gefertigt, wobei er zusätzlich auch noch in der Tschechoslowakei und in Nordkorea produziert wurde. Die tschechischen Exemplare waren hauptsächlich für den Export bestimmt. Das Hauptgeschütz des T-62, das – zum ersten Mal bei einer Panzerwaffe – einen glatten Lauf hatte, erreichte eine wesentlich höhere Mündungsgeschwindigkeit und Durchschlagskraft als die damaligen 90-mm- bzw. 105-mm-Waffen der westlichen Gegner. Seinen ersten Einsatz erlebte der T-62 während des Jom-Kippur-Krieges 1973. Dabei stellte sich heraus, dass er bei einem Treffer schnell Feuer fing. Die Israelis erbeuteten damals einige Hundert ägyptische und syrische T-62 und gliederten sie ihren Streitkräften ein. Sie rüsteten sie mit Wärmebild-Kameras und Laser-Entfernungsmessern aus, verstärkten die Panzerung und ersetzten den russischen Dieselmotor durch einen verlässlichen amerikanischen. In Diensten der Israelis hieß der T-62 Tiran-6 und wurde an Entwicklungsländer weiterverkauft.

Nachkriegszeit
1961 Schweiz

KAMPFPANZER PZ 61 UND PZ 68

Der Pz 61 und der Pz 68 stellten Versuche der schweizerischen Armee dar, einen eigenständigen Panzer zu produzieren. Bis dahin hatten die Schweizer Panzer wie den britischen Centurion importiert.

Technische Daten

(Pz 68/88)
Bewaffnung: ein 105-mm-Geschütz; zwei MG
Panzerung: 120 mm
Besatzung: 4
Maße: Länge 9,49 m; Breite 3,14 m; Höhe 2,85 m
Gewicht: 40 800 kg
Antrieb: ein MTU-MB-837-V8-Dieselmotor mit 492,5 kW (660 PS) bei 2200 U/min
Höchstgeschwindigkeit: 55 km/h
Reichweite: 200 km

Die Eidgenössische Konstruktionswerkstätte bauten 1959 den ersten Prototypen für einen neuen Kampfpanzer. Ihm folgten weitere zehn Exemplare aus einer Vorlaufproduktion. Die eidgenössische Armee bestellte daraufhin 150 Stück des Modells Pz 61, die mit dem britischen 105-mm-L7-Geschütz bewaffnet waren. Die Weiterentwicklung des Pz 61 führte zum Modell Pz 68, dessen erste Prototypen 1968 gefertigt wurden. Die wesentlichen Verbesserungen waren ein Geschützstabilisierungssystem, ein stärkerer Motor und breitere Ketten.

Varianten

Zwischen 1971 und 1974 schaffte die eidgenössische Armee 170 Pz 68 an. Diesen folgte ein zweites Los von 50 Stück der Version Pz 68 AA2 mit einer Wärmeschutzhülle für die 105-mm-Kanone und kleineren Modifikationen. Die nächste Version, der Pz 68/75, von dem 170 Exemplare gebaut wurden, erhielt einen größeren Turm. Seit 1988 wurden 195 Fahrzeuge durch Nachrüstungen im Kampfwert gesteigert, beispielsweise durch eine neue Feuerleitanlage. Inzwischen sind alle Pz 68 außer Dienst gestellt worden.

Unten: *Ein Kampfpanzer Pz 68 im Manöver. Der Panzer war nicht der beste Entwurf – Berichten zufolge soll er an über 50 Mängeln gelitten haben, darunter Risse im Treibstofftank, übermäßige Abnutzung der Ketten und ein fehlerhaftes Stabilisierungssystem.*

Nachkriegszeit
1962 China

TYPE 62

China ist das letzte Land weltweit, das leichte Panzer noch in großem Umfang als Kampfpanzer statt als Spähpanzer einsetzt. Das macht den Panzer Type 62 zu einer Art Anachronismus.

Es bleibt ein Rätsel, warum China große Stückzahlen von leichten Kampfpanzern produziert hat, die keine Aufklärungsaufgaben hatten. Gleichermaßen unerklärlich ist, warum der 21 Tonnen leichte Type 62 als mittelschwerer Panzer deklariert wurde. Dieser Panzer erscheint wie eine verkleinerte Ausgabe des Type 59: Der Type 62 hat einen kleineren, sowohl gegossenen als auch geschweißten Geschützturm, ist aber ansonsten baugleich mit Type 59. Weiterhin ist er mit einem 85-mm-Geschütz bestückt. Seine Panzerung ist jedoch schwach und ungeeignet als Schutz gegen moderne Panzerabwehrwaffen. Der Typ 62 ist veraltet, obgleich er weiterhin in großer Zahl von der Volksbefreiungsarmee zu Ausbildungszwecken eingesetzt wird. Eine amphibische Version, der Type 63, wurde mit dem Geschützturm des Type 62 ausgestattet, ist aber auf der Wanne einer chinesische Kopie des russischen leichten Amphibienpanzers PT-76 montiert. Beide Varianten wurden an Kunden in Afrika und Asien geliefert und kamen auch in der Endphase des Vietnamkrieges zu Kampfeinsätzen.

Oben: *Der leichte Panzer Type 62 ist eine kleinere Version des Kampfpanzers T-59 und wurde für den Einsatz in unwegsamen Gelände optimiert.*

Technische Daten

Bewaffnung: ein 85-mm-Geschütz; ein 12,7-mm- und zwei 7,62-mm-MG
Panzerung: unbekannt
Besatzung: 4
Maße: Länge 7,90 m; Breite 2,86 m; Höhe 2,25 m
Gewicht: 21 000 kg
Antrieb: ein Dieselmotor mit 320 kW (430 PS)
Höchstgeschwindigkeit: 60 km/h
Reichweite: 450 km

Technische Daten

Bewaffnung: ein 90-mm-Typ-61-Geschütz; ein 12,7-mm- und zwei 7,62-mm-MG
Panzerung: 64 mm
Besatzung: 4
Maße: Länge 8,19 m; Breite 2,95 m; Höhe 2,49 m
Gewicht: 35 000 kg
Antrieb: ein Mitsubishi-Typ-12-HM-21-WT-Dieselmotor mit 447 kW (600 PS)
Höchstgeschwindigkeit: 45 km/h
Reichweite: 200 km

Nachkriegszeit
1962 Japan

TYPE 61

Der Kampfpanzer Type 61 war der erste japanische Nachkriegspanzer, galt aber nach Ansicht vieler als bei Weitem zu schwach bewaffnet. Er wurde nur langsam in Dienst gestellt und war schon bald veraltet.

Die Entwicklung des ersten japanischen Nachkriegspanzers begann 1954 unter Leitung der Abteilung für Heereswaffen der Hauptabteilung für technische Forschung und Entwicklung der japanischen Selbstverteidigungsstreitkräfte. Im Jahr 1957 wurden die ersten Prototypen für je zwei Panzer der Modelle ST-A1 und ST-A2 vollendet. Die Serienversion, die den Namen Type 61 bekam, rollte erstmals 1962 von den Bändern der Maruko-Werke von Mitsubishi Heavy Industries. Die Fertigung verlief anfänglich äußerst langsam. Im ersten Jahr wurden lediglich zehn Panzer fertiggestellt; aber bis 1970 erfolgte schließlich noch die Lieferung von 250 Exemplaren.

Konstruktionsdetails

Die Wanne des Type 61 ist eine rundum geschweißte Stahlkonstruktion. Der Fahrer sitzt vorn rechts im Innenraum und verfügt über drei nach vorn gerichtete Periskope, die auf einer Luke montiert sind. Der Geschützturm ist aus Gussstahl und hat ähnlich wie der des M47 hinten eine überhängende Ausbuchtung sowie einen kleinen Stauraum aus leichterem Stahl. Der Type 61 wurde vom Type 74 abgelöst.

Unten: *Der erste eigenständige japanische Nachkriegskampfpanzer, der Type 61, war bereits veraltet, als er in geplanter Stärke zur Verfügung stand. Er wurde schließlich vom Type 74 ersetzt.*

Nachkriegszeit
1962 Großbritannien

MANNSCHAFTSTRANSPORT-PANZER FV432

Der Mannschaftstransportpanzer FV432 leistete der britischen Armee viele Jahre so gute Dienste, dass seine geplante Ausmusterung mehrfach verschoben wurde. Er wurde in zahlreichen Versionen gebaut.

Unten: *Dieser FV432 ist mit einem 7,62-mm-Maschinengewehr bewaffnet, das sich im Falklandkrieg gegen argentinische Flugzeuge als sehr effektiv erwies.*

Der FV432 wurde Ende der 1950er-Jahre entwickelt und ist eine Mannschaftstransportversion der britischen FV340-Schützenpanzer-Serie. Der erste Prototyp wurde 1961 vollendet. Die Serienfertigung begann 1962 bei der Firma GKN Sankey, die 1998 ihre Abteilung Militärfahrzeuge an Alvis Vickers verkaufte. Die Auslieferung an die britische Armee fing 1963 an, und bis zum Ende der Produktion 1972 wurden etwa 3000 Fahrzeuge fertiggestellt. Der FV432 ist eine Stahlkonstruktion, der Innenraum entsprechend der üblichen Panzerkonzeption aufgeteilt: Der Motor ist vorn untergebracht, der Fahrer sitzt auf der rechten Seite, und die Luke des Kommandanten befindet sich direkt hinter dem Fahrerstand. Es gibt für die Infanteristen noch eine runde, geteilte Luke an der Oberseite der Wanne sowie Hecktüren. Viele FV432 hatten hinten auf der Wanne einen Ein-Mann-Geschützturm mit einem 7,62-mm-Maschinengewehr.

Varianten

Unter den verschiedenen Varianten des FV432 waren ein Verwundetentransporter, der Patienten sowohl sitzend als auch liegend transportieren konnte, ein Befehlspanzer, der mit umfangreichen Kommunikationseinrichtungen ausgestattet war, ein Wartungsfahrzeug, eine Mörserlafette, ein Minenleger, ein Bergepanzer und ein Artillerieleitstand, der mit Computern für die Feldartillerie ausgerüstet war.

Technische Daten

Bewaffnung: ein 7,62-mm-MG
Panzerung: 6–12 mm
Besatzung: 2 plus 10 Infanteristen
Maße: Länge 5,251 m; Breite 2,80 m; Höhe 2,286 m
Gewicht: 15 280 kg
Antrieb: ein Rolls-Royce-2-Takt-6-Zylinder-Vielstoffmotor mit 189 kW (240 PS) bei 3750 U/min
Höchstgeschwindigkeit: 52 km/h
Reichweite: 580 km

Technische Daten

Bewaffnung: ein 85-mm-Geschütz; ein 12,7-mm- und ein 7,62-mm-MG
Panzerung: 14 mm
Besatzung: 4
Maße: Länge 8,44 m; Breite 3,20 m; Höhe 2,52 m
Gewicht: 18 400 kg
Antrieb: ein Modell-12150-LV-12-Dieselmotor mit 298 kW (400 PS)
Höchstgeschwindigkeit: 36 km/h (Land), 12 km/h (Wasser)
Reichweite: 370 km

Nachkriegszeit
1963 China

TYPE 63

Obgleich der Entwurf für die Wanne des leichten Amphibienpanzers Type 63 auf dem russischen PT-76 basiert, sind die Antriebskomponenten vom chinesischen Mannschaftstransporter Type 77.

Oben: *Der Type 63 ist immer noch im aktiven Dienst der chinesischen Armee, hauptsächlich zur Unterstützung der Marineinfanterie. Er kam im Vietnamkrieg zu Kampfeinsätzen.*

Der chinesische leichte Amphibienpanzer Type 63 hat eine ähnliche Wanne wie der russische PT-76, aber er wird von einem stärkeren Motor angetrieben, der dem chinesischen Mannschaftstransporter Type 77 entstammt. Das Fahrzeug ist vollständig amphibisch und wird im Wasser von zwei Wasserdüsen am Heck bewegt. In den 1960er-Jahren setzte China hauptsächlich leichte und mittelschwere Panzer in seinen Panzerverbänden ein, die ständig aufgerüstet wurden. Der Type 63 ist daher, wie sein Vorgängerpanzer Type 62, eine verkleinerte Version eines schweren Kampfpanzers. Seine Hauptbewaffnung ist ein 85-mm-Geschütz. Er ist immer noch aktiver Bestandteil chinesischer Kampfverbände und wurde in viele chinafreundliche Länder exportiert. So kam er in Nordvietnam in der Endphase des Vietnamkrieges zum Einsatz. Sein Vorgänger, der Type 62, wird nur noch zu Ausbildungs- und Sicherungszwecken genutzt.

Rechts: *Chinesische Panzergrenadiere werden während einer Übung vom Type 63 abgesetzt. Er kann sich selbst einnebeln, indem er Treibstoff in die Auspuffanlage leitet.*

Nachkriegszeit

1963 Deutschland

KAMPFPANZER LEOPARD 1

Der Kampfpanzer Leopard 1 war während der bedrohlichsten Phasen des Kalten Krieges ein unverzichtbares Element der NATO-Verteidigungsstrategie. Zuerst als deutsch-französische Gemeinschaftsproduktion geplant, führte die Bundesrepublik nach dem Rückzug der Franzosen die Fertigstellung allein fort.

Rechts: *Ein Leopard 1 mit dem Zeichen der kanadischen Streitkräfte, dem roten Ahornblatt. Die Bundeswehr bekam 1965 die ersten Leopard 1, von denen später verschiedene Versionen gebaut wurden.*

Der Leopard 1 war während der bedrohlichsten Phasen des Kalten Krieges ein unverzichtbares Element der NATO-Verteidigungsstrategie am Boden. Zuerst als deutsch-französische Gemeinschaftsproduktion geplant, führte die Bundesrepublik nach dem Rückzug der Franzosen die Fertigstellung allein fort. Das Projekt Leopard begann 1956 mit dem Ziel, die veralteten M47 und M48 durch einen modernen Kampfpanzer zu ersetzen. Eine der Anforderungen war, dass er dem Beschuss einer 20-mm-Panzerabwehrkanone widerstehen können und unter Bedingungen atomarer, biologischer und chemischer Kriegsführung kampffähig sein sollte. Als Hauptbewaffnung wählte man das britische 105-mm-L7A3-Geschütz. Im Juni 1957 unterzeichneten Frankreich und Deutschland die Vereinbarung zur Entwicklung des neuen Systems. Unter dem Projektnamen „Standard-Panzer“ wurden zwei deutsche und ein französisches Entwicklungsteams aufgefordert, jeweils zwei Entwürfe einzureichen. 1958 gesellte sich noch Italien zu dem Entwicklungsprojekt.

Ursprünglicher Entwurf

Nach den Tests der verschiedenen Prototypen entschied man sich 1961 für den

Technische Daten

Bewaffnung: ein 105-mm-L7A3-Hauptgeschütz mit gezogenem Rohr; zwei 7,62-mm-MG

Panzerung: (Front) 70 mm

Besatzung: 4

Maße: Länge 9,543 m; Breite 3,37 m; Höhe 2,61 m

Gewicht: 42 400 kg

Antrieb: ein MTU-MB-838-Ca-M-500-10-Zylinder Dieselmotor mit 611 kW (830 PS)

Höchstgeschwindigkeit: 62 km/h (Straße)

Reichweite: 530 km (Straße)

Rechts: *Zu seiner Zeit bot der Leopard 1 ein Höchstmaß an Beweglichkeit, gepaart mit hervorragender Feuerkraft dank seines 105-mm-Geschützes.*

Unten: *Die Tatsache, dass der Leopard 1 am Anfang des 21. Jahrhunderts in einigen Armeen immer noch im Dienst ist, belegt seine hervorragenden Fähigkeiten.*

Vorschlag von Porsche, obwohl bis zur Serienfertigung noch einige Abänderungen des ursprünglichen Entwurfs erfolgten. Die Änderungen betrafen den Geschützturm und das Heck, das höher gezogen wurde, um einen größeren Motorraum zu ermöglichen. Zudem bekam der Leopard ein optisches Zielsuchsystem.

Weiterentwicklungen

Die erste Partie des Leopard 1 wurde 1965 ausgeliefert. Das Nachfolgelos 1A1 hatte ein neuartiges Geschützstabilisierungssystem. Der Leopard 1A2 erhielt einen besser gepanzerten Geschützturm, die Ausführung 1A3 einen neuen Turm in Schottbauweise, der 1A4 ein computergestütztes Feuerleitsystem, der 1A5 einen neu entwickelten Turm und der 1A6 schließlich zusätzliche Panzerung sowie ein 120-mm-Geschütz.

Exporte

Der Leopard wurde in zwölf Länder exportiert und in manchen Ländern auch in Lizenz gefertigt. Der größte Abnehmer mit einer Stückzahl von 920 Einheiten war Italien. Weitere Abnehmer waren Australien (90), Belgien (334), Brasilien (368), Chile (202), Dänemark (230), Griechenland (335), Kanada (114), die Niederlande (468), Norwegen (172) und die Türkei (450). Die Bundeswehr stellte bis zu 2347 Einheiten in Dienst. Der Leopard und der britische Chieftain hätten bei einem Vorstoß sowjetischer Panzer in die norddeutsche Tiefebene die Hauptlast der Abwehr getragen.

Nachkriegszeit

1963 Großbritannien

CHIEFTAIN MARK 5

Technische Daten

Bewaffnung: ein 120-mm-L11A5-Geschütz; ein 12,7-mm- und zwei 7,62-mm-MG
Panzerung: maximal 300 mm
Besatzung: 4
Maße: Länge 10,78 m; Breite 3,50 m; Höhe 2,895 m
Gewicht: 55 000 kg
Antrieb: ein Leyland-L60-Vielstoffmotor mit 559,2 kW (750 PS)
Höchstgeschwindigkeit: 48 km/h
Reichweite: 400–500 km

Bis zur Einführung des Leopard 2 war der Chieftain in den 1960er- und 1970er-Jahren zweifellos der beste Kampfpanzer in Diensten der NATO-Streitkräfte. Er sorgte für große Exportaufträge.

Links: *Der britische Kampfpanzer Chieftain Mark 5 war mit einem 120-mm-L11A5-Geschütz mit gezogenem Lauf bewaffnet. Das Rohr hatte eine Hitzeschutzhülle, die ein Verziehen des Laufes vermindern und so die Nutzungsdauer verlängern sollte. Für spezielle Aufgaben gab es mehrere Varianten dieses Panzers.*

Der von der Firma Leyland entworfene Panzer Chieftain sollte als Kampfpanzer den Centurion ablösen, der durch die neuesten russischen Panzer und deren Panzerabwehrwaffen zunehmend verwundbar wurde. Die Briten beschlossen, zugunsten einer effektiveren Panzerung auf geringes Gewicht und Wendigkeit zu verzichten und den neuen Panzer mit einem 120-mm-Geschütz mit gezogenem Rohr auszustatten. Der erste Prototyp des Chieftain erschien 1959; ihm folgten weitere sechs Exemplare, die zwischen 1961 und 1962 erprobt wurden.

Export

Für die britische Armee wurden 900 Chieftain hergestellt, darüber hinaus gab es umfangreiche Bestellungen aus dem Ausland. Einer der ersten Kunden war Kuwait mit 165 Exemplaren des Chieftain Mark 5TK. Zwölf von den Briten ausgemusterte Panzer wurden an das Sultanat von Oman geliefert, das zusätzlich 15 neue Chieftain orderte. Die größte Bestellung – 707 Stück – kam jedoch aus dem Iran, zuzüglich zu 187 Einheiten des neuesten, verbesserten Chieftain-Modells. Die iranische Armee setzte sie in den 1980er-Jahren gegen den Irak ein. Auch Jordanien schaffte 274 Stück an.

Links: *Der Chieftain ist ein außerordentlich erfolgreicher Panzer, der in großen Mengen von Staaten des Nahen Ostens bestellt wurde.*

Nachkriegszeit
1964 Großbritannien

VICKERS MARK 1 UND MARK 3

Der Vickers-Kampfpanzer war eine privatwirtschaftliche Entwicklung für Länder, die einen einfachen, aber kampfstarken und sehr kostengünstigen Kampfpanzer brauchten. Er verwendete zahlreiche Bauteile des Chieftain und des Centurion.

Technische Daten

(Vicker Mark 1 – 1964)

Bewaffnung: ein 105-mm-L7A1-Geschütz; ein 12,7-mm- und zwei 7,62-mm-MG

Panzerung: 17–80 mm

Besatzung: 4

Maße: Länge 9,78 m; Breite 3,25 m; Höhe 2,44 m

Gewicht: 36 600 kg

Antrieb: ein Leyland-L60-6-Zylinder-Vielstoffmotor mit 484,7 kW (650 PS) bei 2670 U/min

Höchstgeschwindigkeit: 48 km/h

Reichweite: 480 km

Dieser Kampfpanzer wurde von Vickers ausschließlich zu Exportzwecken entwickelt. Er wurde mit dem gebräuchlichen 105-mm-Geschütz mit gezogenem Lauf und dem Antriebssystem des Chieftain ausgestattet. Als Indien einen Anforderungskatalog für einen Panzer mit ähnlichen Eigenschaften herausgab, bot Vickers seinen Panzer an – und die Inder nahmen das Angebot an. Die ersten zwei Prototypen wurden im Frühling 1963 gebaut, die Serienfertigung begann im Folgejahr. In der Zwischenzeit wurde mit Indien ein Vertrag abgeschlossen, nach dem sie den Panzer unter dem Namen Vijayanta (dt.: siegreich) selbst fertigen durften. Über 2000 Vijayanta wurden hergestellt und 1965 und 1971 in Auseinandersetzungen mit den pakistanischen Streitkräften eingesetzt.

Export

1968 bestellte Kuwait 70 Stück des Vickers Mark 1, die zwischen 1970 und 1972 geliefert wurden. Mittlerweile entwickelte Vickers das Modell Mark 1 weiter und stattete es mit einem stärkeren Motor und einem verbesserten Geschützturm aus. Das Ergebnis nannte Vickers Mark 3, von dem Kenia zwischen 1977 und 1978 zwei Partien mit 38 Exemplaren orderte. Nigeria bestellte 1981 36 Einheiten des Mark 3. Zusätzlich bekamen beide Länder einige Bergpanzer-Versionen.

Unten: *Als privatwirtschaftliche Entwicklung wurde der Vickers Mark 1 ein großer Exporterfolg, wobei der größte Kunde Indien war. Dort wurden er unter dem Namen Vijayanta (dt.: siegreich) in über 2000 Einheiten gefertigt.*

Nachkriegszeit
1965 Österreich

STEYR SK 105 KÜRASSIER

Der Jagdpanzer Steyr SK 105 war nicht nur in österreichischen Diensten, sondern auch in den Armeen von sechs weiteren Ländern im Einsatz.

Die Entwicklung des leichten Panzers SK 105 (Kürassier) entstand als Folge einer Anforderung des österreichischen Bundesheeres nach einem schnellen Jagdpanzer. Der Prototyp wurde 1967 fertiggestellt, 1971 wurden weitere Serienvorläufer getestet. Obwohl das Bundesheer nur 285 Einheiten orderte, wurde der Panzer ein Exporterfolg – 112 Fahrzeuge gingen nach Argentinien, 36 nach Bolivien, 20 nach Botswana, 17 nach Brasilien, 111 nach Marokko und 42 nach Tunesien. Varianten des SK 105 waren der Bergepanzer Greif, der Pionierpanzer 4KH7FA und ein Fahrschulpanzer.

Konstruktionsdetails

Der Kürassier war mit einer verbesserten Version des französischen FL-12-Turmes bestückt. Im Zwei-Mann-Turm befand sich der Kommandant auf der linken Seite des Geschützes und der Kanonier auf der rechten. Das 105-mm-Geschütz wurde automatisch von zwei Ladetrommeln mit je sechs Granaten nachgeladen. Die Frontpartie war gegen Munition bis 20 mm gepanzert, und auch der Rest war gegen Beschuss kleineren Kalibers geschützt.

Oben: *Das Foto zeigt einen SK 105 Kürassier, der einen steilen Anstieg bewältigt. Auf dem Dach des Turms ist dutlich der französische Laser-Entfernungsmesser TCV 29 zu erkennen. Darüber sieht man einen Infrarot-Weißlicht-Suchscheinwerfer.*

Technische Daten

Bewaffnung: ein 105-mm-GIAT-Cn-105-57-Geschütz mit gezogenem Lauf; ein koaxiales 7,62-mm-MG

Panzerung: 40 mm

Besatzung: 3

Maße: Länge 7,77 m; Breite 2,50 m; Höhe 2,53 m

Gewicht: 18 000 kg

Antrieb: ein Steyr-7FA-Dieselmotor mit 238 kW (320 PS)

Höchstgeschwindigkeit: 68 km/h

Reichweite: 470 km

Nachkriegszeit

⚒ **1966 Sowjetunion**

T-64

Der Kampfpanzer T-64 war niemals außerhalb der Warschauer-Pakt-Staaten stationiert. Er hatte die neueste Reaktivpanzerung und andere moderne Ausstattungsdetails.

Technische Daten

(T-64B)

Bewaffnung: ein 125-mm-D-81TM-(2A46 Rapira 3)-Glattrohrgeschütz; ein koaxiales 7,62-mm- und ein 12,7-mm-MG

Panzerung: maximal 150 mm

Besatzung: 3

Maße: Länge 9,20 m; Breite 3,29 m; Höhe 2,20 m

Gewicht: 39 000 kg

Antrieb: ein 5DTF-5-Zylinder-Dieselmotor mit 515,2 kW (700 PS)

Höchstgeschwindigkeit: 70 km/h

Reichweite: 515 km

Als der Kampfpanzer T-64 in den späten 1960er-Jahren eingeführt wurde, war er als Ergänzung zu der T-72-Serie vorgesehen. Hingegen diente der T-64, anders als der T-72, der in viele befreundete Staaten der Sowjetunion exportiert wurde, nur in der sowjetischen Armee. Das erste einsatzbereite Modell, der T-64A, erschien 1976 erstmals außerhalb der Sowjetunion, als man ihn in die Garde-Panzerdivisionen der Gruppe der Sowjetischen Streitkräfte in Deutschland (DDR) verlegte. Wenig später wurde er auch in der sowjetischen Südgruppe der Truppen in Ungarn stationiert. Die einzige bekannte Variante des ersten Modells war der Befehlspanzer T-64AK mit zusätzlicher Funkausrüstung und einem Teleskopmast. Die nächste Ausführung, der T-64B, trat 1981 in der DDR und in Ungarn in Erscheinung. Er hatte eine neue Panzerung an Turm und Wanne, außerdem konnte er die funkgesteuerte Panzerabwehrrakete Kobra (AT-8 Songster) abfeuern. Der Ladeautomat konnte sowohl sechs Lenkflügelwaffen als auch 36 konventionelle Granaten nachladen. Etwa 8000 T-64 wurden hergestellt, von denen ca. 2000 nach dem Zusammenbruch der Sowjetunion der Ukraine überlassen wurden.

Oben: *T-64 werden auf einem Eisenbahn-Tieflader transportiert. Der T-64A wurde bei den sowjetischen Streitkräften in der DDR und in Ungarn ab 1976 stationiert, ab 1981 das Nachfolgemodell T-64B.*

Unten: *Der T-64 war als Ergänzung zur T-72-Serie gedacht und sollte ursprünglich nur von den sowjetischen Streitkräften genutzt werden. Der Panzer war weitverbreitet; von den rund 8000 produzierten Exemplaren erhielt die Ukraine nach dem Zusammenbruch der Sowjetunion etwa ein Viertel.*

Nachkriegszeit
1966 Schweden

PANSARBANDVAGN (PBV) 302

Der schwedische Mannschaftstransportpanzer Pbv 302 ist seit vielen Jahren im Dienst und wurde in verschiedenen Versionen für spezielle Aufgaben gebaut. Das Fahrzeug kam im früheren Jugoslawien bei den UN-Truppen zum Einsatz.

Links: *Der schwedische Pansarbandvagn 302 hat sich als effektiver und gut konzipierter Mannschaftstransportpanzer erwiesen, der mit den meisten Arten von Gelände zurechtkommt. Er wurde in zahlreichen Varianten gebaut und ist ausschließlich in Diensten der schwedischen Armee.*

Das Panzerfahrzeug Pbv 302, dessen Prototyp 1962 gefertigt worden war, wurde erstmals 1966 an die schwedische Armee ausgeliefert. Es wurde in zahlreichen Varianten produziert, wobei die Standardversion der Mannschaftstransportpanzer Pbv 302A war. Als Befehlswagen Stripbv 3021 bekam der Pbv 302 eine Funkanlage mit vier Antennen. Epbv 3022 ist die Bezeichnung für den Artilleriebeobachtungspanzer, der Geräte zur Entfernungsbestimmung, drei Antennen und zusätzliche Schwimmkörper hat. Der Feuerleitpanzer heißt Bplpbv 3023 und ist mit vier Antennen, einem Feuerleitcomputer und Kommunikationsausrüstung ausgestattet, während der Rlpbv 3024 eine Funkrelaisstation ist.

Bewaffnung

Der Pbv 302A kann acht Infanteristen transportieren und ist mit einer 20-mm-Automatikkanone bestückt, die eine Kadenz von 480 Schuss/min besitzt. Die Kanone wird mit Magazinen von je 30 Schuss nachgeladen. Zur Unterstützung können die Infanteristen das Feuer durch Dachluken eröffnen. Die Hauptbewaffnung zeigt in einer Distanz von 1600 Metern effektive Wirkung auf Ziele.

Technische Daten

Bewaffnung: eine 20-mm-Kanone
Panzerung: 20 mm
Besatzung: 3 plus 8 Infanteristen
Maße: Länge 5,35 m; Breite 2,86 m; Höhe 2,39 m
Gewicht: 13 500 kg
Antrieb: ein Volvo-Penta-6-Zylinder-Turbodieselmotor mit 209 kW (280 PS) bei 2200 U/min
Höchstgeschwindigkeit: 66 km/h
Reichweite: 300 km

Nachkriegszeit

1966 Schweden

STRIDSVAGN STRV 103 S-TANK

Der Ursprung des Stridsvagn Strv 103 S-Tank von der Firma Bofors liegt in einer Anforderung der schwedischen Armee nach einem Ersatz für den britischen Centurion und andere ausländische Panzer.

Technische Daten

Bewaffnung: ein 105-mm-Geschütz; drei MG
Panzerung: 90–100 mm
Besatzung: 3
Maße: Länge 8,42 m; Breite 3,62 m; Höhe 2,50 m
Gewicht: 39 700 kg
Antrieb: ein Rolls-Royce-K60-Vielstoffmotor mit 179 kW (240 PS) bei 3750 U/min; eine Boeing-553-Gasturbine mit 365 kW (490 PS) bei 38 000 U/min
Höchstgeschwindigkeit: 50 km/h
Reichweite: 390 km

Als die Anforderung für einen neuen Panzer herauskam, befand sich bereits ein schwerer Panzer mit Namen KRV in der Entwicklung. Dieses Projekt wurde jedoch aufgegeben, und man konzentrierte sich auf die Konzeption des Strv 103. Der S-Tank wies einige neuartige Konstruktionsdetails auf, wovon das augenfälligste das Fehlen eines Geschützturmes war. Dieses Design wurde gewählt, damit der Panzer im Gefecht eine möglichst niedrige Silhouette hatte. Dazu trug auch eine am Panzer angebrachte Räumschaufel bei, mit der sich der Strv 103 eingraben konnte, wenn die taktische Situation eine befestigte Stellung erforderte. Der Nachteil der turmlosen Konstruktion bestand darin, dass der gesamte Panzer zur Zielaufnahme gedreht werden musste.

Es fand sich kein einziger ausländischer Käufer, obwohl das neuartige Konzept großes Interesse hervorrief. Der S-Tank hat einen Rolls-Royce-Motor, der sowohl mit Diesel als auch mit Benzin betrieben werden kann, und zusätzlich eine Boeing-Gasturbine.

Links: *Dieses Foto zeigt die Räumschaufel des S-Tank in zurückgezogener Position. Die letzten S-Tanks wurden 2001 von der schwedischen Armee ausgemustert.*

Unten: *Der Stridsvagn 103 S-Tank war ein mutiger Entwurf. Am Heck des Panzers bot eine Kiste zusätzlichen Stauraum. So neuartig das Konzept auch war, der S-Tank fand keine ausländischen Käufer.*

Nachkriegszeit
1967 Sowjetunion

SCHÜTZENPANZER BMP-1

Obwohl der erste öffentliche Auftritt des BMP-1 erst im November 1967 stattfand, sehen viele in ihm den ersten Schützenpanzer der Welt. Seine Panzerung widersteht dem Beschuss eines schweren MG.

Technische Daten

Bewaffnung: ein 73-mm-Grom-2A28-Glattrohrgeschütz; ein 7,62-mm-MG; eine PaK Typ AT-3 Sagger

Panzerung: maximal 33 mm

Besatzung: 3 plus 8 Infanteristen

Maße: Länge 6,75 m; Breite 2,94 m; Höhe 2,15 m

Gewicht: 12 500 kg

Antrieb: ein Model-5D20-6-Zylinder-Dieselmotor mit 223,9 kW (300 PS) bei 2000 U/min

Höchstgeschwindigkeit: 65 km/h (Straße), 8 km/h (Wasser)

Reichweite: 500 km

Oben: *Der äußerst wirkungsvolle BMP-1 wurde an viele Armeen weltweit geliefert. Die Abbildung hier zeigt einen finnischen Schützenpanzer.*

Die Hauptaufgabe der Schützenpanzer der BMP-Serie bestand darin, Infanteristen sicher an die Front zu bringen, sie abzusetzen und ihnen dann Feuerunterstützung zu geben. Das 73-mm-Glattrohrgeschütz des Fahrzeugs kann HEAT-Munition (High Explosive Anti-Tank) verschießen. Das ursprüngliche Modell BMP-1 war zusätzlich mit der Panzerabwehrrakete AT-3 Sagger bewaffnet, die von einem Zwei-Mann-Team bedient werden konnte. Der Lenkflügelkörper hatte eine Reichweite von 3000 Metern, und sein Sprengkopf konnte eine bis zu 40 cm dicke Panzerung durchschlagen. 1970 wurde eine lufttransportfähige Version, der BMD-1, an die Luftlandeeinheiten der Sowjets ausgeliefert. Der BMP-1 wurde entwickelt, um die Mannschaftstransportpanzer der BTR-50P-Serie abzulösen. Wenig später wurde der BMP-1 selbst vom BMP-2 ersetzt. Beide Varianten wurden auch exportiert.

Einsatzgebiete

Der BMP-1 wurde 1973 erstmalig aufseiten der Araber im Jom-Kippur-Krieg im Gefecht verwendet. Weitere Kampfeinsätze erfolgten bei der russischen Invasion in Afghanistan, aufseiten des Irak im Mittleren Osten und beim Einsatz der libyschen Armee im Tschad.

Links: *Der BMP-1 war der erste Schützenpanzer, der in Dienst gestellt wurde.*

Technische Daten

Bewaffnung: ein 20-mm-Geschütz; ein 7,62-mm-MG
Panzerung: maximal 30 mm
Besatzung: 3 plus 8 Infanteristen
Maße: Länge 5,98 m; Breite 2,83 m; Höhe 2,80 m
Gewicht: 14 100 kg
Antrieb: ein Baudouin-6-F11-V-8-Dieselmotor mit 223,7 kW (300 PS)
Höchstgeschwindigkeit: 65 km/h (Straße), 10 km/h (Wasser)
Reichweite: 500 km (Straße)

Nachkriegszeit

⚒ **1968 Frankreich**

AMX-10P

Der AMX-10P ist ein brauchbarer Schützenpanzer. Obwohl sein Konzept einer frühen Generation angehört, ist er immer noch kampfstark.

Oben: *Obwohl er vor langer Zeit entworfen wurde, ist der AMX-10P immer noch ein wirkungsvoller Schützenpanzer und bei zahlreichen Streitkräften im Dienst, vor allem im Nahen Osten.*

Der Schützenpanzer AMX-10P wurde seit 1965 auf Nachfrage der französischen Armee entwickelt. Der erste Prototyp wurde 1968 fertiggestellt, und die Serienfahrzeuge wurden ab 1973 ausgeliefert, um den alten AMX-VCI im Dienst abzulösen. Die Produktion endete 1994, nachdem über 1800 Stück für die französische Armee und ausländische Staaten wie Griechenland, Indonesien, Katar, Saudi-Arabien, Singapur und die Vereinigten Arabischen Emirate hergestellt worden waren. Der AMX-10P ist amphibisch und wird im Wasser von Düsen am Heck angetrieben. Er hat eine ABC-Schutzausstattung und ein Nachtsichtgerät.

Rechts: *Auf diesem Foto sieht man den AMX-10P PAC 90 mit einem 90-mm-Geschütz.*

Der AMX-10P war die Basis für eine Palette von Spezialfahrzeugen: Befehlswagen, HOT-Jagdpanzer, Mörserschlepper, Feuerleitpanzer, Artillerie-Beobachter, Reparaturpanzer, Verwundetentransporter, Radarpanzer und eine Variante zur Feuerunterstützung. Der AMX-10P hat einen motorbetriebenen Zwei-Mann-Geschützturm, der mit einem 7,62-mm-Maschinengewehr und einer 20-mm-Kanone mit Doppelgurtzuführung bewaffnet ist. Das Geschütz kann von einer 25-mm-Kanone ersetzt werden, die eine höhere Durchschlagskraft bietet.

3-D-24
USMC 385469
3-D-24

Kapitel 7

DIE REVOLUTION DER PANZERUNG

Es dauert bis zu 15 Jahre vom ersten Entwurf eines neuen Panzers bis zu seiner Indienststellung. Dementsprechend waren die Panzer in den 1970er- und frühen 1980er-Jahren die Früchte der Technologie aus den 1960er-Jahren. Einer der radikalsten Fortschritte, den man bei Kampfpanzern wie dem britischen Challenger, dem amerikanischen Abrams, dem deutschen Leopard und dem israelischen Merkava umgesetzt findet, war die Einführung der Komposit- oder Verbundpanzerung.

Oben: *Der deutsche Leopard 2 wurde ein großer Erfolg. Er steht in Diensten verschiedener NATO-Staaten sowie der Streitkräfte Schwedens und der Schweiz. Der Panzer wird kontinuierlich verbessert.*

Links: *Das Amphibienfahrzeug LVTP7 unterscheidet sich wesentlich von seinen Vorgängern – sein Mannschaftsraum ist rundherum gepanzert und bietet so deutlich mehr Schutz für die Soldaten.*

Komposit- und Reaktivpanzerung senken die Wahrscheinlichkeit, dass die Panzerung durchschlagen wird. Gleichzeitig lenkt die Anbringung abgeschrägter Fronten aufprallende Geschosse ab. In den 1970er- und 1980er-Jahren wurden Lenkflugkörper mit Hohlladungs-Gefechtsköpfen zu einer zunehmenden Bedrohung für Panzer. Hubschrauber wurden mit Raketen bewaffnet, die Türme von oben durchschlagen. Panzerminen mit neuartigen Zündern, die in der Lage sind, alle erdenklichen Panzerfahrzeuge zu zerstören, stellten neue Gefährdungspotenziale dar. All dies zwang die Entwickler von gepanzerten Kampffahrzeugen dazu, die Verteilung der Panzerung zu überdenken. Weitere Fortschritte wurden bei der Bewaffnung erzielt. Neue Geschütze verwandelten den Panzer in eine äußerst treffgenaue Waffe, die ihr Ziel auf eine Distanz von 3000 Metern mit dem ersten Schuss verlässlich außer Gefecht setzen kann.

Die Revolution der Panzerung
1968 Deutschland

SPÄHPANZER LUCHS

Der Spähpanzer Luchs von Henschel Wehrtechnik wurde Mitte der 1960er-Jahre für die Panzeraufklärer der Bundeswehr konzipiert; bei Auslandseinsätzen im ehemaligen Jugoslawien wurde er unter anderem zur Sicherung von Nachschubkonvois eingesetzt.

Oben: *Der Luchs, der Mitte der 1960er-Jahre entworfen wurde, setzt eine lange Tradition von deutschen 8x8-Spähpanzern fort. Er hat eine Besatzung von vier Mann und ist vollständig amphibisch.*

Der 8x8-Spähpanzer Luchs verdankt seine Existenz einer Anforderung der Bundeswehr Mitte der 1960er-Jahre. Zwei Firmen reichten ihre Entwürfe ein, und das Konzept von Daimler-Benz setzte sich durch. Der Fertigungsvertrag über 408 Fahrzeuge wurde 1973 abgeschlossen. Die Auslieferung der Fahrzeuge erfolgte zwischen 1975 und 1978. Der Luchs ist vollständig amphibisch und wird im Wasser von zwei Heckpropellern angetrieben. Er hat eine Achtrad-Servolenkung, mit der jedes der acht Räder dem Terrain entsprechend separat gesteuert werden kann. Am Anfang seiner Dienstzeit stand jedem Besatzungsmitglied des Luchs eine Infrarot-Nachtsicht-Ausstattung zu Verfügung; diese wurde aber später durch ein Nachtsichtsystem mit Wärmebildkameras ersetzt. Der Fahrer sitzt vorn rechts, direkt dahinter befindet sich der Turm. Der schallgedämpfte Motor ist im Heck untergebracht, und der Funker, der auch als Rückwärtsfahrer fungiert, sitzt auf der linken Seite. Der Turm kann motorbetrieben über volle 360 Grad geschwenkt werden, wobei für den Notfall auch eine manuelle Ausrichtung möglich ist.

Technische Daten

Bewaffnung: eine 20-mm-Kanone; ein 7,62-mm-MG
Panzerung: unbekannt
Besatzung: 4
Maße: Länge 7,743 m; Breite 2,98 m; Höhe 2,84 m
Gewicht: 19 500 kg
Antrieb: ein Daimler-Benz-OM-403-V10-Multi-Treibstoff-Motor: Dieselbetrieb mit 290,8 kW (390 PS)/Benzinbetrieb mit 238,6 kW (320 PS)
Höchstgeschwindigkeit: 90 km/h (Straße), 10 km/h (Wasser)
Reichweite: 730 km (Straße)

Die Revolution der Panzerung

⚒ **1968 Sowjetunion**

TRANSPORTPANZER MT-LB

Der MT-LB war eines der erfolgreichsten Kettenfahrzeuge, die je gebaut wurden. Es wurden unterschiedliche Kettenoptionen angeboten, sodass er für nahezu jedes Gelände geeignet war.

Oben: *Diese MT-LB sind zwei der 625 Exemplare, die aus den Beständen der früheren DDR an Schweden verkauft wurden.*

Technische Daten

Bewaffnung: ein 7,62-mm-PKT-MG

Panzerung: 7–14 mm

Besatzung: 2 plus 11 Infanteristen

Maße: Länge 6,454 m; Breite 2,85 m; Höhe 1,865 m

Gewicht: 11 900 kg

Antrieb: ein YaMZ-238-8-Zylinder-Dieselmotor mit 179 kW (240 PS) bei 2100 U/min

Höchstgeschwindigkeit: 62 km/h

Reichweite: 500 km

Das Mehrzweck-Panzerfahrzeug MT-LB wurde in den späten 1960er-Jahren entworfen, um den gepanzerten Artillerieschlepper ATP abzulösen. Er kann elf Infanteristen auf zwei Sitzreihen an den Längsseiten des Transportraumes unterbringen, der zwei große Türen im Heck und zwei Luken im Dach hat. Ein manuell betriebener Turm mit einem 7,62-mm-Maschinengewehr befindet sich vorn rechts auf der Wanne. Der MT-LB ist vollständig amphibisch und wird im Wasser von seinen Ketten vorangetrieben. Die Standardversion hat normalerweise Ketten mit einer Breite von 350 mm. Diese können jedoch gegen 565 mm breite Ketten ausgetauscht werden, die dem Fahrzeug eine bessere Geländegängigkeit auf Schnee und in Sumpfgebieten verleihen. Diese Ausstattung hat die Bezeichnung MT-LBV. Weiterhin gibt es den MT-LB Artillerieschlepper, das Befehlsfahrzeug MT-LBU und das Feuerleitfahrzeug TT-LB, das auf der Wanne ein Big-Fred-Radar zur Lokalisierung von Artillerieabschüssen hat.

Export

Nach dem Ende des Kalten Krieges wurden viele MT-LB von Armeen des Warschauer Paktes weiterverkauft; so erwarb Schweden 625 Fahrzeuge aus den Beständen der NVA.

Unten: *Der MT-LB ist eines der erfolgreichsten Panzerfahrzeuge weltweit. Viele nach der Auflösung des Warschauer Paktes ausgemusterte Exemplare wurden von anderen Staaten aufgekauft.*

Die Revolution der Panzerung
1970 Israel

MAGACH

In den 1960er-Jahren kaufte Israel in großem Umfang von der Bundeswehr Panzer des Typs M48. Dies wurde von beiden Armeen geheim gehalten, um innenpolitische Auseinandersetzungen zu vermeiden.

Links: *Die israelische Armee passt ihre Fahrzeuge schnell neuen Bedrohungsszenarien an, indem sie Panzerung und Bewaffnung modifiziert.*

Technische Daten

Bewaffnung: ein 105-mm Geschütz; drei 7,62-mm-MG
Panzerung: unbekannt
Besatzung: 4
Maße: Länge 6,95 m; Breite 3,63 m; Höhe 3,27 m
Gewicht: 54 000 kg
Antrieb: ein General-Dynamics-AVDS-1790-Serie-Dieselmotor mit 508 kW (690 PS)
Höchstgeschwindigkeit: 48 km/h
Reichweite: 450 km

Die israelischen Streitkräfte benannten die amerikanischen Kampfpanzer der M48/M60-Serie in Magach um. Die ersten Panzer des Typs M48A2 wurden in den 1960er-Jahren von der Bundeswehr gekauft. Sie waren mit einem 90-mm-Geschütz bestückt und kamen im Sechs-Tage-Krieg im Juni 1967 zum Einsatz. An diesem Konflikt waren auf jordanischer Seite weitere M48 beteiligt, die in großer Zahl von den Israelis erbeutet und in die eigenen Panzerverbände eingegliedert wurden. Der Magach wurde von den Israelis kontinuierlich aufgerüstet. So wurde als erster Schritt die vorhandene Hauptwaffe gegen das britische 105-mm-Geschütz ausgetauscht, das sich bereits im Centurion bewährt hatte. Die Panzer wurden auch mit einer reaktiven „Blazer"-Zusatzpanzerung ausgestattet. Trotz dieser verbesserten Panzerung erlitt der Panzer im Jom-Kippur-Krieg 1973 schwere Verluste, die nur durch die Lieferung amerikanischer M60 ausgeglichen werden konnten. Nachgerüstete M60 wurden auch 1982 bei der israelischen Invasion in den Libanon eingesetzt. Die älteren Modelle der Magach-Serie wurden schrittweise ausgemustert.

Unten: *Der Magach 7 hat einen überarbeiteten Turm mit einer markanten Form, die von Zusatzpanzerungen in Modularbauweise und Reaktivpanzerung herrührt. Dieser hier hat an der Vorderseite des Turms eine keilförmige Zusatzpanzerung.*

Die Revolution der Panzerung
⚒ **1972 USA**

AMPHIBIENFAHRZEUG LVTP7/AAVP7

Unten: *Dank einer Panzerung aus Stahl und Kevlar in Sandwichbauweise ist der AAVP7 gut gegen Beschuss von Handfeuerwaffen geschützt. Außerdem ist er in hohem Maße seetauglich, da sein wasserdichter Motorraum eine Landung selbst bei rauem Seegang möglich macht.*

Das amphibische Landungsfahrzeug LVTP7 wurde als Ersatz für den LVTP5 entwickelt, der in Vietnam zum Einsatz gekommen war und unter einer geringen Reichweite litt.

Technische Daten

Bewaffnung: ein 12,7-mm-MG; ein 40-mm-Granatwerfer
Panzerung: 45 mm
Besatzung: 3 plus 25 Infanteristen
Maße: Länge 7,94 m; Breite 3,27 m; Höhe 3,26 m
Gewicht: 22 838 kg
Antrieb: ein Detroit-Diesel-8V-53T-Turbodieselmotor mit 298,5 kW (400 PS)
Höchstgeschwindigkeit: 64 km/h (Straße); 14 km/h (Wasser)
Reichweite: 482 km

Der heute als AAVP7 bekannte amphibische Landungspanzer wurde ab 1972 als LVTP7 für das US Marine Corps in Serie gefertigt. Das Konzept sah vor, die Marineinfanteristen vom Schiff an die Küste und dann weiter landeinwärts zu transportieren. Seine Bezeichnung wurde 1985 in AAVP7 geändert. Der AAVP7A1 Amtrak bietet bis zu 25 Marineinfanteristen in Kampfausrüstung einen sicheren Transport durch alle Arten von Gelände. Der Motorraum kann komplett gegen Wasser abgedichtet werden. Das Fahrzeug ist daher auch bei rauem Seegang einsetzbar. Der Amtrak ist mit einer Kompositpanzerung aus Stahl und Kevlar in Sandwichbauweise ausgestattet, die vor Beschuss mit schwerem MG schützen soll. Die Bewaffnung besteht aus einem 12,7-mm-Maschinengewehr und einem 40-mm-Granatwerfer. Darüber hinaus kann er an Seilen befestigte Sprengladungen zur Räumung eines Minenfeldes verschießen. Er bewegt sich auf dem Land mit einer Höchstgeschwindigkeit von 64 km/h und im Wasser mit 14 km/h. Der LVTP7 ersetzte den LVTP5, der in Vietnam zu vielen Einsätzen kam, aber eine geringere Reichweite hatte.

Die Revolution der Panzerung

1972 Sowjetunion

T-72

Technische Daten

Bewaffnung: ein 125-mm-D-81TM-Glattrohrgeschütz; ein 7,62-mm-MG, ein 12,7-mm-Fla-MG

Panzerung: 250 mm

Besatzung: 3

Maße: Länge 9,53 m; Breite 3,59 m; Höhe 2,22 m

Gewicht: 45 500 kg

Antrieb: ein V-46-12-Zylinder-Dieselmotor mit 582 kW (780 PS) bei 2000 U/min

Höchstgeschwindigkeit: 65 km/h

Reichweite: 400 km

Der schnelle, zuverlässige und in der Herstellung relativ kostengünstige T-72 war einer der meistexportierten russischen Kampfpanzer, der auch an Staaten außerhalb des Warschauer Paktes geliefert wurde.

Der Kampfpanzer T-72 ging 1972 in Produktion und blieb der maßgebliche russische Panzer bis zur Auflösung der Sowjetunion. In der Öffentlichkeit konnte man ihn zum ersten Mal 1977 bei der Parade zum 1. Mai sehen. Neben der Fertigung in Russland wurde er auch in der Tschechoslowakei, Indien, Iran, Irak, Polen und im früheren Jugoslawien (hier unter dem Namen M-84) in Lizenz hergestellt. Mindestens 50 000 Exemplare dieses Panzers wurden gefertigt, und er dient weltweit noch immer in 30 Armeen. Die erste Version des Panzers war der T-72A, der mit einem Laserentfer-

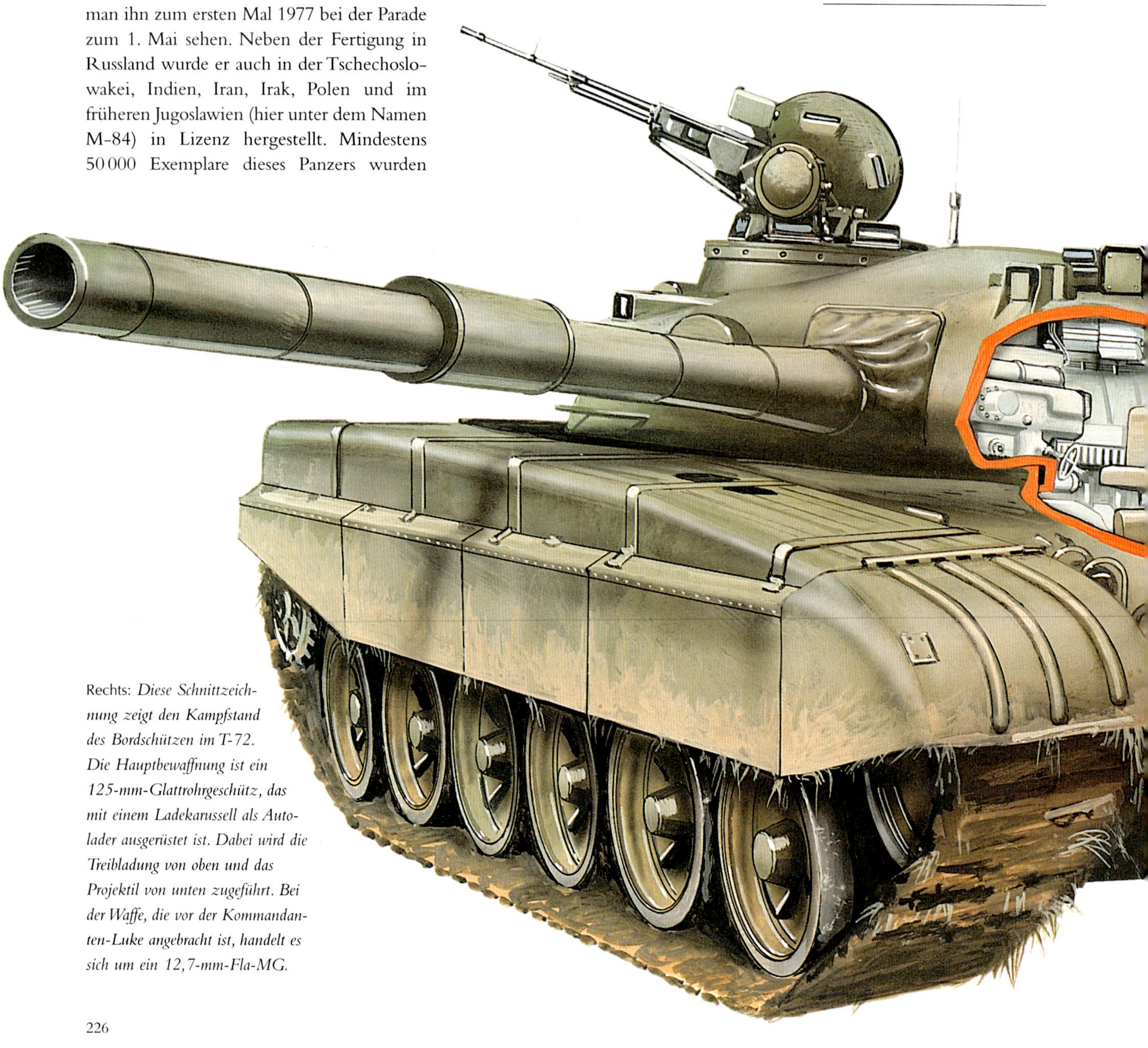

Rechts: *Diese Schnittzeichnung zeigt den Kampfstand des Bordschützen im T-72. Die Hauptbewaffnung ist ein 125-mm-Glattrohrgeschütz, das mit einem Ladekarussell als Autolader ausgerüstet ist. Dabei wird die Treibladung von oben und das Projektil von unten zugeführt. Bei der Waffe, die vor der Kommandanten-Luke angebracht ist, handelt es sich um ein 12,7-mm-Fla-MG.*

Oben: *Ein Foto nach dem Golfkrieg 1991: Ein aufgegebener T-72 der irakischen Republikanischen Garde. Man sieht hier den Infrarot-Suchscheinwerfer neben dem Geschützlauf, der mit einer thermischen Rohrschutzhülle und einem Rauchabsauger ausgerüstet ist.*

nungsmesser ausgestattet war, während die Front des Geschützturmes des T-72B zusätzlich gepanzert wurde.

Der T-72BM war die erste Variante, die mit der Reaktivpanzerung Kontakt-5 ausgerüstet wurde, wobei die Exportversion dieses Modells T-72S hieß. Der T-72BK war ein mit zusätzlicher Kommunikationsausrüstung versehener Befehlspanzer.

Golfkrieg

Kurioserweise wurde der T-72 im Golfkrieg 1991 auf beiden Seiten im Gefecht eingesetzt. So waren an die kuwaitische Armee bereits die ersten Exemplare von 200 in Jugoslawien bestellten M-84 ausgeliefert worden. Es wird vermutet, dass von den Republikanischen Garden des Irak etwa 1000 T-72 eingesetzt wurden. Im weiteren Verlauf des Krieges stellte sich aber heraus, dass er für den amerikanischen M1 Abrams und den britischen Challenger kein ebenbürtiger Gegner war.

Die Revolution der Panzerung

1973 Frankreich

PANHARD M3

Obgleich der Panhard M3 einer der hässlichsten Mannschaftstransporter überhaupt ist, überzeugt er durch seine Funktionalität. Er wurde in großem Umfang exportiert und kann an viele verschiedene Aufgaben angepasst werden.

Der 4x4-Mannschaftstransporter Panhard M3 begann als privatwirtschaftliche Entwicklung. Der erste Prototyp wurde 1969 fertiggestellt und das erste Serienfahrzeug 1971 ausgeliefert. Seither ist das Fahrzeug vielfach sowohl an Armeen als auch Polizeikräfte geliefert worden. Einige Polizeifahrzeuge sind mit einem Ein-Mann-Turm mit Maschinengewehr ausgerüstet. Die Wanne des M3 hat eine Panzerung aus geschweißtem Ganzstahl. Der Besatzungsraum kann zehn Infanteristen unterbringen und hat an der Rückseite eine Doppelluke, dazu je eine Tür an den Seiten.

Varianten

Die Version zur Flugabwehr hat einen Turm mit einer 20-mm-Zwillingskanone. Der M3VAT verfügt über eine komplette Ausstattung mit Werkzeug für Reparaturen im Feld – bis hin zu einem Ausleger, der als Hebewerkzeug zum Austausch von Motoren dient. Der Befehlswagen M3VPC hat umfangreiche Kommunikationseinrichtungen. Der Krankentransporter hat die Bezeichnung M3VTS, und die Pionier-Version M3VLA verfügt über einen hydraulischen Räumschild.

Technische Daten

Bewaffnung: verschieden, meist ein oder zwei 7,62-mm-MG

Panzerung: maximal 12 mm

Besatzung: 2 plus 10 Infanteristen

Maße: Länge 4,45 m; Breite 2,40 m; Höhe 2,00 m

Gewicht: 6100 kg

Antrieb: ein Panhard-Modell-4-HD-4-Zylinder-Benzinmotor mit 67,1 kW (90 PS)

Höchstgeschwindigkeit: 90 km/h (Straße); 4 km/h (Wasser)

Reichweite: 600 km (Straße)

Links: *Bei diesem Panhard M3 sieht man die geöffnete Fahrerluke. Der Kommandant wird vom Creusot-Loire-STB-Schild hinter dem 12,7-mm-MG geschützt. Bis zum Produktionsende wurden mehr als 4000 Exemplare gefertigt.*

Unten: *Der Panhard M3 ist ein äußerst funktionstüchtiger Panzerwagen und versieht in vielen Armeen seinen Dienst, speziell in den früheren französischen Kolonien in Afrika. Er wird nicht mehr produziert.*

Die Revolution der Panzerung

1973 **Frankreich**

Oben: *Die Version des VAB als Radschützenpanzer verfügt über einen Geschützturm mit einer 20-mm-Kanone. Der VAB war ein großer Exporterfolg – er wurde an mindestens 16 Armeen verkauft.*

MANNSCHAFTSTRANSPORTER VAB

Der Mannschaftstransporter VAB von Renault ist seit 1976 sehr erfolgreich und wird weltweit von vielen Streitkräften eingesetzt. Er ist ein effektives Fahrzeug und wurde in zahlreichen Krisenregionen verwendet.

Der VAB (Vehicule de l'Avant Blindé) ist ein Schützenradpanzer, der von der Tochterfirma Euro Mobilité des Giat-Konzerns mit Sitz in Versailles hergestellt wird. Später wurde ein Gemeinschaftsunternehmen von Giat und Renault Nutzfahrzeuge, Satory Military Vehicles, verantwortlich für die Produktion der VAB-Serie, außerdem für andere Fahrzeuge wie den AMX-10RC sowie den neuen Radschützenpanzer VBCI der französischen Armee. Im September 2003 wurde Giat Hauptvertragsnehmer und verantwortlich für das Marketing des VBCI, des AMX-10P und des AMX-10RC. Renault bekam die gleichen Aufgaben für den VAB übertragen. Die ersten Serienfahrzeuge wurden 1976 in St. Chamond produziert; seither sind über 5000 VAB in 30 unterschiedlichen Varianten gebaut worden. In großem Umfang kam der VAB bei der Operation Desert Storm zum Einsatz, und auch bei UN-Friedensmissionen in Bosnien, Kambodscha, Kroatien, Ruanda, Somalia und im Libanon fand er Verwendung. Außer in Diensten der französischen Armee mit 4000 VAB wird er von den Streitkräften weiterer 15 Staaten eingesetzt.

Unten: *Alle Varianten des VAB haben die gleiche Anordnung: Der Fahrer sitzt vorn links und der Kommandant/MG-Schütze zu seiner Rechten. Der Motorraum befindet sich hinter dem Fahrer, und rechts von ihm ist der Durchgang zum hinten gelegenen Besatzungsraum.*

Technische Daten

Bewaffnung: ein 12,7-mm- oder ein 7,62-mm-MG

Panzerung: 25 mm (geschätzt)

Besatzung: 2 plus 10 Infanteristen

Maße: Länge 6,05 m; Breite 2,49 m; Höhe 2,06 m

Gewicht: 4x4-Version 13 000 kg; 6x6-Version 14 200 kg

Antrieb: ein Renault-MIDS-06.20.45-6-Zylinder-Dieselmotor mit 224 kW (300 PS)

Höchstgeschwindigkeit: 92 km/h (Straße); 8 km/h (Wasser)

Reichweite: 1000 km (Straße)

Die Revolution der Panzerung

1973 Großbritannien

SCORPION/SCIMITAR

Obwohl der letzte Scorpion-Spähpanzer 1994 ausgemustert wurde, werden einige seiner Chassis für den Sabre genutzt, dessen Turm von anderen Kampffahrzeugen übernommen wurde und mit einer 30-mm-Kanone ausgestattet ist.

Oben: *Der Scorpion war ursprünglich mit einem 76-mm-Geschütz bewaffnet, das später durch eine 30-mm-Rarden-Kanone ersetzt wurde.*

Der leichte Panzer Scorpion, der von Alvis Vickers hergestellt wurde, ist 1973 erstmals von der britischen Armee in Dienst gestellt worden. Er wurde als schneller und luftverlastbarer Spähpanzer konzipiert und verfügte über eine Aluminiumpanzerung sowie ein 76-mm-L23A1-Geschütz. Die ursprüngliche Version hatte einen 4,2-Liter-Benzinmotor von Jaguar, der ein sehr gutes Verhältnis von Leistung zu Gewicht hatte. Einige wurden auch mit einem Perkins-Dieselmotor ausgestattet. Der Scorpion war ein sehr kompakter Spähpanzer und daher gut für Aufklärungsaufgaben geeignet. Das Erscheinungsbild des FV107 Scimitar war ähnlich, er hatte aber statt des 76-mm-Geschützes eine 30-mm-Rarden-Kanone.

Sowohl der Scorpion als auch der Scimitar kamen 1982 im Falklandkrieg zum Einsatz. Beim Angriff auf Port Stanley kurz vor Ende des Krieges unterstützten sie die Fallschirmjägereinheiten. Der Scorpion wurde von der britischen Armee, einem Regiment der Royal Air Force und von zwölf weiteren Ländern genutzt. Das Land, das die meisten Panzer außerhalb Großbritanniens einsetzte, war Belgien, das für die Produktion seiner 700 Panzer eine eigene Fertigung aufbaute. Die letzten Scorpion-Panzer wurden 1994 ausgemustert.

Technische Daten

(FV101 Scorpion)

Bewaffnung: ein 76-mm-Geschütz; ein 7,62-mm-MG

Panzerung: 12 mm

Besatzung: 3

Maße: Länge 4,90 m; Breite 2,18 m; Höhe 2,09 m

Gewicht: 8073 kg

Antrieb: ein Jaguar-4,2-Liter-Benzinmotor mit 141,6 kW (190 PS) bei 4750 U/min

Höchstgeschwindigkeit: 80 km/h

Reichweite: 640 km

Die Revolution der Panzerung

1974 **Brasilien**

ENGESA EE-11 URUTU

Wie Schweden war Brasilien darauf bedacht, bei seiner militärischen Ausrüstung nicht von ausländischen Importen abhängig zu sein. Eine seiner eigenständigen Entwicklungen war der Mannschaftstransporter EE-11.

Rechts: *Der Engesa Urutu ist mit einem schweren 12,7-mm-M2HB-Maschinengewehr bewaffnet. Die Fertigung ist abgeschlossen und die Firma Engesa seit 1993 bankrott.*

Technische Daten

Bewaffnung: ein 12,7-mm-MG
Panzerung: 12 mm
Besatzung: 2 plus 13 Infanteristen
Maße: Länge 6,10 m; Breite 2,34 m; Höhe 2,12 m
Gewicht: 14 000 kg
Antrieb: ein wassergekühlter Detroit-6V-53T-6-Zylinder-Dieselmotor mit 193 kW (260 PS) bei 2800 U/min
Höchstgeschwindigkeit: 105 km/h
Reichweite: 700 km

Der 6x6-Mannschaftstransporter Engesa EE-11 Urutu wurde aufgrund einer Anforderung der brasilianischen Armee entwickelt. Der erste Prototyp wurde 1970 fertiggestellt, die ersten Serienfahrzeuge liefen vier Jahre später vom Band. Der EE-11 hat viele Gemeinsamkeiten mit dem Spähpanzerwagen Engesa EE-9 Cascavel, der zur gleichen Zeit entwickelt wurde. Den EE-11 gibt es in sieben Ausführungen, die sich hauptsächlich in der Motorisierung – entweder von Mercedes-Benz oder Detroit-Diesel – unterscheiden. Die Ausführung VII hat anstelle des Standardmotors 6V-53 wie in der Ausführung III einen turbogeladenen Dieselmotor. Das Fahrzeug ist völlig amphibisch und wird im Wasser von den Rädern vorangetrieben. Bevor der Engesa EE-11 Urutu ins Wasser fährt, kann am Bug ein Schwallbrett aufgerichtet werden.

Varianten

Es gibt verschiedene Varianten, zum Beispiel Mörserträger, Verwundetentransporter, Nachschubtransporter, einen Panzer zur Feuerunterstützung mit einem 90-mm-Geschütz und einen Flugabwehrpanzer. Bisher kauften 20 Länder den EE-11.

Unten: *Der Urutu demonstriert hier seine amphibischen Fähigkeiten. Er ist weltweit im Einsatz und kann mit handelsüblichen Fahrzeug-Ersatzteilen repariert werden.*

Die Revolution der Panzerung

1974 Brasilien

ENGESA EE-9 CASCAVEL

Die Firma Engesa aus Sao Paulo blickte auf eine lange Erfahrung bei der Herstellung von Lkws zurück. Ende der 1960er-Jahre entwickelte sie zwei 6x6-Panzerwagen für die brasilianische Armee. Eines dieser Fahrzeuge war der Panzerwagen EE-9.

Technische Daten

Bewaffnung: ein 90-mm-Geschütz; zwei 7,62-mm-MG (koaxial/Fla)

Panzerung: 16 mm

Besatzung: 3

Maße: Länge 5,20 m; Breite 2,64 m; Höhe 2,68 m

Gewicht: 13 400 kg

Antrieb: ein wassergekühlter Detroit-Diesel-6V-53N-6-Zylinder-Dieselmotor mit 158 kW (212 PS) bei 2800 U/min

Höchstgeschwindigkeit: 100 km/h

Reichweite: 880 km

Links: *Spätere Versionen des Panzerwagen EE-9 waren mit einem außen über dem 90-mm-Geschütz montierten Laserentfernungsmesser und einem an der Luke des Kommandanten installierten 7,62-mm-MG ausgestattet. Der Iran erbeutete einige Fahrzeuge während des Krieges mit dem Irak.*

Der 6x6-Panzerwagen EE-9 Cascavel (dt.: Klapperschlange) wurde parallel zum Mannschaftstransporter EE-11 entwickelt und hat mit ihm viele Baugruppen gemeinsam. Der erste Prototyp des EE-9 wurde im November 1970 gefertigt. Die ersten Fahrzeuge aus der Vorserienfertigung folgten in den Jahren 1972 bzw. 1973, und die ersten Serienfahrzeuge wurden 1974 an die brasilianische Armee ausgeliefert. Das ursprüngliche Serienmodel Cascavel I hatte dieselbe 37-mm-Kanone wie der leichte Panzer M3 Stuart, der immer noch im aktiven Dienst der brasilianischen Armee stand. Alle diese Modelle wurden später mit einem Engesa-Geschützturm und einem 90-mm-Geschütz nachgerüstet. Das Exportmodell war mit einem französischen Hispano-Suiza-Turm H90 und einem 90-mm-Geschütz der Firma Giat ausgestattet. Die Ausführungen IV bis VII haben einen Engesa Zwei-Mann-Geschützturm des Typs ET-90, der mit einem in Brasilien in Lizenz gefertigten, 90-mm-Cockerill-Mark-III-Geschütz bestückt ist. Späte Produktionsvarianten des EE-9 verfügten über einen Laserentfernungsmesser und ein Maschinengewehr, das vor der Kommandantenluke montiert wurde.

Oben: *Der AMX-10RC war für Wüstenbedingungen perfekt ausgelegt. Er wurde erstmals 1981 an das 2. Husarenregiment in Sourdon ausgeliefert und später im Tschad und Irak eingesetzt.*

Die Revolution der Panzerung

⚒ **1974 Frankreich**

AMX-10RC

Der französische Spähpanzer AMX-10RC wurde vor allem für die französische Armee entwickelt. Er erreichte nicht so hohe Exportzahlen wie andere französische Vorgängermodelle, wobei der hohe Stückpreis ein ausschlaggebender Faktor war.

Der 6x6-Spähpanzerwagen AMX-10RC wurde als Ersatz für den Panhard EBR 8x8 entwickelt. 1971 erschien der erste Prototyp, und die erste Auslieferung an die französische Armee erfolgte 1976. Die französische Armee nahm bis zum Ende der Herstellung 1978 337 Einheiten ab. Im Gegensatz zu vielen anderen französischen Panzerwagen wurde dieses Fahrzeug kein großer Exporterfolg, offensichtlich wegen seines hohen Stückpreises und seiner hohen Komplexität. Die einzigen Exportkunden waren Marokko, das 108 Einheiten übernahm, und der Tschad, der zwölf Stück erhielt. Der AMX-10RC wurde von der französischen Armee 1991 im Golfkrieg eingesetzt, wo er in der 6. Leichten Panzerdivision diente. Im Tschad trug er dazu bei, die libyschen Truppen zu vertreiben. Das Fahrzeug hat ein modernes Feuerleitsystem mit Laserentfernungsmesser, Computer und Wärmebildkameras, das feste und bewegliche Ziele bei Tag und Nacht erfassen kann.

Geplante Aufrüstung

Es gab Erwartungen, dass der AMX-10RC in den letzten Jahren umfangreich aufgerüstet werden würde, aber diese Pläne wurden verworfen. Dennoch rüstete man mit einem neuen Gefechtsinformationssystem nach.

Technische Daten

Bewaffnung: ein 105-mm-Geschütz; zwei 7,62-mm-MG

Panzerung: unbekannt

Besatzung: 4

Maße: Länge 9,15 m; Breite 2,95 m; Höhe 2,66 m

Gewicht: 15 880 kg

Antrieb: ein Baudouin-Mode-6F-11-SRX-Dieselmotor mit 208,8 kW (280 PS)

Höchstgeschwindigkeit: 85 km/h (Straße); 7,2 km/h (Wasser)

Reichweite: 1000 km (Straße)

Unten: *Die Schnittzeichnung zeigt das Innere des AMX-10RC. Er war ein äußerst effektiver Spähpanzer, der ein Exporterfolg hätte werden können, wenn er nicht so teuer gewesen wäre.*

Die Revolution der Panzerung

1974 Deutschland

LEOPARD 2

Der Leopard 2 ist ein enorm schlagkräftiger Panzer – einer der besten seiner Generation. Er verfügt über eine einzigartige Mischung aus Feuerkraft, Panzerung und Beweglichkeit.

Der Leopard 2 hatte 1979 als Nachfolger des Leopard 1 seinen Auftritt und versieht seinen Dienst in den Streitkräften von Dänemark, Deutschland, Norwegen, Österreich, Schweden, Spanien sowie der Niederlande und der Schweiz. Über 3200 Einheiten sind bis jetzt gefertigt worden. Die finnische Armee schafft derzeit 124 Einheiten an, und die polnische Armee übernimmt 128 von der Bundeswehr ausgemusterte Leopard 2A4. Im August 2005 erwarb Griechenland 183 ausrangierte Leopard 2A4 und weitere 150 Leopard 2A5 aus den Reservebeständen der Bundeswehr. Mit der Türkei wurde im November 2005 ein Abkommen über den Verkauf von 289 Leopard 2A4 der Bundeswehr unterzeichnet. Der Leopard 2A6 verfügt über ein längeres L55-Geschützrohr, einen Hilfsmotor, einen verbesserten Minenschutz und eine Klimaanlage.

Oben: *Die computergestützte Ausstattung des Leopard 2 gehört zu den modernsten überhaupt. Nur die Anordnung der Besatzung ist noch konventionell: Der Fahrer sitzt vorn rechts, der Kommandant befindet sich rechts im Turm, der Richtschütze vor ihm und der Ladeschütze links von ihm.*

Technische Daten

(Leopard 2A5)

Bewaffnung: ein 120-mm-Glattrohrgeschütz; zwei 7,62-mm-MG

Panzerung: Komposit; Stärke unbekannt

Besatzung: 4

Maße: Länge 9,613 m; Breite 3,74 m; Höhe 3,00 m

Gewicht: 62 000 kg

Antrieb: ein MTU-MB-873-Ka501-12-Zylinder-Dieselmotor mit 1118,5 kW (1500 PS)

Höchstgeschwindigkeit: 68 km/h (Straße)

Reichweite: 500 km (Straße)

Oben: *Die niedrige Kuppel für die Luke des Kommandanten mit den Winkelspiegeln liegt auf der rechten Seite. Das 120-mm-Geschützrohr ist mit einer Wärmeschutzverkleidung und einem Rauchabsauger ausgestattet.*

Nachrüstungen

Die Ausführung 2A6 wurde für die Bundeswehr entwickelt, und 255 Panzer des Typs 2A5 sollten auf diesen Standard nachgerüstet werden. Die erste Auslieferung dieser Panzer erfolgte im März 2001. Eine entsprechende Nachrüstung wurde auch im Auftrag der Königlich Niederländischen Armee durchgeführt. Der Leopard 2A6EX ist die Version der neuesten Generation, von der Griechenland bereits 170 Exemplare bestellt hat. Andere Käufer des Leopard 2 sind Spanien und Schweden.

Links: *Der Leopard 2 verlässt sich im Gefecht auf seine äußerst fortschrittliche Panzerung: eine Kompositpanzerung in Schottbauweise, die effektiven Schutz vor den meisten modernen Panzerabwehrwaffen bietet. Andere verwundbare Bereiche, wie das Laufwerk, werden durch Schürzen aus stahlverstärktem Gummi geschützt.*

Die Revolution der Panzerung

1974 Südafrika

RATEL

Der südafrikanische Ratel war eine Rückversicherung gegen die Unterbindung von Waffenlieferungen als Folge eines UN-Embargos während des Apartheid-Regimes.

Lange Jahre war der britische Saracen 6x6 der Standardschützenpanzer der südafrikanischen Armee. Dann entschied sich die Regierung Südafrikas jedoch für die Entwicklung eines eigenen Schützenpanzers, um den zukünftigen Anforderungen der Armee zu genügen. Die ersten Fahrzeuge wurden von der Firma Sandock-Austral (heute Land Systems OMC) hergestellt. Mehr als 1350 Exemplare wurden für die südafrikanische Armee und den Export nach Marokko und Jordanien produziert. Die südafrikanische Armee setzte den Ratel bei ihren tiefen Vorstößen in das angolanische Territorium ein, zum Beispiel im Mai 1978. Die Marokkaner nutzten ihre Ratel in der Sahara gegen die Kämpfer der Polisario-Befreiungsarmee.

Varianten

Die Basisversion ist der Ratel-20. Die Variante Ratel-60 verfügt über einen Zwei-Mann-Turm, der mit einem Mörser und einem Maschinengewehr bewaffnet ist. Dagegen ist der Zwei-Mann-Turm des Ratel-90 mit einem 90-mm-Geschütz bestückt, da das Fahrzeug der Infanterie Feuerunterstützung leisten soll.

Technische Daten

Bewaffnung: eine 20-mm-Kanone; drei 7,62-mm-MG

Panzerung: 20 mm

Besatzung: 3 plus 7 Infanteristen

Maße: Länge 7,212 m; Breite 2,526 m; Höhe 2,915 m

Gewicht: 19 000 kg

Antrieb: ein 6-Zylinder-Diesel-Reihenmotor mit 210 kW (282 PS) bei 2200 U/min

Höchstgeschwindigkeit: 105 km/h

Reichweite: 860 km

Unten: *Der Ratel der Firma Land Systems OMC erwies sich als ideales Fahrzeug für die Vorstöße der südafrikanischen Armee nach Angola, die an die Aktionen der British Long Range Desert Group im Zweiten Weltkrieg erinnern.*

Die Revolution der Panzerung

1975 Japan

KAMPFPANZER TYPE 74

Ein ungewöhnliches Konstruktionsdetail dieses Panzers ist sein hydropneumatisch gefedertes Laufwerk. Dies ermöglicht es dem Fahrer, die Bodenfreiheit dem jeweiligen Geländetyp anzupassen.

Technische Daten

Bewaffnung: ein 105-mm-Geschütz; ein 12,7-mm- und ein 7,62-mm-MG

Panzerung: 120 mm

Besatzung: 4

Maße: Länge 9,42 m; Breite 3,18 m; Höhe 2,48 m

Gewicht: 38 000 kg

Antrieb: ein Mitsubishi-10ZF-22-WT-10-Zylinder-Dieselmotor mit 536 kW (720 PS)

Höchstgeschwindigkeit: 60 km/h

Reichweite: 400 km

Die Firma Mitsubishi Heavy Industries und die japanische Armee begannen Ende der 1960er-Jahre mit der gemeinsamen Entwicklung eines neuen Kampfpanzers, der den Type 61 ablösen sollte. Die ersten zwei Prototypen wurden im September 1969 fertiggestellt und unter der Bezeichnung STB-1 erprobt. Sie verfügten über viele innovative Details anderer Panzer dieser Periode, beispielsweise über das hydro-pneumatische Laufwerk des MBT-70, eine Wanne ähnlich der des Leopard 1 und ein 105-mm-Geschütz mit gezogenem Rohr der britischen L7-Serie. Der Geschützturm ähnelte dem Entwurf des französischen AMX-30. Der STB-1 hatte einen Autolader für das britische L7A1-Geschütz, das von der Firma Japan Steel Works in Lizenz gefertigt wurde. Das Modell, das 1973 in Produktion ging, hieß noch STB-6, aber als 1975 die ersten der 870 bestellten Exemplare an die Armee ausgeliefert wurden, bekam es die Bezeichnung Type 74. Sein Feuerleitsystem besteht aus einem ballistischem Computer und einem Laserentfernungsmesser. Spezialisierte Varianten sind ein Flugabwehrpanzer und der Bergepanzer Type 78.

Unten: *Ein ungewöhnliches Detail des Type 74 ist sein hydropneumatisch gefedertes Laufwerk, das der Fahrer dem Gelände entsprechend hoch- oder herunterfahren kann. Diese Konstruktion verbessert auch die Richthöhe des Geschützes.*

Die Revolution der Panzerung

1975 Großbritannien

SAXON

Der Mannschaftstransporter Saxon war für die britische Armee in Zeiten des Kalten Krieges eine nützliche Ergänzung des Fuhrparks und wurde später in Krisengebieten wie Bosnien eingesetzt.

Links: *Der Saxon erwies sich als ein ideales Fahrzeug für Aufgaben aus dem Bereich der inneren Sicherheit. Er kann je nach Einsatzzweck mit verschiedenen Ausstattungen ausgerüstet werden, beispielsweise einem ausfahrbaren Kameramast. Dieser Saxon ist mit einem MG bewaffnet.*

Der Mannschaftstransporter Saxon begann als eine privatwirtschaftliche Entwicklung der Firma GKN, die 1998 mit Alvis Vehicles zusammengehen sollte. 1976 wurde der erste Prototyp fertiggestellt, 1983 wurden die ersten Fahrzeuge von der britischen Armee in Dienst gestellt. Er sollte bei Infanteriebataillonen in Großbritannien stationiert werden, die im Ernstfall schnell als Verstärkung nach Deutschland verlegt werden konnten. Das Fahrzeug, das am ehesten als „Schlachtfeld-Taxi“ beschrieben werden kann, ist im Wesentlichen aus Lkw-Bauteilen konzipiert worden, sodass die Wartung und Reparatur entschieden einfacher und günstiger ist als bei herkömmlichen Kettenfahrzeugen. Der Wert des Saxon bestand in seiner Fähigkeit, die Infanteristen bei Truppenverlegungen in Europa sicher vor Granatsplittern und Maschinengewehrbeschuss zu schützen. Er erinnert mehr an einen minensicher gemachten Lkw als einen Mannschaftstransportpanzer. Nichtsdestotrotz war er für britische motorisierte Bataillone bei ihrem UN-Einsatz in Bosnien sehr nützlich. Die britische Armee behielt einige Fahrzeuge des Typs Saxon IS (Patrol) für Einsätze gegen Aufständische in ihren Diensten. Den Saxon Patrol gibt es in zwei Varianten, einem Mannschaftstransporter und einem Ambulanzfahrzeug.

Technische Daten

Bewaffnung: ein 7,62-mm-MG
Panzerung: unbekannt
Besatzung: 2 plus 10 Infanteristen
Maße: Länge 5,13 m; Breite 2,24 m; Höhe 2,26 m
Gewicht: 10 670 kg
Antrieb: ein Jaguar-4,2 Liter-Benzinmotor mit 144,6 kW (190 PS) bei 4750 U/min
Höchstgeschwindigkeit: 81 km/h
Reichweite: 485 km

Die Revolution der Panzerung
1976 Argentinien

KAMPFPANZER TAM

Unten: *Der TAM wurde von Thyssen-Henschel für die argentinische Armee entwickelt und basierte auf dem bewährten Chassis des Marders. Dieser Panzer hier hat sein Rohr in der Transporthalterung fixiert.*

Mit dem mittleren Panzer TAM erhielt die argentinische Armee ihren ersten modernen Kampfpanzer, der aus Baugruppen des Schützenpanzers Marder entwickelt worden war.

Technische Daten

Bewaffnung: ein 105-mm-Geschütz; zwei 7,62-mm-MG
Panzerung: unbekannt
Besatzung: 4
Maße: Länge 8,23 m; Breite 3,29 m; Höhe 2,42 m
Gewicht: 30 000 kg
Antrieb: ein MTU-MB-833-Ka500-6-Zylinder-Dieselmotor mit 537 kW (720 PS) bei 2400 U/min
Höchstgeschwindigkeit: 75 km/h
Reichweite: 550 km

Argentinien vergab 1974 an Thyssen-Henschel den Auftrag, einen neuen mittelschweren Panzer zu entwickeln. Dieser wurde als TAM (Tanque Argentino Mediano) bekannt und sollte die überalterten Sherman-Panzer der Argentinier ersetzen. Gleiches galt für die Entwicklung eines Infanteriepanzers mit Namen VCI (Vehiculo Combate Infantería), der den M9 ablösen sollte. Für jeden Panzer wurden drei Prototypen auf der Basis des sehr erfolgreichen leichten/mittelschweren TH-301-Konzeptes Marder gebaut. Nach Tests in Deutschland wurden diese nach Argentinien verschifft. Die Produktion erfolgte dort in einer eigens zu diesem Zweck errichteten Fabrik. Die argentinische Armee hatte über 500 Stück von jedem Panzer bestellt, aber aus wirtschaftlichen Gründen wurde die Bestellung auf 350 Exemplare reduziert. Zu den Varianten des TAM gehören der VCA 155, der aus einem verlängerten TAM-Chassis mit einer italienischen 155-mm-Palmaria-Haubitze bestand, und der Bergepanzer VCRT, der allerdings nur als einzelner Prototyp gebaut wurde. Einige TAM wurden zu Raketenpanzern umgerüstet, bei denen auf das Chassis des TAM ein israelischer Raketenwerfer montiert wurde.

Die Revolution der Panzerung
1976 Sowjetunion

SCHÜTZENPANZER BTR-70

Der BTR-70 wurde, wie seine Vorgänger, von den Staaten des Warschauer Paktes in großer Zahl genutzt, ebenso von den Ländern, die im Kalten Krieg sowjetische Waffenlieferungen erhielten.

Unten: *Der Schützenpanzer BTR-70 wurde häufig für Sicherungsaufgaben eingesetzt.*

Der BTR-70 ist eine Weiterentwicklung des BTR-60 und war auf der Maiparade 1980 zum ersten Mal öffentlich zu sehen. Er ähnelt stark dem BTR-60PB, obgleich er eine längere Wanne und bessere Ausstiegsmöglichkeiten an den Seiten hat, die die gefährlichen und unbeliebten Dachluken des Vorgängers ersetzen. Weitere Verbesserungen sind eine verstärkte Panzerung und widerstandsfähigere Reifen. In vieler Hinsicht gleicht er dem BTR-60PB, ist jedoch mit einem stärkeren Antriebssystem und einem Turm ausgestattet, der über ein schweres KPVT- und ein koaxiales leichtes PKT-Maschinengewehr verfügt.

Varianten

Der Schützenpanzer BTR-70 wurde von den sowjetischen Streitkräften in Afghanistan eingesetzt. Einige der damals genutzten Fahrzeuge wurden zusätzlich mit einem 30-mm-AGS-12-Granatwerfer ausgerüstet, der hinter der Fahrerluke auf die Wanne montiert wurde. Andere Varianten waren der BTR-70MS, ein Kommunikationsfahrzeug ohne Geschützturm, das Befehlsfahrzeug BTR-70KShM, der turmlose Bergepanzer BTR-70BREM mit einem an der Front montierten Auslegerkran, der ABC-Spürpanzer BTR-70Kh und der SPR-2 mit einem Radar-Störsender.

Technische Daten

Bewaffnung: ein 14,5-mm- und ein koaxiales 7,62-mm-MG
Panzerung: 9 mm
Besatzung: 2 plus 8 Infanteristen
Maße: Länge 7,54 m; Breite 2,80 m; Höhe 2,23 m
Gewicht: 11 500 kg
Antrieb: zwei ZMZ-4905-8-Zylinder-Benzinmotoren mit 89 kW (120 PS)
Höchstgeschwindigkeit: 80 km/h
Reichweite: 600 km

Die Revolution der Panzerung

1976 Schweiz

PIRANHA

Technische Daten

(Piranha III H 8x8-Version)

Bewaffnung: 12,7-mm-MG

Panzerung: 10 mm

Besatzung: 2 plus 10 Infanteristen

Maße: Länge 6,96 m; Breite 2,85 m; Höhe 2,66 m

Gewicht: 18 500 kg

Antrieb: ein 6-Zylinder MTU 6V183TE22 mit 295 kW (400 PS) bei 2200 U/min

Höchstgeschwindigkeit: 100 km/h

Reichweite: 600 km

Der Schützenpanzer der Piranha-Familie erwies sich für die eidgenössische Firma MOWAG bisher als großer Erfolg. Er wurde in vier Ländern hergestellt und war auf dem Exportmarkt sehr begehrt.

In den frühen 1970er-Jahren begann die eidgenössische Firma MOWAG eine Palette von Radpanzern zu entwickeln, die in vielen Details baugleich waren und für eine Vielzahl von Aufgaben ausgerüstet werden konnten. Der erste Prototyp dieser Baureihe, die anschließend unter dem Namen Piranha bekannt wurde, ist 1972 fertiggestellt worden, die ersten Exemplare der Serienfertigung rollten 1976 vom Band. Außer in der Schweiz wurde er auch in Kanada von der zu General Motors, Kanada, gehörenden Diesel Division, in Chile von FAMAE und in Großbritannien von Alvis Vehicles hergestellt. Alle britischen Piranhas wurden nach Kuwait, Oman und Saudi-Arabien exportiert. Der Piranha ist für viele Aufgaben geeignet: Verwundetentransport, Panzerjäger mit Panzerabwehrraketen, Befehlspanzer, Mörserträger, Bergepanzer, Spähpanzer und Radarpanzer. Die Fahrzeuge sind vollständig amphibisch und werden im Wasser von zwei Propellern am Heck angetrieben.

Design

Alle Piranha haben die gleiche Aufteilung des Innenraums: Der Fahrer sitzt links vorn, der Motor ist auf der rechten Seite und im hinteren Teil befindet sich der Besatzungsraum, der Dachluken und eine Doppeltür im Heck hat. Darüber hinaus verfügt der Piranha über Kugelblenden.

Unten: *Eine breite Palette von möglichen Bewaffnungen steht für den Piranha zur Verfügung, abhängig von der ihm zudachten Aufgabe. Sie reicht von einem einzelnen MG bis zu einem rückstoßarmen 105-mm-Geschütz in einem motorbetriebenen Turm. Die 8x8-Version des Piranhas wird vom US Marine Corps eingesetzt.*

Die Revolution der Panzerung

1977 Israel

MERKAVA

Israels Kampfpanzer Merkava wurde entwickelt, um eine Abhängigkeit von Importen zu vermeiden. Er kam 1982 während der Invasion des Libanon zu seinem ersten Kampfeinsatz.

Unten: *Der Merkava 1 mit einem 105-mm-Geschütz und einem 900-PS-Motor ist das erste Modell einer Reihe von hervorragenden israelischen Kampfpanzern.*

Vor dem Sechs-Tage-Krieg 1967 war Frankreich Israels Hauptlieferant von modernen Waffensystemen. Als aber die Franzosen nach dem Konflikt 1967 ein Waffenembargo verhängten, war Israel gezwungen, sich neu zu orientieren. Eine der dringendsten Anforderungen betraf einen neuen Kampfpanzer, und für kurze Zeit wurden die Israelis in das Entwicklungsprogramm für den britischen Panzer Chieftain einbezogen. Allerdings nur, um bald zum Rückzug aus dem Projekt gedrängt zu werden, nachdem arabische Kunden massiven politischen Druck auf die Briten ausgeübt hatten. Da kaum Hilfe von anderer Seite zu erwarten war, entschied die israelische Regierung, dass die einzige Alternative in der Aufstellung eines eigenen Programms zur Waffenproduktion bestehe. Der Entwicklung eines Panzers wurde dabei höchste Priorität beigemessen. Die Notwendigkeit

Links: *Der Merkava ist mit einem Freund-Feind-Erkennungssystem, das an beiden Seiten des Turmes installiert ist, und einem Warnsystem vor gegnerischer Zielerfassung ausgestattet.*

Rechts: *Ein Merkava 2 ist hier umgeben von Abgasschwaden zu sehen. Man beachte die Abschussmarkierungen auf dem Geschützrohr, die vermutlich auf den Kampf gegen syrische Panzer im Libanon zurückzuführen sind.*

Technische Daten

Bewaffnung: ein 120-mm-Geschütz; drei 7,62-mm-MG
Panzerung: unbekannt
Besatzung: 4
Maße: Länge 7,60 m; Breite 3,70 m; Höhe 2,64 m
Gewicht: 62 000 kg
Antrieb: ein Teledyne-AVDS-1790 9Ar-V-12-Turbodieselmotor mit 895 kW (1200 PS)
Höchstgeschwindigkeit: 55 km/h
Reichweite: 500 km

Oben: *Das Geschütz des Merkava ist vollständig stabilisiert. Das Feuerleitsystem besteht unter anderem aus einem Feuerleitrechner und einem Laserentfernungsmesser. Er kann 62 Granaten Munition laden.*

eines neuen Kampfpanzers wurde im Laufe des Jom-Kippur-Kriegs im Oktober 1973 bestätigt: Hier konnte eine drohende Katastrophe nur knapp durch amerikanische Lieferungen von M60-Panzern abgewendet werden.

Konstruktionsdetails

Der erste Prototyp des neuen israelischen Kampfpanzers Merkava (dt.: Streitwagen) wurde 1974 fertiggestellt, die ersten Serienfahrzeuge wurden 1979 ausgeliefert. Der Panzer ist für Operationen in dem unwegsamen Gelände Nordisraels und auf den Golanhöhen konzipiert worden. Seine Aufteilung im Innern ist insofern ungewöhnlich, als der Motor sich vorn befindet und der Kampfraum im hinteren Teil. Dies bietet zusätzlichen Schutz von vorn, während die Munition hinten nicht nur am sichersten Ort ist, sondern auch durch die Tür im Heck leichter eingeladen werden kann. Dadurch wird auch das Auffüllen der Munitionsvorräte während eines Gefechtes schneller und sicherer. Der geschweißte und gegossene Geschützturm ist stark abgeschrägt, um bei Beschuss maximalen Schutz zu gewährleisten, und stellt mit seiner geringen Höhe insgesamt ein schwieriges Ziel dar.

Einsatz und Weiterentwicklung

Der Merkava 1 kam 1982 im Libanon zu seinem ersten Kampfeinsatz, wo er sich gegen die syrischen T-72 gut bewährte. Eine verbesserte Version, der Merkava 2, wurde 1983 in Dienst gestellt. Seine Verbesserungen bestanden unter anderem in einer stärkeren Panzerung und einem verbesserten Feuerleitsystem. Die nächste Variante, der Merkava 3, erschien 1989 und verfügte über ein neues Laufwerk, ein neues Antriebssystem und ein neues 120-mm-Glattrohrgeschütz. Die Version von 1995, das auch als Merkava Baz bekannte Modell 3B, bekam ein verbessertes Feuerleitsystem und eine kombinierte ABC-Schutz- und Klimaanlage. Mit der zusätzlichen, modular aufgebauten Panzerung vom Typ Kasag ist die Version Merkava 3 Baz Kasag einer der am besten geschützten Panzer der Welt.

Die Revolution der Panzerung

1978 Frankreich

PANHARD VBL

Panhard setzte mit dem VBL seine lange Tradition als Hersteller exzellenter Panzerkampfwagen für die französischen und viele ausländische Streitkräfte fort. Der 1000. VBL wurde 1995 gefertigt.

Technische Daten

Bewaffnung: ein 7,62-mm-MG; MILAN-Panzerabwehrsystem

Panzerung: maximal 11,5 mm

Besatzung: 2 oder 3

Maße: Länge 3,70 m; Breite 2,02 m; Höhe 1,70 m

Gewicht: 3590 kg

Antrieb: ein Peugeot-XD-3T-4-Zylinder-Dieselmotor mit 70,8 kW (95 PS)

Höchstgeschwindigkeit: 95 km/h (Straße)

Reichweite: 600 km (Straße)

Der Panhard 4x4 Véhicule Blindé Leger (VBL) wurde in den späten 1980er-Jahren von der Société de Constructions Mécaniques Panhard et Levassor auf Anforderung der französischen Armee nach einem neuen leichten Späh-/Jagdpanzer entwickelt. Dem Fahrzeug wurde im Februar 1985 die Serienreife bescheinigt, obschon zu diesem Zeitpunkt bereits Fahrzeuge für Mexiko produziert wurden. Das erste Serienfahrzeug für die französische Armee wurde 1990 fertig gestellt. Es gibt zwei Varianten des VBL: einen Jagdpanzer mit drei Mann Besatzung und einem 7,62-mm-Maschinengewehr sowie MILAN-Panzerabwehrlenkwaffen oder einen Spähpanzer mit zwei Mann Besatzung sowie einem 12,7-mm- und einem 7,62-mm-Maschinengewehr. Die Standardversion des Panhard VBL hat einen Radstand von 2,45 m; dieser kann aber auch zugunsten einer geräumigeren Wanne auf 2,70 m vergrößert werden. Das Fahrzeug ist amphibisch und wird im Wasser von einem Propeller an der Unterseite des Hecks angetrieben.

Varianten

Panhard bietet über 20 Exportvarianten an, die jeweils für Spezialaufgaben geeignet sind: Radar für Boden- und Luftverteidigung oder Flugzeug- und Panzerabwehr.

Links: *Ein VBL der französischen Armee auf Patrouille in Afghanistan. Dieses Foto zeigt anschaulich das niedrige Profil des Fahrzeugs, ein großer Vorteil, wenn eine Aufgabe verdeckt erfüllt werden muss.*

Unten: *Der Panhard VBL kann sowohl mit einem Maschinengewehr als auch, wie hier zu sehen, mit MILAN-Panzerabwehrlenkwaffen bewaffnet werden. In dieser Ausführung werden sechs Raketen mitgeführt. Das Fahrzeug kann auch mit Startern für TOW- oder HOT-Raketen bestückt werden.*

Die Revolution der Panzerung

1978 Südafrika

BUFFEL

Der Transportpanzer Buffel war von 1978 bis in die späten 1990er-Jahre eines der meistgenutzten Fahrzeuge der südafrikanischen Armee. Weltweit gab es nur wenige Fahrzeuge mit einem vergleichbar guten Minenschutz für die Insassen.

Technische Daten

Bewaffnung: zwei 7,62-mm-MG
Panzerung: unbekannt
Besatzung: 1 plus 10 Infanteristen
Maße: Länge 5,10 m; Breite 2,05 m; Höhe 2,995 m
Gewicht: 6140 kg
Antrieb: ein Mercedes-Benz-OM-352-Dieselmotor mit 93 kW (125 PS)
Höchstgeschwindigkeit: 96 km/h
Reichweite: 1000 km

Der Transportpanzer Buffel (Afrikaans für Büffel) wurde von Armscor unter Verwendung des Unimog Modell 416/162 von Mercedes-Benz entwickelt. Der Buffel war so konzipiert, dass er Landminen widerstehen konnte. Von 1978 an wurde er von der südafrikanischen Armee als minensicherer Standardtransportpanzer eingesetzt. Die Fahrerkabine befindet sich vorn links und der Motor daneben. Der V-förmige Unterboden lenkt die Druckwelle von Minen seitlich nach außen ab. Der Buffel bietet Schutz gegen den Beschuss mit Handfeuerwaffen, der Boden ist geschützt gegen die Explosion von Panzerminen wie die russischen TM57. Der Buffel wurde von der südafrikanischen Armee vielfach und erfolgreich in Angola eingesetzt. In den späten 1990er-Jahren wurde er jedoch schrittweise ausgemustert und von den Transportpanzern der Mamba-Serie abgelöst. Der Buffel wurde nach Sri Lanka und Uganda exportiert. Zu den spezialisierten Versionen gehörten eine Variante als Mörserträger und ein Zugfahrzeug mit einer gepanzerten Fahrerkabine.

Oben: *Der Transportpanzer Buffel war im Hinblick auf maximalen Insassenschutz konzipiert, insbesondere gegen schwere Minen. Der V-förmige Unterboden lenkt die Wirkung der Minenexplosion zur Seite hin ab, sodass die Insassen unversehrt bleiben.*

Die Revolution der Panzerung
1978 Taiwan

CM-21

Der amerikanische Truppentransportpanzer M113 hatte der taiwanesischen Armee – wie auch anderen Streitkräften – gute Dienste geleistet. Aber in den späten 1970er-Jahren wurden Verbesserungen vorgenommen. Das Ergebnis war der Mannschaftstransporter CM-21.

Dieser taiwanesische Transportpanzer wurde in den späten 1970er-Jahren entwickelt, um einer Anforderung der taiwanesischen Armee zu genügen, die eine grundlegend verbesserte Weiterentwicklung des amerikanischen M113 erwartete. Dies sollte der CM-21 werden. Er wurde mit zusätzlichen Panzerplatten aus Verbundstahl mit Abstandhaltern aus Schaumstoff versehen. Diese Panzerung wurde am oberen Teil der Wanne so angebracht, dass sich ein günstiger Neigungswinkel ergab. Das Fahrzeug wurde mit einem neuen Dieselmotor von Perkins ausgerüstet. Das Truppenabteil bekam Kugelblenden hinten und an den Seiten. Alles in allem wurden 300 Stück des CM-21 hergestellt.

Varianten

Eine Variante ist mit dem 126-mm-Mehrfachraketenwerfer Kung Feng IV bestückt, eine andere Version, der CM-25, ist mit der Panzerabwehrlenkwaffe TOW ausgerüstet. Ein Modell erhielt die Eigenentwicklung Kuen Wu, eine weitere Panzerabwehrlenkwaffe; außerdem gibt es zwei verschiedene Mörserträger. Eine Befehlsversion verfügt über zusätzliche Kommunikationssysteme.

Unten: *Der Transportpanzer CM-21 bei einer Parade. Aufgrund einer relativ langen Küstenlinie, die gegen eine drohende Invasion seitens der chinesischen Volksbefreiungsarmee verteidigt werden muss, sind schnelle Truppenverlegungen für die taiwanesische Armee von höchster Priorität.*

Technische Daten

Bewaffnung: ein 12,7-mm-MG
Panzerung: Aluminium/Stahl; Stärke unbekannt
Besatzung: 2 plus 11 Infanteristen
Maße: unbekannt
Gewicht: 11 900 kg
Antrieb: ein Perkins-TV8-640-Dieselmotor mit 160 kW (215 PS)
Höchstgeschwindigkeit: 68 km/h
Reichweite: unbekannt

Die Revolution der Panzerung

1978 Deutschland

TRANSPORTPANZER 1 FUCHS

Der Transportpanzer 1 Fuchs ist immer noch in großer Zahl im aktiven Dienst der Bundeswehr. Er erfüllt ein weites Spektrum von Aufgaben.

Technische Daten

Bewaffnung: ein 7,62-mm-MG
Panzerung: maximal 10 mm
Besatzung: 2 plus 10 Infanteristen (Export: max. 14)
Maße: Länge 7,30 m; Breite 2,98 m; Höhe 2,30 m
Gewicht: 16 500 kg
Antrieb: ein Mercedes-Benz-OM-402A-V-8-Dieselmotor mit 238,6 kW (320 PS)
Höchstgeschwindigkeit: 105 km/h (Straße); 10,5 km/h (Wasser)
Reichweite: 800 km (Straße)

Der Transportpanzer 1 Fuchs gehört zu einer Familie von Radpanzern, die Mitte der 1960er-Jahre im Auftrag der Bundeswehr entwickelt wurde. Bei den Entwürfen sollten möglichst viele gleiche Baugruppen verwendet werden. Das Konzept mit einem 8x8-Antrieb wurde später zum Spähpanzer Luchs, von dem zwischen 1975 und 1978 408 Einheiten gebaut wurden, während das 6x6-Design der Firma Rheinstahl, später Rheinmetall Landsysteme, zum Transportpanzer 1 Fuchs weiterentwickelt wurde. Die Firma bekam Bestellungen über 1125 Fahrzeuge, von denen die ersten 1979 fertiggestellt wurden. An Venezuela wurden 1983 zehn Exemplare ausgeliefert, die auf Wunsch der Venezolaner mit einem 12,7-mm- und einem 7,62-mm-Maschinengewehr bewaffnet waren. Als Transportpanzer TPz 1 kann das Fahrzeug zehn Soldaten neben der Zwei-Mann-Besatzung transportieren.

Oben: *Der Transportpanzer 1 kann ein breites Spektrum von Aufgaben erfüllen. So ist der Spürpanzer Fuchs ein ABC-Aufklärer, während der TPz 1 EloKa feindlichen Funkverkehr stören kann.*

Varianten

Der Spürpanzer Fuchs TPz 1A3/ABC, von dem 140 Fahrzeuge gebaut wurden, kann mit seiner ABC-Ausrüstung radioaktive, biologische und chemische Kontaminationen aufspüren. Es gibt auch ein Pioniermodell, dessen Aufgabe es ist, Minen und Sprenggeräte zu transportieren, eine EloKa- (Elektronische Kampfführung) Version (TPz 1A1) mit Störsendern, einen Befehlspanzer, ein Sanitätsfahrzeug sowie weitere Spezialversionen.

Die Revolution der Panzerung

1979 Deutschland

GELÄNDEWAGEN WOLF

Der Geländewagen Wolf von Mercedes-Benz erwies sich als Erfolgsgeschichte. Allein die Bundeswehr schaffte über 10 000 Exemplare an, und auch bei NATO- und UN-Friedensmissionen fand er Verwendung.

Technische Daten

Bewaffnung: keine

Panzerung: keine

Besatzung: 1 plus 3

Maße: Länge 4,32 m; Breite 1,69 m; Höhe 1,92 m

Gewicht: 2700 kg

Antrieb: ein Mercedes-Benz-Dieselmotor mit 68 kW (91 PS)

Höchstgeschwindigkeit: 105 km/h

Reichweite: 600 km

Seit Beginn der Fertigung im Jahr 1979 wurden über 10 000 Stück dieses Geländewagens aus der G-Klasse von Mercedes-Benz an die Bundeswehr ausgeliefert. Und das ist nur ein kleiner Teil der 60 000 Fahrzeuge, die an Militärkunden in 26 Ländern geliefert worden sind. In Deutschland ist das Fahrzeug als Wolf bekannt, und das neueste Modell, der G 270 CDI, ist mit speziellen, von DaimlerChrysler entwickelten Panzerungen ausgerüstet worden. Von diesem Modell wurde seit Produktionsbeginn 2002 allerdings nur eine kleine Stückzahl für den UN-Einsatz im Kosovo und anderswo gebaut. Dieser Wolf SSA (Sonderschutzausstattung) hat bereits seine Wirksamkeit unter Beweis gestellt.

Konstruktionsdetails

Gemäß den Vorgaben der Bundeswehr sind Fahrerkabine und Aufbauten des Wolf SSA gegen Handfeuerwaffen mit NATO-Kaliber 7,62 mm geschützt, während die Fahrerkabine auch Schutz gegen SS109- bzw. M193-Geschosse mit NATO-Kaliber 5,56 mm bietet. Die Bodengruppe des Wagens ist besonders verstärkt. Der Schwerpunkt wurde auf den 270-CDI-Motor gelegt, einen 5-Zylinder-Common-Rail-Diesel-Reihenmotor mit 2,685 l Hubraum und einer Leistung von etwa 115 kW (156 PS).

Oben: *Der Geländewagen Wolf ist hier in unwegsamem Terrain zu sehen.*

Unten: *Der Wolf wird von zahlreichen Streitkräften rund um die Welt eingesetzt.*

Die Revolution der Panzerung
1979 Spanien

BMR-600

Der Transportpanzer BMR-600 hat auf der Wanne einen nach vorn gerichteten Geschützturm. Zudem können die Infanteristen aus dem geschützten Innenraum heraus feuern.

Technische Daten

Bewaffnung: ein 7,62-mm-MG
Panzerung: unbekannt
Besatzung: 2 plus 11 Infanteristen
Maße: Länge 6,15 m; Breite 2,50 m; Höhe 2,36 m
Gewicht: 14 000 kg
Antrieb: ein Pegaso-6-Zylinder-Dieselmotor mit 231 kW (310 PS) bei 2200 U/min
Höchstgeschwindigkeit: 105 km/h
Reichweite: 1000 km

Der BMR-600 (Blindado Medio Ruedas) wurde von der spanischen Armee und der Firma Pegaso gemeinsam entworfen. Der erste Prototyp wurde 1975 fertiggestellt, das erste Serienfahrzeug ist 1979 ausgeliefert worden. Der BMR-600 hat viele Gemeinsamkeiten mit dem Spähpanzer BMR-VEC. Die Firmenbezeichnung für den BMR-600 war BMR 3560.50. Der Fahrer sitzt vorn links, mit dem Turm direkt dahinter und dem Motor zu seiner Rechten. Das Truppenabteil befindet sich im hinteren Teil und ist mit Dachluken und einer Heckklappe ausgestattet.

Amphibisch

Der BMR-600 ist vollständig amphibisch und wird von zwei Wasserdüsen am Heck angetrieben. Die Standardausstattung hat eine Servolenkung, ein Feuerlöschsystem für den Motorraum, Run-on-Flat-Reifen und Motorwinden. Sonderausstattungen bieten eine andere Bereifung, Kommunikationsgeräte, Kugelblenden mit Sichtschutz, Ausrüstung für Nachtfahrten und Klimaanlage. Die BMR-600 der spanischen Armee verfügen über einen Turm mit 12,7-mm-MG, das von innen abgefeuert werden kann. Eine Palette unterschiedlicher Bewaffnungen steht zur Verfügung, bis hin zu einem Turm mit einer 20-mm-Kanone.

Unten: *Der BMR-600 ist ein äußerst funktionstüchtiger Transportpanzer ohne Extras und gehört zu einer Reihe von Modellen, die seit den frühen 1970er-Jahren entstanden.*

Die Revolution der Panzerung
⚒ **1980 China**

KAMPFPANZER TYPE 69

Die chinesische Armee war mit den Leistungen des Kampfpanzers Type 69 nicht zufrieden, aber wider Erwarten verkaufte er sich gut ins Ausland. Der größte Kunde mit 1300 Fahrzeugen war Pakistan.

Als Folge des Zerwürfnisses zwischen China und der Sowjetunion 1960 strichen die Russen ihre Unterstützung für Chinas Rüstungsprogramm. Dies führte dazu, dass die chinesische Regierung eigene Waffensysteme entwickeln musste. Der Type 69 war eines der ersten Ergebnisse. Er war eine Weiterentwicklung des sowjetischen Kampfpanzers T-54A, der in China unter dem Namen T-59 in Lizenz gefertigt worden war. Zu den Verbesserungen gehörten zum Beispiel ein um zwei Achsen stabilisiertes 100-mm-Glattrohrgeschütz, ein neuer Motor mit 580 PS und ein Infrarot-Nachtsichtgerät.

Ein T-62 als chinesische Beute

Der Prototyp war kein Erfolg und ging dementsprechend nicht in Produktion, aber 1969, während eines Grenzzwischenfalls mit den Russen am Ussuri-Fluss, erbeuteten die Chinesen einen T-62 und bauten Komponenten des Panzers in den Type 69 ein. Der Fortschritt war verblüffend, aber trotzdem dauerte es noch bis 1982, bis die chinesische Armee diesem Modell die Diensttauglichkeit attestierte. Selbst dann wurde es nur in geringen Stückzahlen eingesetzt, da die Volksbefreiungsarmee immer noch nicht mit den Leistungen des Panzers zufrieden war.

Oben: *Dieser Panzer ist ein Typ 69II, der mit einem 105-mm-Geschütz und einem schweren Maschinengewehr bestückt ist. Der Typ 69 war bis in die späten 1990er-Jahre in Produktion. Schätzungsweise sind 6000 Exemplare hergestellt worden.*

Technische Daten

Bewaffnung: ein 100-mm-Geschütz; ein 12,7-mm- und zwei 7,62-mm-MG

Panzerung: 100 mm

Besatzung: 4

Maße: Länge 6,24 m; Breite 3,30 m; Höhe 2,81 m

Gewicht: 36 700 kg

Antrieb: ein Typ-12150L-7BW-V-12-Dieselmotor mit 432 kW (580 PS)

Höchstgeschwindigkeit: 50 km/h

Reichweite: 420 km

Die Revolution der Panzerung
1980 Sowjetunion

T-80

Der russische Kampfpanzer T-80 kam in Tschetschenien zum Einsatz, wo er durch Panzerabwehrraketen stark gefährdet war. Als Konsequenz daraus verfügt das neueste Modell über eine sehr gute Panzerung.

Technische Daten

Bewaffnung: ein 125-mm-Geschütz; zwei 7,62-mm-MG
Panzerung: Verbund; Stärke unbekannt
Besatzung: 3 (mit Ladeautomat)
Maße: Länge 9,33 m; Breite 3,37 m; Höhe 2,29 m
Gewicht: 38 000 kg
Antrieb: ein Modell-VR36-V-12-Dieselmotor mit 545 kW (730 PS)
Höchstgeschwindigkeit: 60 km/h
Reichweite: 430 km

Der Kampfpanzer T-80 war eine Weiterentwicklung des T-64 und wurde 1976 in Dienst gestellt. Er war der erste Panzer, der mit einem Gasturbinenantrieb ausgestattet wurde. Der Antrieb wurde von der Entwicklungsfirma Isotow entworfen und von der Klimow-Fabrik hergestellt. Beide Firmen verfügten bereits über viel Erfahrung in der Herstellung von Hubschraubermotoren. Der Motor leistete mehr als vergleichbare Dieselmotoren – er verbrauchte aber auch so viel Treibstoff, dass die Wanne überarbeitet werden musste, um das Fassungsvermögen des Tanks erhöhen zu können.

Nachrüstungen

Trotz andauernder Probleme mit dem Motor und hoher Herstellungskosten ging der Panzer in Produktion. Aus der ersten der vielen Nachrüstungen entstand 1982 der T-80B. Mitte der 1980er-Jahre folgte der mit der Panzerlenkwaffe AT-8 Songster ausgestattete T-80U. Dieser verfügt über die Kontakt-5-Reaktivpanzerung und ein fortschrittliches Feuerleitsystem mit optischem und Laserentfernungsmesser, einem stabilisierten Bildverstärker und einem aktiven Infrarotsichtgerät. Die neueste Version, der T-80UM-1 Bars (dt.: Schneeleopard) ist mit einem sehr modernen Raketenabwehrsystem ausgestattet.

Unten: *Hier kann man die Version des Befehlspanzers T-80UK sehen. Er ist mit Laserdetektoren und dem Shtora-1-Verteidigungssystem mit Reaktivpanzerung ausgestattet.*

Die Revolution der Panzerung

1980 Spanien

SPÄHPANZER VEC

Spaniens Spähpanzer VEC hat gute Geländeeigenschaften und kann durch eine Spezialausrüstung, die einen zusätzlichen Jetantrieb enthält, zu einem Amphibienpanzer umgebaut werden.

Der VEC-M1 6x6, der von der Firma Santa Barbara Sistemas (heute zu General Dynamics gehörend) entwickelt und gefertigt wurde, ist der maßgebliche Spähpanzer der spanischen Armee. Die spanische Armee hat ihn erstmals 1980 als BMR-625 VEC in Dienst gestellt, und nach umfangreichen Überarbeitungen in den 1990er-Jahren kam die Version M1 heraus. Der VEC (Vehiculo de Exploracion de Caballería) hat viele Bauteile mit dem 6x6-Transportpanzer BMR-600 gemeinsam. Die spanische Armee bestellte 235 Exemplare dieses Fahrzeugs.

Konstruktionsdetails

Der VEC ist mit einer 25-mm-Maschinenkanone (M-242 Bushmaster) und einem koaxialen 7,62-mm-Maschinengewehr vom

Oben: *Der Spähpanzer VEC, der hier beim NATO-Einsatz KFOR im Kosovo zu sehen ist, trägt eine der drei möglichen Turmvarianten – die, die mit einer M242 25-mm-MK ausgestattet ist.*

Typ MG3S in einem Zwei-Mann-Turm bestückt. Auf beiden Seiten des Turmes sind je drei elektrisch zündbare Nebelgranatwerfer angebracht. Das Fahrzeug benötigt fünf Mann Besatzung. Der VEC ist vollständig amphibisch und wird in der Standardausstattung von seinen Rädern angetrieben. Beide Achsen verfügen über eine Servolenkung, und das Fahrwerk kann auf die Geländebedingungen abgestimmt werden. Für den Exportmarkt werden mehrere Geschütztürme angeboten, mit denen sich der VEC an die jeweiligen Erfordernisse anpassen lässt.

Technische Daten

Bewaffnung: ein 25-mm-Geschütz; ein 7,62-mm-MG

Panzerung: 9 mm

Besatzung: 5 oder 6

Maße: Länge 4,80 m; Breite 1,79 m; Höhe 2,76 m

Gewicht: 6000 kg

Antrieb: ein Scania-D9-Dieselmotor mit 231 kW (310 PS) bei 2200 U/min

Höchstgeschwindigkeit: 103 km/h

Reichweite: 800 km

Die Revolution der Panzerung

1981 Schweden

BV 206S

Schweden hat seit dem Zweiten Weltkrieg eine Reihe von exzellenten Panzerfahrzeugen hergestellt. Eines der neueren Beispiele hierfür ist der Bv 206S.

Rechts: *Ein Bv 206S in voller Fahrt. Er ist unter den Transportpanzern einzigartig, weil er aus zwei Abteilungen besteht, die durch eine Steuereinheit verbunden sind. Das Fahrzeug ist vollständig amphibisch.*

Technische Daten

Bewaffnung: keine (optional: MILAN-Panzerabwehrsystem)

Panzerung: unbekannt

Besatzung: 4 plus 8 Infanteristen

Maße: Länge 6,88 m; Breite 2,00 m; Höhe 1,90 m

Gewicht: 7000 kg

Antrieb: ein Steyr-M16-6-Zylinder-Direkteinspritzer-Diesel-Reihenmotor mit 138,8 kW (186 PS) bei 4300 U/min

Höchstgeschwindigkeit: 50 km/h

Reichweite: 370 km

Der Bv 206S ist die militärische Version des Geländetransporters Bv 206 von Hägglunds, dessen zwei Aufbauten durchgängig geschweißt sind, um die Insassen vor dem Beschuss von Handfeuerwaffen und Granatsplittern zu schützen. Das Fahrzeug wird von den Armeen Großbritanniens, Schwedens und Finnlands sowie der Bundeswehr genutzt. Das Fahrzeug besteht aus zwei Sektionen, die durch einen Steuermechanismus miteinander verbunden sind. Die Lenkbewegungen werden von zwei Hydraulikzylindern bewirkt, die von einem konventionellen Lenkrad angesteuert werden. Die vordere Einheit bietet einem Fahrer und drei Infanteristen Raum, wohingegen im hinteren Teil Sitzgelegenheiten für acht Soldaten bestehen. Der Bv 206S ist vollständig amphibisch und wird im Wasser von seinen Ketten vorangetrieben. Jedes Kettenlaufwerk hat vier Laufräder mit einer gummigefederten Aufhängung. Die Panzerung und die Fenster sind geschützt gegen 7,62-mm-Munition. Die britische Armee nutzt das Fahrzeug, weil sie einen Mannschaftstransporter braucht, der auf Schnee oder Sand gleichermaßen geeignet ist.

Unten: *Diese Kolonne von Bv 206S sieht man hier in der Umgebung, für die sie konzipiert wurden. Der Bv 206S kann auf seinem Dach mit einem MILAN-Panzerabwehrsystem ausgestattet werden.*

Die Revolution der Panzerung

1981 USA

M2 BRADLEY

Der M2 Bradley hinterließ einen starken Eindruck im Golfkrieg 1991, in dem er mehr irakische Panzer zerstörte als der Kampfpanzer M1 Abrams.

Oben: *Ein Schützenpanzer Bradley fährt mit hoher Geschwindigkeit durch die irakische Wüste. Der Bradley wurde nach dem Golfkrieg einem grundlegenden Modernisierungsprogramm unterzogen und unter anderem mit einer Zusatzpanzerung versehen.*

Der M2 Bradley war der Höhepunkt eines Programms zur Entwicklung eines neuen Schützenpanzers, das die US-Armee in den frühen 1960er-Jahren angestoßen hatte. Er war dabei mehr als Ergänzung und nicht als Ersatz für den Mannschaftstransporter M113 gedacht. Die ersten beiden Prototypen des neuen Fahrzeugs, XM2 genannt, wurden 1978 von der Firma FMC fertiggestellt, der späteren United Defence Group Systems. Diese beiden Fahrzeuge wurden M2 Bradley (Schützenpanzer) und M3 Bradley (Spähpanzer) getauft. Der M2 kann bis zu sechs voll ausgerüstete Infanteristen transportieren.

Varianten und Nachrüstungen

Der M2 und der M3 sind in Aufbau und Ausrüstung ähnlich. Beide sind mit einem modernen Zwei-Mann-Turm mit stabilisierter 25-mm-Kanone von ATK Gun Systems Company und einem 7,62-mm-Maschinengewehr ausgerüstet. Die Fahrzeuge sind an der linken Turmseite zusätzlich mit einem

Rechts: *Dieses Foto zeigt einen Bradley, der mit hoher Geschwindigkeit auf dem Weg zu seinem Einsatz ist.*

Technische Daten

(M2A1)

Bewaffnung: eine 25-mm-Bushmaster-MK; ein 7,62-mm-MG; zwei TOW-Starter

Panzerung: Aluminium/Stahl-Panzerung; Stärke unbekannt

Besatzung: 3 plus 6 Infanteristen

Maße: Länge 6,55 m; Breite 3,61 m; Höhe 2,57 m

Gewicht: 22 940 kg

Antrieb: ein Cummins-VTA-903T-8-Zylinder-Turbodieselmotor mit 362,3 kW (500 PS)

Höchstgeschwindigkeit: 66 km/h

Reichweite: 483 km

Zwillingswerfer für TOW-Raketen ausgestattet. Die ersten Serienfahrzeuge wurden 1981 fertiggestellt. Die Produktion dauerte bis 1995, wobei etwa 6800 Einheiten hergestellt worden sind. 400 dieser Panzer wurden an den einzigen Exportkunden Saudi-Arabien geliefert. Die letzten Modelle des Bradley verfügen über Reaktivpanzerung. Teile des Antriebs wurden auch beim Bau des Multiple Launch Rocket System (MLRS) verwendet.

Verbesserungen

Einige Verbesserungen, mit denen der Bradley ausgestattet wurde, beruhen auf den Erfahrungen, die im Golfkrieg 1991 gemacht wurden. Zu den wichtigsten Veränderungen gehören ein neuer, für Augen unschädlicher Laserentfernungsmesser (ELRF), ein taktisches Navigationssystem (TACNAV) mit einem GPS-Präzisionsempfänger (PLGR), ein digitales Kompasssystem (DCS), ein gegen Lenkflügelwaffen der ersten Generation wirksames Raketenabwehrgerät und ein Gefechtsinformationssystem (FBCB2). Der Stauraum im Innern ist weiter optimiert worden, außerdem erhielt der Fahrer eine Wärmebildkamera. Während des Golfkrieges zerstörten M2 und M3 Bradley mehr irakische Panzer als die Kampfpanzer M1 Abrams. 20 Bradley gingen verloren – drei im Gefecht und 17 durch das Feuer der eigenen Truppe. Um ähnliche Unfälle in Zukunft von vornherein auszuschließen, bekamen die Fahrzeuge Infrarot-Identifizierungs-Plaketten und andere Mittel zur Freund-Feind-Erkennung.

Unten: *Schützenpanzer des Typs Bradley durchqueren die Wüste. Der Bradley strafte seine Kritiker Lügen, indem er sich bei seinem Einsatz im Golfkrieg 1991 sehr gut bewährte.*

Die Revolution der Panzerung

1981 Großbritannien/Iran

KHALID 1981

Nachdem 1979 die islamische Revolution den Iran überrollt hatte, wurden viele Waffenbestellungen zurückgezogen. Eines dieser Projekte, ein Panzer namens Shir, wurde nun als Khalid an Jordanien verkauft.

Technische Daten

Bewaffnung: ein 120-mm-L11A5-Geschütz; zwei 7,62-mm-MG

Panzerung: unbekannt

Besatzung: 4

Maße: Länge 6,39 m; Breite 3,42 m; Höhe 2,435 m

Gewicht: 58 000 kg

Antrieb: ein wassergekühlter-Perkins-Engines-(Shrewsbury)-Condor-V-12-1200-12-Zylinder-Dieselmotor mit 894,8 kW (1200 PS) bei 2300 U/min

Höchstgeschwindigkeit: 48 km/h

Reichweite: 400 km (geschätzt)

Links: *Der Khalid der jordanischen Armee war eigentlich ein Mittelding zwischen Chieftain und Challenger, denn eine Weiterentwicklung des Khalid wurde später für die britische Armee als Challenger 1 produziert. Ursprünglich sollte der Khalid in den Iran exportiert werden.*

Die britische Royal Ordnance Factory in Leeds erhielt 1974 von der iranischen Regierung den Auftrag zur Fertigung von 125 Kampfpanzern des Typs Shir 1 und weiteren 1225 des Typs Shir 2. Die islamische Revolution, verbunden mit der Absetzung des persischen Königshauses und der Regierung, stoppte diesen Plan, und die Bestellung wurde jäh zurückgezogen. In England hatte die Fertigung des Shir 1 bereits begonnen, doch die britische Regierung erreichte, dass Jordanien 274 leicht veränderte Shir 1, jetzt Khalid, bestellte, die ab 1981 ausgeliefert wurden. Dieser Panzer war ein Chieftain aus der letzten Produktionsreihe mit grundlegenden Änderungen an Feuerleitsystem und Antrieb. Er stellte gegenüber dem Chieftain einen so großen Fortschritt dar, dass die britische Regierung weitere Entwicklungen anordnete, aus denen später der Challenger 1 hervorging. Der Name Khalid bedeutet im Arabischen „Schwert", ein Name, den viele Jahre später auch ein Kampfpanzer bekam, der von China und Pakistan gemeinsam entwickelt wurde.

Die Revolution der Panzerung
1982 Finnland

SISU XA-180

Unten: *Der finnische SISU XA-180 ist für Operationen in dem Gebiet der karelischen Seen und Wälder besonders geeignet. Es ist ein äußerst schwieriges Kampfgebiet, wie die Russen im Winterkrieg 1939/40 schmerzhaft erfahren mussten.*

Obwohl er ursprünglich nur für die finnische Armee hergestellt wurde, ist der XA-180 bei UN-Friedensmissionen ein Polizeifahrzeug. So wurde er auch von Österreich, Irland, Norwegen und Schweden eingesetzt.

Technische Daten

Bewaffnung: ein 12,7-mm-MG
Panzerung: 10 mm
Besatzung: 2 plus 10 Infanteristen
Maße: Länge 7,35 m; Breite 2,90 m; Höhe 2,30 m
Gewicht: 15 500 kg
Antrieb: ein Valmet-6-Zylinder-Turbodieselmotor
Höchstgeschwindigkeit: 100 km/h
Reichweite: 800 km

Der 6x6-Mannschaftstransportpanzer XA-180 wurde für die finnische Armee als Ersatz für deren überalterte Flotte russischer BTR-60PB-Panzer entwickelt. Die Firmen SISU und Valmet fertigten jeweils einen Prototyp, den Zuschlag bekam 1983 die Firma SISU. Die Wanne des Fahrzeugs besteht aus 10 mm dickem, geschweißtem Ganzstahl. Der Fahrer und der Kommandant sitzen vorn, der Motorraum befindet sich links hinter dem Fahrer. Das Mannschaftsabteil liegt im hinteren Bereich. In ihm können zehn Infanteristen untergebracht werden, die zu je fünf auf zwei Bänken entlang der Seitenwand sitzen können. Das Truppenabteil hat zwei Dachluken sowie auf jeder Längsseite drei Kugelblenden. Das Fahrzeug ist vollständig amphibisch und wird von zwei Propellern am Heck der Wanne angetrieben.

Varianten

Von diesem Panzerwagen sind verschiedene Varianten produziert worden, beispielsweise ein Flugabwehrpanzer mit einem verbesserten Crotale-SAM-System von Thomson-CSF, ein Radarpanzer sowie eine Variante, die mit einem 120-mm-Mörser bestückt ist.

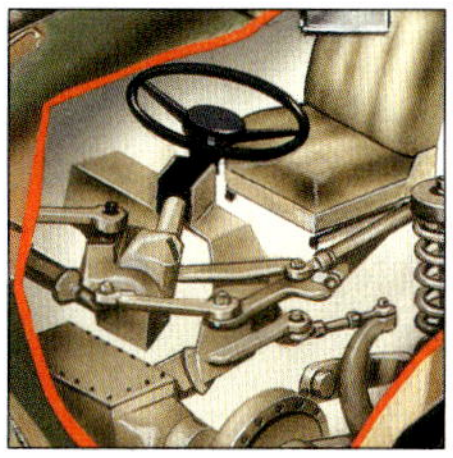

Kapitel 8

DER MODERNE BLITZKRIEG

Kriege produzieren immer wieder denkwürdige Aussprüche von militärischen Führern, und der Golfkrieg von 1991 ist da keine Ausnahme. Am 26. Februar 1991 stießen Panzer der amerikanischen 1. Panzerdivision auf das angebliche Eliteregiment der Republikanischen Garde. Divisionskommandeur Generalmajor Ronald Griffiths fragte seinen mit der Vorhut fahrenden Stellvertreter über Funk: „Wir greifen also gerade die Medina-Division an?“ „Negativ, Sir“, lautete die Antwort, „wir vernichten gerade die Medina-Division.“

Oben: *Der jugoslawische Kampfpanzer M-84 im Wüsteneinsatz. Er wurde nach Kuwait und in viele andere Länder exportiert.*

Links: *M1 Abrams hinterlassen Staubfahnen bei einem Manöver. Während des Golfkriegs von 1991 überraschten die amerikanischen Panzerverbände jeden durch die Geschwindigkeit, mit der sie gegen die irakische Republikanische Garde vorstießen.*

Das Zerstörungswerk oblag – mit Luftunterstützung – den M1A1 Abrams-Kampfpanzern der 1. Panzerdivision. Wie der britische Challenger kam auch dieser Panzer erstmals am Golf zum Einsatz und übertraf mit seiner Überlegenheit über die russischen T-72 der Republikanischen Garde alle Erwartungen. Die tödliche Kombination aus Panzern und Bombern war schon bei den deutschen Angriffen 1940 auf Frankreich und 1941 auf Russland der Schlüsselfaktor gewesen. Das galt auch 1991, wobei diesmal Panzer und Flugzeuge – vor allem die amerikanischen Fairchild A-10A Thunderbolt II – unendlich zerstörerischer waren. Die Panzer profitierten von einer kontinuierlich weiterentwickelten Technologie, durch die sie auch nachts kämpfen und ihre Ziele in der Bewegung treffen konnten. Auch ihre Panzerung war stärker, als es sich die deutschen Panzergeneräle 50 Jahre zuvor je hätten vorstellen können.

Der moderne Blitzkrieg
1982 Italien

MANNSCHAFTSTRANSPORTPANZER VCC-1

Der Mannschaftstransporter VCC-1 ist eine Variante des weitverbreiteten amerikanischen M113, der in Italien in Lizenz gebaut wurde. Er stellt eine billige und effiziente Weiterverwendung eines bewährten Modells dar.

Links: *Der VCC-1 war eine weitere Variante des amerikanischen M113 und diente der italienischen Armee in den 1980er-Jahren als vielseitiger Transportpanzer.*

Der VCC-1 Camillino ist eine modifizierte Version des Transportpanzers M113, die von Oto Melara (später Otobreda) in La Spezia in Lizenz für die italienische Armee gebaut wurde. Die wichtigsten Neuerungen im Vergleich zum M113 umfassen Kugelblenden, die der Besatzung das Feuern aus dem Wageninneren erlauben, und einen Panzerschutz für den Maschinengewehrschützen auf dem Dach. Im modifizierten Fahrzeug sitzt der Kommandant unter einer Kuppel hinter dem Fahrer. Bis 1983 wurden mehr als 1000 VCC-1 an die italienische Armee ausgeliefert, im selben Jahr noch übernahm die saudi-arabische Armee 200 Fahrzeuge mit der verbesserten TOW-Panzerabwehrwaffe.

Konstruktionsdetails

Der VCC-1 ist schwimmfähig und bewegt sich im Wasser mithilfe seiner Ketten vorwärts. Diese Methode ist langsamer als eine Turbine und ermöglicht eine Schwimmgeschwindigkeit von 5 km/h. Der VCC-2 ist im Prinzip ein italienischer M113 mit Kettenschürzen vorn und an den Seiten, während die Version 3 mit einer 20-mm-Kanone auf dem Dach ausgerüstet ist.

Technische Daten

Bewaffnung: zwei MG
Panzerung: unbekannt
Besatzung: 2 plus 7
Maße: Länge 5,04 m; Breite 2,69 m; Höhe 2,03 m
Gewicht: 11 600 kg
Antrieb: ein GMC-V6-Dieselmotor mit 156 kW (212 PS) bei 2800 U/min
Höchstgeschwindigkeit: 65 km/h
Reichweite: 550 km

Der moderne Blitzkrieg
1982 Großbritannien

KAMPFPANZER CHALLENGER 1

Der Kampfpanzer Challenger erwies sich im Golfkrieg von 1991 als wirksam, litt aber unter einer mangelhaften Feuerleitanlage. Er konnte sehr unterschiedliche Munition verschießen.

Technische Daten

Bewaffnung: eine 120-mm-L11A5-Kanone; drei 7,62-mm-MG
Panzerung: unbekannt
Besatzung: 4
Maße: Länge 8,33 m; Breite 3,52 m; Höhe 2,50 m
Gewicht: 62 000 kg
Antrieb: ein wassergekühlter Perkins-Engines-Condor-V12-1200-12-Zylinder-Dieselmotor mit 984,8 kW (1339 PS) bei 2300 U/min; Hilfsmotor: ein Coventry-Climax-H30-3-Zylinder-Dieselmotor mit 27,6 kW (38 PS) bei 3000 U/min
Höchstgeschwindigkeit: 57 km/h
Reichweite: 450 km

Der Challenger 1 verdankt seine Existenz dem vom Iran bestellten Shir 2, der aber infolge der Islamischen Revolution nie ausgeliefert wurde. Das britische Verteidigungsministerium autorisierte die Weiterentwicklung des Shir 2 für die britische Armee mit Spezifikationen für ein europäisches Einsatzgebiet statt eines nahöstlichen. Die Royal Ordnance Factory in Leeds erhielt den Auftrag für 237 Einheiten, der später auf 319 Panzer erweitert wurde. Die erste Serie des Challenger wurde im März 1983 an die Armee ausgeliefert und in fünf Regimentern in Deutschland stationiert. 1990 wurden 180 Challenger von dort nach Saudi-Arabien verlegt und bewährten sich im Jahr darauf bei der Operation Desert Storm. Sie zerstörten 300 Fahrzeuge ohne eigene Verluste.

Oben: *Der Challenger 1 glich in vielerlei Hinsicht den späten Chieftain-Modellen. Auch wenn er langsamer als der amerikanische M1 Abrams war, stand der britischen Armee mit seiner L11A5-Kanone eine wirksame Panzerwaffe zur Verfügung, die sich im Golfkrieg von 1991 bewährte.*

Der größte Vorteil des Challenger war, abgesehen von seiner sehr präzisen 120-mm-Kanone, die neu entwickelte Chobham-Panzerung, die ein bisher ungekanntes Maß an Schutz gegen Panzerabwehrwaffen bot. Sein größter Schwachpunkt war die mangelhafte Feuerleitanlage, die zu einer sehr niedrigen Feuergeschwindigkeit führte. Dieser Mangel wurde mit dem Challenger 2 behoben.

Der moderne Blitzkrieg

1983 USA

KAMPFPANZER M1 ABRAMS

Dieser Panzer hat sich vor allem durch seinen unaufhaltsamen Vorstoß im Golfkrieg von 1991 einen Namen gemacht. Er wurde von den US-Panzerdivisionen eingesetzt, um die Garde Saddam Husseins aufzureiben.

Der nach General Creighton Abrams, einem ehemaligen Stabschef der US-Armee, benannte M1 wurde von Chrysler Defence (später General Dynamics Land Systems Division) entwickelt. Er ersetzte den M60 als Kampfpanzer der US-Armee und des US Marine Corps. Der M1 wurde zunächst sowohl in der Lima Army Tank Plant in Ohio als auch in der Detroit Arsenal Tank Plant in Michigan gefertigt, bevor die Produktion in Ohio zusammengelegt wurde.

Rechts: *Die Schnittzeichnung zeigt den Innenraum des M1 Abrams. Dieses exzellente Kampffahrzeug wurde erstmals im Golfkrieg von 1991 eingesetzt, wo es sich umfassend bewährte und das uneingeschränkte Lob seiner Besatzungen erhielt.*

Eigenschaften und Verwendung

Der Hauptzweck des Abrams besteht darin, sich dem Feind zu nähern und ihn mittels Mobilität, Feuerkraft und Schockeffekt aufzureiben. Derzeit sind die drei Varianten M1, M1A1 und M1A2 im Einsatz. Mit seiner 120-mm-Hauptkanone, der kraftvollen 1500-PS-Gasturbine und einer Spezialpanzerung, die der britischen Chobham-

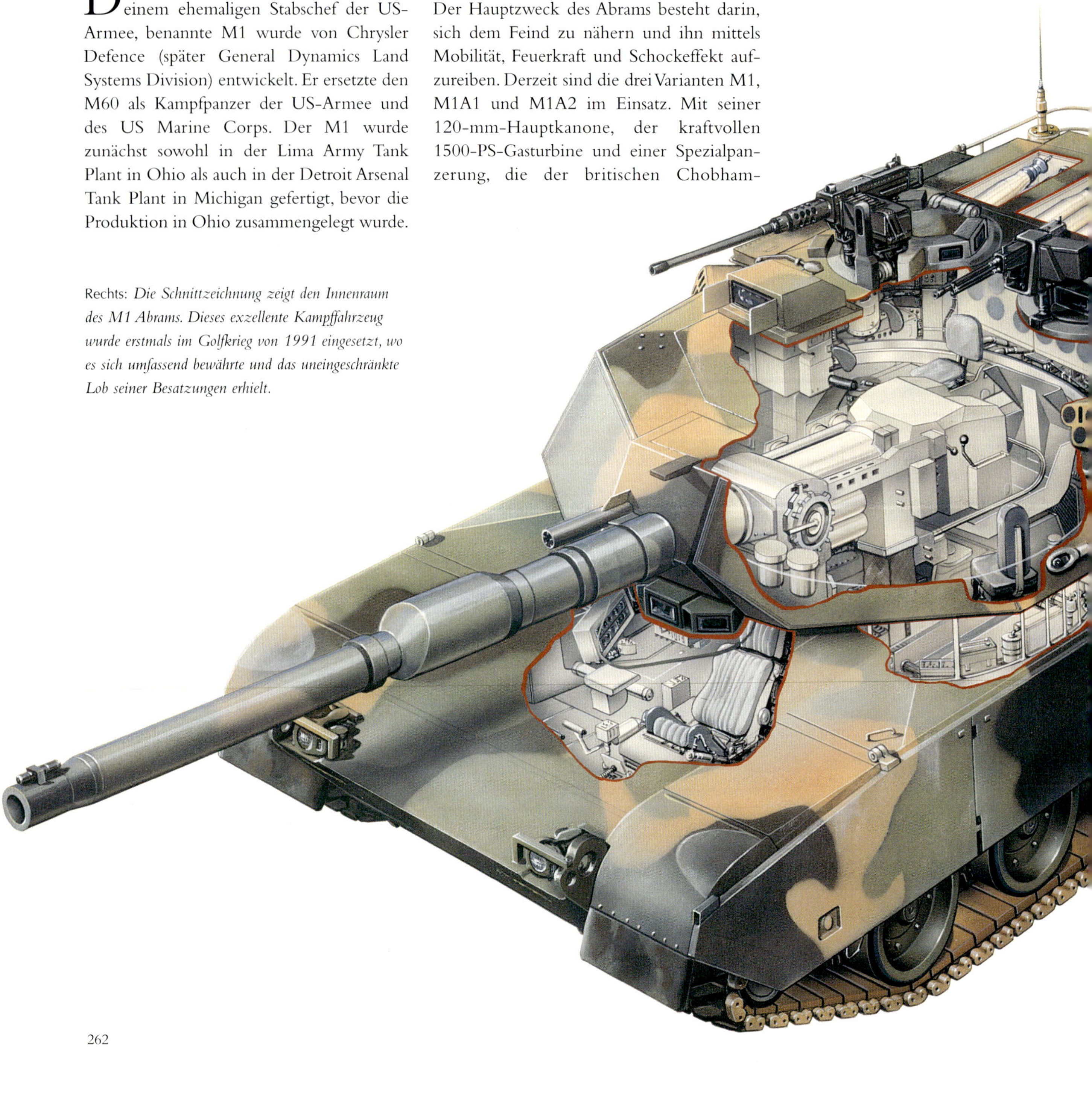

Technische Daten

Bewaffnung: eine 120-mm-M256-Kanone; zwei 7,62-mm-MG; ein 12,7-mm-MG
Panzerung: abgereichertes Uran/Stahl; Stärke unbekannt
Besatzung: 4
Maße: Länge 9,77 m; Breite 3,66 m; Höhe 2,44 m
Gewicht: 57 154 kg
Antrieb: eine Textron-Lycoming-AGT-1500-Gasturbine mit 1119,4 kW (1522 PS)
Höchstgeschwindigkeit: 67 km/h
Reichweite: 465 km

Oben: *Dank seiner hoch entwickelten Feuerleitanlage erzielt der Abrams eine bis dahin unerreichte Treffsicherheit, wie die mit modernen russischen Panzern ausgestattete Republikanische Garde erfahren musste.*

Panzerung entspricht, kann der Abrams es mit schweren gepanzerten Feindeinheiten in großer Stärke aufnehmen. Der Abrams bewährte sich im Golfkrieg von 1991 und zerstreute damit Bedenken, er könne es nicht mit dem modernen russischen Equipment der Iraker aufnehmen. Insgesamt wurden bei Desert Storm 1848 Abrams eingesetzt, und 2003 kehrte der Panzer im Rahmen der Operation Iraqi Freedom an den Golf zurück.

Produktion

Die Produktion der Panzer M1A1 für die US-Armee ist abgeschlossen. Für Armee und Marine Corps sowie für die Streitkräfte Ägyptens, Saudi-Arabiens und Kuwaits wurden mehr als 8800 M1 und M1A1 produziert. Der M1A1 durchläuft zurzeit ein Modernisierungsprogramm, zu dem ein verstärkter Panzerschutz, eine besseres Laufwerk und ein ABC-Schutz gehören. Die Variante M1A1D besteht aus einem M1A1 mit integriertem digitalen Gefechtsführungssystem und Fernzielerfassung.

Modernisierungen

Das Modernisierungsprogramm M1A2 umfasst ein unabhängiges Wärmesichtgerät und eine verbesserte Waffensteuerung für den Kommandanten, GPS-Navigation, eine dezentrale Daten- und Energiearchitektur, ein integriertes Diagnosesystem und verbesserte Feuerleitanlagen. Das M1A2 „System Enhancement Program" (SEP) bringt zudem Wärmesensoren der zweiten Generation und ein Wärme-Management. Außerdem werden Prozessoren und Speicher optimiert für eine gemeinsame Nutzung der Steuersoftware, die eine schnelle Datenerfassung und -auswertung erlaubt.

Rechts: *Die Hauptwaffe des Abrams ist die 120-mm-Glattrohrkanone von Rheinmetall, eine der stärksten Panzerwaffen der Welt.*

Der moderne Blitzkrieg

1984 Italien

MANNSCHAFTSTRANSPORTER IVECO TYPE 6614

Der Mannschaftstransporter Type 6614 hat viel mit dem Type 6616 und mit zivilen Nutzfahrzeugen gemeinsam. Er bietet Platz für acht voll ausgerüstete Infanteristen.

Oben: *Der Iveco Type 6614 hat sich in zahlreichen Friedensmissionen als billiger und leistungsfähiger kleiner Mannschaftstransporter bewährt.*

Der Type 6614 ist eine Gemeinschaftsentwicklung von Fiat und Otobreda und hat viel mit dem Panzerwagen Type 6616 gemein. Viele Bauteile stammen aus zivilen Nutzfahrzeugen, um Produktionskosten zu sparen. Das Fahrzeug wird in kleinem Umfang von der italienischen Polizei eingesetzt und ist nach Libyen, Peru und Tunesien exportiert worden. Es wurden über 1000 Einheiten gefertigt, außerdem wird der Type 6614 in Südkorea als KM900 in Lizenz von Asia Motors Inc. gebaut.

Konstruktionsdetails

Das Innere bietet Platz für acht Infanteristen, die jeder eine Kugelblende haben. Es gibt eine Reihe von Ausstattungsoptionen, wie zum Beispiel verschiedene Waffenkombinationen, diverse Nachtsichtgeräte, ein Reserverad samt Halterung, die meist auf dem Dach montiert wird, Nebelwerfer, Klimaanlage und eine vorn montierte Motorwinde für Bergearbeiten. Das Fahrzeug ist voll amphibisch und wird im Wasser mit den Rädern angetrieben. Vor dem Eintauchen werden vier Bilgenpumpen eingeschaltet.

Technische Daten

Bewaffnung: ein 12,7-mm-M2-MG
Panzerung: 8 mm
Besatzung: 2 plus 8
Maße: Länge 5,56 m; Breite 2,37 m; Höhe 1,68 m
Gewicht: 7000 kg
Antrieb: ein FIAT-Model-8062-6-Zylinder-Dieselmotor mit 95,5 kW (130 PS) bei 3200 U/min
Höchstgeschwindigkeit: 96 km/h
Reichweite: 700 km

Der moderne Blitzkrieg

1984 Jugoslawien

KAMPFPANZER M-84

Der jugoslawische M-84 war ein in Lizenz gebauter T-72 mit einer Reihe von Verbesserungen. Er wurde unter anderem nach Kuwait exportiert und steht weltweit im Dienst.

Rechts: *Der auf dem sowjetischen T-72 basierende jugoslawische M-84 erwies sich als erstaunlich erfolgreich, auch wenn viele Panzer beim Zerfall Ex-Jugoslawiens verloren gingen. Eine Variante ist in Kuwait im Einsatz.*

Technische Daten

(M-84A)

Bewaffnung: eine 125-mm-Kanone; zwei 7,62-mm-MG; ein 12,7-mm-Fla-MG
Panzerung: unbekannt
Besatzung: 3
Maße: Länge 6,86 m; Breite 3,57 m; Höhe 2,19 m
Gewicht: 42 000 kg
Antrieb: ein V-46-TKV-12-Turbodiesel mit 746 kW (1014 PS) bei 2000 U/min
Höchstgeschwindigkeit: 65 km/h
Reichweite: 700 km

Der M-84 ist ein in Lizenz gebauter T-72M1 mit einigen Modifikationen. Da die jugoslawische Armee bereits einige T-72 zu Ausbildungszwecken erhalten hatte, verfügte sie schon über erfahrene Besatzungen, als die Lizenzfertigung des M-84 begann. Die ersten Prototypen des M-84 wurden zwischen 1982 und 1983 fertiggestellt, die Serienmodelle seit 1984 ausgeliefert. Schätzungen zufolge entstanden über 600 Einheiten für den Eigenbedarf und den Export. Etwa 150 Panzer wurden nach Kuwait exportiert und in den Kämpfen infolge der irakischen Invasion von 1990 eingesetzt. Die Produktion kam vorübergehend zum Erliegen, wurde aber später mit dem M-84A wieder aufgenommen. Außerdem wird die Version für Kuwait, der M-84AB, in Slowenien gefertigt.

M-2001 und M-95 Degman

Die neueste Version des M-84 ist der im Jahr 2004 vorgestellte M-2001. Er verfügt über ein neues Feuerleitsystem, Kontakt-5-Reaktivpanzerung, AT-11-Sniper-Panzerabwehrlenkwaffen, ein Agava-2-Wärmesichtgerät und das Shtora-Abwehrsystem. Der M-2001 ist dem russischen T-90S sehr ähnlich. Kroatien hat mittlerweile unter der Bezeichnung M-95 Degman eine verbesserte Version des M-84 entwickelt.

Unten: *Ein M-84 mit aufgesetztem Flugabwehr-Maschinengewehr von der Seite.*

Der moderne Blitzkrieg

1985 China

MANNSCHAFTSTRANSPORTER TYPE 85

Es gibt zahlreiche Varianten des Type 85-Chassis, wie den Schützenpanzer YW 309, das Gefechtsstandfahrzeug Type 85, den Sanitätspanzer WZ 751 und den 120-mm-Mörserträger Type 85.

Der Mannschaftstransporter Type 85 ist auch als YW531H und als M-1967 bekannt. Er hat den 4x4 YW351 der Volksbefreiungsarmee ersetzt. Das Fahrzeug besitzt fünf Laufräder, eine Wanne aus geschweißtem Ganzstahl und ist voll schwimmfähig. Der Fahrer sitzt vorn links neben dem Motorraum und vor dem Kommandanten. Seine Luke öffnet sich nach links. Es gibt drei nach vorn gerichtete Winkelspiegel, von denen einer durch ein Infrarot-Nachtsichtgerät ersetzt werden kann. Die Mannschaft findet im Heck Platz und sitzt durch eine große Heckklappe auf und ab. Die Tür verfügt über eine Kugelblende, auf der linken Seite sind zwei und auf der rechten Seite drei weitere Kugelblenden. Der Type 85 hat eine runde Dachluke auf jeder Seite im vorderen Bereich des Transportraums und zwei ovale Dachluken hinter dem 12,7-mm-Maschinengewehr sowie ein Schwallbrett, das vor dem Wassereintritt aufgerichtet wird.

Unten: *Der MTW Type 85 existiert in rund einem Dutzend Versionen, zum Beispiel als Gefechtsstandfahrzeug, Sanitätspanzer, Mörserträger, Bergepanzer und Panzerhaubitze.*

Technische Daten

Bewaffnung: ein 12,7-mm-MG

Panzerung: Stahl; Stärke unbekannt

Besatzung: 2 plus 13

Maße: Länge 6,10 m; Breite 3,06 m; Höhe 1,91 m

Gewicht: 13 600 kg

Antrieb: ein Typ-BF8L413F-Dieselmotor mit 238 kW (324 PS)

Höchstgeschwindigkeit: 65 km/h

Reichweite: 500 km

Der moderne Blitzkrieg
1985 China

MANNSCHAFTSTRANS-PORTER WZ 551

Unten: *Der sechsrädrige WZ 551 wurde seit seiner Einführung Mitte der 1980er-Jahre mit den verschiedensten Bewaffnungen versehen.*

Der WZ 551 ist einer von vielen verschiedenen Mannschaftstransportern im Dienst der chinesischen Volksbefreiungsarmee. Die enorme Größe der Armee macht diese sehr umfangreiche Produktion notwendig.

Technische Daten

(25-mm-SPz-Version)
Bewaffnung: eine 25-mm-Giat-Kanone; ein 7,62-mm-MG
Panzerung: 8 mm Stahl
Besatzung: 3 plus 9
Maße: Länge 6,65 m; Breite 2,80 m; Höhe 2,89 m
Gewicht: 15 300 kg
Antrieb: ein Deutz-V-8-Dieselmotor mit 191 kW (260 PS)
Höchstgeschwindigkeit: 85 km/h
Reichweite: 600 km

Der von der chinesischen NORINCO (North Industries Corporation) entwickelte Mannschaftstransporter WZ 551 ist dem französischen VAB sehr ähnlich. Die Konstruktion entspricht weitgehend der des VAB mit Fahrer und Kommandanten im vorderen Teil und dem Motorraum hinter dem Fahrersitz. Der Transportraum verfügt über eine große Tür mit Anschlag rechts, Kugelblenden und Dachluken. Der WZ 551 kann einen 1,20 m tiefen Graben überwinden, eine 50-cm-Stufe nehmen und schafft 60 Prozent Steigung und 30 Prozent Neigung. Außerdem kann er Flüsse durchqueren.

Konstruktionsdetails

Das Fahrzeug besitzt Luftein- und -auslässe über dem Motorraum und ein Auspuffrohr oben links. Die gepanzerte Wanne besteht aus geschweißtem Ganzstahl. Der WZ 551 ist voll schwimmfähig und wird durch zwei verdeckte Heckpropeller angetrieben, die im Wasser ausgefahren werden. Neuere Serienmodelle haben stärkere Motoren und eine leicht abweichende Ausstattung.

Der moderne Blitzkrieg
🛠 **1985 Ägypten**

MANNSCHAFTSTRANSPORTWAGEN FAHD

Im Vergleich zu anderen Fahrzeugen seiner Art erscheint der ägyptische Fahd als ein eher schlichter Mannschaftstransporter. Er ist aber preiswert herzustellen und sehr flexibel einsetzbar.

Technische Daten

Bewaffnung: optional
Panzerung: unbekannt
Besatzung: 2 plus 10
Maße: Länge 6,00 m; Breite 2,69 m; Höhe 2,10 m
Gewicht: 11 250 kg
Antrieb: ein Mercedes-Benz-6-Zylinder-Turbodiesel mit 125 kW (170 PS) bei 2800 U/min
Höchstgeschwindigkeit: 84 km/h
Reichweite: 800 km

Oben: *Der nur von der ägyptischen Armee verwendete Fahd 230/4 ist mit dem Zwei-Mann-Turm des BMP-2 mit 30-mm-Kanone und koaxialem 7,62-mm-MG ausgestattet.*

Der vierrädrige Mannschaftstransporter Fahd wurde von Henschel Wehrtechnik im Auftrag der ägyptischen Armee entwickelt. Seine Firmenbezeichnung lautete TH390. Die Produktion begann 1985 im Werk Kader nahe Kairo, und die ersten Modelle wurden im Folgejahr ausgeliefert. Der Fahd besteht aus einem modifizierten Mercedes-Benz-Lkw-Chassis mit einem gepanzerten Aufbau, der Schutz vor leichten Waffen und Granatsplittern bietet. Das Fahrzeug ist einfach konstruiert und für den Wüsteneinsatz optimiert. Zur Standardausstattung zählen eine Servolenkung und eine Reifendruckkontrolle, mit der der Fahrer den Reifendruck dem Untergrund anpassen kann. Der Fahd ist ein Fahrzeug ohne Besonderheiten, günstig und unkompliziert, aber bemerkenswert tauglich. Das Modell 240/30 ist mit dem Turm des russischen SPz BMP-2 samt 30-mm-Kanone ausgerüstet.

Export

Die ägyptische Armee hat nicht allzu viele Fahd im Einsatz. Einige Einheiten wurden angeblich nach Kuwait, Oman und in den Sudan exportiert, weitere Modelle von den UN-Friedenstruppen in Bosnien eingesetzt.

Unten: *Ein Fahd der SFOR, der NATO-geführten Schutztruppe für Bosnien-Herzegowina. Die Truppe löste im Dezember 2004 die IFOR (Implementation Force) ab.*

Der moderne Blitzkrieg

1985 Südkorea

SCHÜTZENPANZER KIFV

Das von der Special Products Division bei Daewoo entwickelte KIFV wird in großem Umfang von der südkoreanischen Armee eingesetzt und auch nach Malaysia exportiert.

Technische Daten

Bewaffnung: ein 12,7-mm-MG; ein 7,62-mm-MG

Panzerung: Aluminium; Stärke unbekannt

Besatzung: 3 plus 7

Maße: Länge 5,49 m; Breite 2,85 m; Höhe 1,93 m

Gewicht: 12 900 kg

Antrieb: ein MAN-D2848T-V8-Turbodiesel mit 209 kW (284 PS)

Höchstgeschwindigkeit: 74 km/h

Reichweite: 480 km

Das Korean Infantry Fighting Vehicle KIFV wird von Daewoo Heavy Industries gebaut. Die Konstruktion entspricht der des amerikanischen Armoured Infantry Fighting Vehicle. Der Dieselmotor ist von MAN, das Automatikgetriebe stammt aus Großbritannien. Das Fahrzeug hat eine dreiköpfige Besatzung und bietet sieben voll ausgerüsteten Infanteristen im Transportraum Platz. Der Schütze am 12,7-mm-M2HB-Maschinengewehr ist rundum geschützt. Auf der Frontplatte sind sechs nach vorn feuernde, elektrisch zündende Nebelwurfbecher montiert. Das Fahrzeug ist voll schwimmfähig. Rund 2000 Stück nutzt die südkoreanische Armee, zudem wurde das KIFV auch nach Malaysia exportiert.

Daewoo hat ein verbessertes Grundmodell mit einem neuen D2848T-Turbodiesel entwickelt. Der mit einem Allison-Automatikgetriebe der Reihe X-200-5D gekoppelte Motor leistet 284 PS. Eine Variante kann mit einem in Korea in Lizenz gefertigten 20-mm-Vulcan-Flak-Geschütz ausgerüstet werden. Außerdem gibt es zwei Mörserträger mit 81-mm- bzw. 107-mm-Mörser. Weitere Modelle sind für Bergung, Panzerabwehr (mit TOW-Raketensystem), ABC-Aufklärung und als Gefechtsstand konzipiert worden.

Oben: *Die ständig durch den kommunistischen Norden bedrohte Republik Korea muss große Verbände in kürzester Zeit verlegen können. Genau zu diesem Zweck wurde das KIFV entwickelt.*

Der moderne Blitzkrieg
1985 Großbritannien

SCHÜTZENPANZER WARRIOR

Der von GKN, einer heute zu BAE Systems Land and Armaments gehörenden Firma, entwickelte Warrior hat sich unter den verschiedensten Bedingungen, von den Wüsten Iraks bis zu den Bergen Bosniens, als hervorragendes Kampffahrzeug bewährt.

Unten: *Der Warrior hat sich erstmals im Golfkrieg von 1991 bewährt und wird seitdem in der britischen Armee in jedem Terrain eingesetzt, vom Balkan bis nach Afghanistan.*

Technische Daten

Bewaffnung: eine 30-mm-Rarden-Kanone; eine 7,62-mm-MK
Panzerung: unbekannt
Besatzung: 3 plus 7
Maße: Länge 6,34 m; Breite 3,00 m; Höhe 2,79 m
Gewicht: 25 500 kg
Antrieb: ein Perkins-Dieselmotor mit 410 kW (557 PS) bei 2300 U/min
Höchstgeschwindigkeit: 75 km/h
Reichweite: 660 km bei 60 km/h

Die Schützenpanzer-Familie Warrior besteht aus sieben Modellen, wurde erstmalig 1988 eingesetzt und hat sich mit großem Erfolg in Bosnien, im Ersten Golfkrieg, im Kosovo und im Irakkrieg von 2003 bewährt. Eine der großen Stärken des Fahrzeugs ist sein Dieselmotor, der ihm eine Geschwindigkeit von 75 km/h ermöglicht und es damit erlaubt, auch in schwierigstem Gelände mit dem Kampfpanzer Challenger 2 Schritt zu halten. Der Warrior ist nicht amphibisch, kann aber Wasser bis 1,30 m Tiefe durchqueren.

Bewaffnung

Die Schützenpanzer-Versionen des Warrior bergen in ihrem Turm eine 30-mm-Rarden-Kanone mit einer Reichweite von 1500 m. Die Varianten zur Artillerie-Beobachtung und Batterie-Führung haben nur eine Waffenattrappe im Turm, um Platz für eine Artillerie-Feuerleitanlage zu schaffen. Alle Modelle sind mit einer 7,62-mm-Maschinenkanone ausgerüstet. Diese und die Rarden-Kanone können auch zur Hubschrauberabwehr eingesetzt werden. Da die Kanone nicht stabilisiert ist, muss die Zielansprache bei stehendem Fahrzeug erfolgen. Der Panzer ist mit einem RAVEN-Sichtgerät mit achtfacher Vergrößerung und Bildstabilisierung ausgestattet und kann acht M72-Panzerabwehrwaffen im Transportraum aufnehmen.

Oben: *Dieses Foto zeigt die Reparatur- und Bergeversion des Warrior, wie sie bei der Operation Desert Storm 1991 zum Einsatz kam.*

Panzerung und Ausstattung

Die Panzerung des Warrior kann der Detonation einer 155-mm-Granate in zehn Metern Entfernung und direktem Beschuss mit Maschinengewehren bis zu einem Kaliber von 14,5 mm standhalten. Im Ersten Golfkrieg und während Operationen auf dem Balkan und im Irak wurde eine zusätzliche Panzerung installiert. Der ABC-Schutz ist bei verschlossenem Fahrzeug über 48 Stunden gewährleistet. Das Fahrzeug verfügt über eine Bordtoilette.

Konstruktionsdetails

Im Warrior-Panzer können bis zu sieben voll ausgerüstete Infanteristen mit Nachschub und Waffen in einem 48-stündigen Gefechtseinsatz unter ABC-Schutz operieren. Der Schutz gegen leichte Waffen, Raketengeschosse und Panzerminen hat sich während der UN-Missionen in Bosnien bewährt. Die Panzerung kann verstarkt werden. Im Rahmen des BGTI-Programms (Battle Group Thermal Imaging) kann die Nachtkampffähigkeit durch ein STAG-Wärmesichtgerät von Thales Optronics verbessert werden. Bis heute wurden, Variationen eingeschlossen, 1043 Warrior gebaut und zum Teil nach Kuwait exportiert.

Der moderne Blitzkrieg

1986 Frankreich

KAMPFPANZER LECLERC

Frankreich hat mit dem Leclerc einen der besten Kampfpanzer der Welt geschaffen. Der berühmte General, dessen Namen er trägt, wäre zu Recht stolz.

Technische Daten

Bewaffnung: eine 120-mm-Kanone; ein 12,7-mm-MG; ein 7,62-mm-MG

Panzerung: unbekannt

Besatzung: 3

Maße: Länge 9,87 m; Breite 3,71 m; Höhe 2,53 m

Gewicht: 56 500 kg

Antrieb: ein SACM-V8X-1500-8-Zylinder-Dieselmotor mit 1118,5 kW (1521 PS) oder ein MTU-883 V12-Dieselmotor mit 1119,4 kW (1522 PS)

Höchstgeschwindigkeit: 72 km/h (Straße)

Reichweite: 450 km (Straße)

Der von Giat gebaute Kampfpanzer Leclerc wurde nach dem berühmten Kommandeur der französischen 2. Panzerdivision und Befreier von Paris im Zweiten Weltkrieg benannt. Er wurde 1992 von der französischen Armee und 1996 von den Streitkräften von Abu Dhabi in Dienst gestellt. 1998 kam mit dem Leclerc Mark 2 eine verbesserte Version mit modernisierter Software und verbesserter Motorsteuerung. Die französische Armee hat 400 Stück im Einsatz, während die Vereinigten Arabischen Emirate 390 Kampf- und 46 Bergepanzer unterhalten. Der Leclerc ist mit einem SIR (Système d'Information Régimentaire) genannten Leit- und Informationssystem ausgestattet, das unter anderem eine farbige Kartendarstellung bietet, auf der die eigene Position, die Positionen der alliierten und Feindkräfte sowie die designierten Ziele angezeigt werden.

Einsatz in der französischen Armee

Die französische Armee musste sich viele Jahre lang auf den veralteten AMX-30 als Hauptkampfpanzer verlassen. Die Einführung des Leclerc mit seiner wirkungsvollen 120-mm-Kanone und der modernen Feuerleitelektronik eröffnet den gepanzerten Divisionen ganz neue Möglichkeiten.

Links: *Der Leclerc ist voll wüstenkampftauglich und wird auch in die Vereinigten Arabischen Emirate exportiert, deren Panzer bei der UN-Mission im Kosovo neben ihren französischen Schwestermodellen zum Einsatz kamen.*

Unten: *Der Kampfpanzer Leclerc ist eine sehr effiziente Kampfmaschine und bietet die neueste französische Waffentechnik. Die 120-mm-Kanone und das hochmoderne Feuerleitsystem versorgen die französische Armee mit der modernsten Panzerwaffe der Welt.*

Der moderne Blitzkrieg

1986 Südafrika

RADSCHÜTZENPANZER LAND SYSTEM OMC ROOIKAT

Der Rooikat von Land Systems OMC bewährt sich schon seit über einem Vierteljahrhundert bei den südafrikanischen Streitkräften. Er besitzt ein komplexes und sehr effizientes Feuerleitsystem.

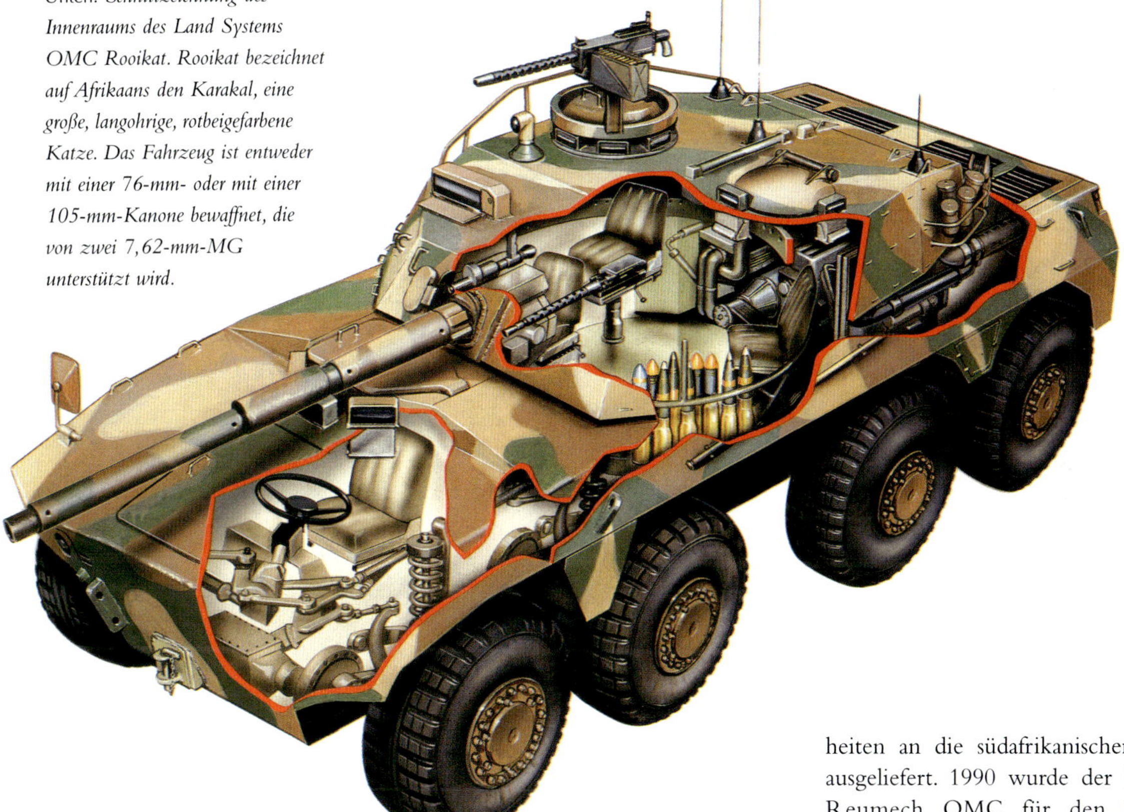

Unten: *Schnittzeichnung des Innenraums des Land Systems OMC Rooikat. Rooikat bezeichnet auf Afrikaans den Karakal, eine große, langohrige, rotbeigefarbene Katze. Das Fahrzeug ist entweder mit einer 76-mm- oder mit einer 105-mm-Kanone bewaffnet, die von zwei 7,62-mm-MG unterstützt wird.*

Technische Daten

Bewaffnung: eine 105-mm-Kanone; zwei 7,62-mm-MG
Panzerung: unbekannt
Besatzung: 4
Maße: Länge 7,10 m; Breite 2,90 m; Höhe 2,50 m
Gewicht: 28 000 kg
Antrieb: ein ADE-V-10-Dieselmotor mit 420 kW (571 PS)
Höchstgeschwindigkeit: 120 km/h
Reichweite: 1000 km

Der Radschützenpanzer Rooikat wurde ursprünglich von der Firma Reemit entwickelt, die später zu Vickers OMC wurde. Diese wiederum wurde 2002 nach dem Kauf von Vickers Defence durch Alvis in Alvis OMC umbenannt; Alvis ist heute Teil von BAE Systems Land Systems. Der Rooikat ist für schnelle Einsätze bei Tag und Nacht vorgesehen und mit Wärmesichtgeräten für nächtliche Navigation und Feuerleitung ausgestattet. Seit 1980 wurden 240 mit einer 76-mm-Kanone bewaffnete Einheiten an die südafrikanischen Streitkräfte ausgeliefert. 1990 wurde der Rooikat von Reumech OMC für den Exportmarkt weiterentwickelt.

Bewaffnung und Panzerung

Die Exportversion war mit einer 105-mm-Kanone bewaffnet. Das Fahrzeug hat beiderseits des Turms je eine nach vorne feuernde Reihe von elektrisch gesteuerten 81-mm-Nebelwerfern. Der Rooikat bietet der vierköpfigen Besatzung vollständigen Schutz vor der Detonation einer T46-Panzermine und hält dem frontalen Beschuss mit Projektilen bis 24 mm stand. Konstruktionsbedingt ist das Fahrzeug auch bei Verlust eines Rades noch voll fahrtauglich.

Der moderne Blitzkrieg

1987 **Indien**

KAMPFPANZER ARJUN

Der Arjun war der Versuch der indischen Armee, einen eigenen Hauptkampfpanzer zu entwickeln. Allerdings ist das Programm gescheitert.

Technische Daten

Bewaffnung: eine 120-mm-Kanone; ein 12,7-mm-MG; ein 7,62-mm-MG

Panzerung: unbekannt

Besatzung: 4

Maße: Länge 9,80 m; Breite 3,17 m; Höhe 2,43 m

Gewicht: 58 000 kg

Antrieb: ein MTU-636-Ka501 V12-Dieselmotor mit 1045 kW (1421 PS)

Höchstgeschwindigkeit: 72 km/h

Reichweite: 400 km

Links: *Der indische Versuch eines eigenen Kampfpanzers litt von Anfang an unter Rückschlägen und galt bei vielen hohen Offizieren als Schritt zurück. Sie hätten das Geld lieber in ausländische Modelle investiert.*

Anfang der 1970er-Jahre konnte die Indian Defence Research and Development Organisation Erfahrungen mit der Lizenzfertigung des Kampfpanzers Vijayanta sammeln und beschloss, ein eigenes Modell für die indische Armee zu entwickeln. Der neue Panzer wurde unter Assistenz anderer Organisationen aus ganz Indien sowie einiger ausländischer Ideengeber vom Combat Vehicle Research and Development Establishment entworfen. Der erste Prototyp, nach einem mythischen Helden Arjun genannt, wurde 1984 fertiggestellt. Darauf folgten zwölf weitere Prototypen und eine Vorserienreihe von 32 Panzern aus der Heavy Vehicles Factory in Avadi, in der auch der Vijayanta gebaut worden war. Das anschließend aufgelegte Arjun-Programm litt beständig unter Verzögerungen und Kostenexplosionen, und so wurden erst 2004 die ersten 15 von 124 bestellten Panzern in Dienst gestellt. Für einige indische Armeeoffiziere ist der Arjun mittlerweile ein „Weißer Elefant", und sie würden es begrüßen, wenn weitere russische T-90 angeschafft würden.

Links: *Wie die bei der indischen Armee eingesetzten Panzer aus sowjetischer Produktion haben auch Arjun-Panzer Platz für zwei Zusatztanks auf dem Heck. Die Rakete im Hintergrund ist eine Prithvi-Kurzstreckenrakete.*

Der moderne Blitzkrieg

1987 Rumänien

KAMPFPANZER TR-85

Der rumänische Kampfpanzer TR-85 ist eine modifizierte Version des russischen T-55. Er wird nach wie vor weiter modernisiert, um zukünftig mit der NATO-Technologie kompatibel zu sein.

Technische Daten

Bewaffnung: eine 100-mm-Kanone; ein 7,62-mm-MG; ein 12,7-mm-Fla-MG

Panzerung: unbekannt

Besatzung: 4

Maße: Länge 9,96 m; Breite 3,44 m; Höhe 3,10 m

Gewicht: 50 000 kg

Antrieb: ein 8-Zylinder-Dieselmotor mit 641,8 kW (873 PS) bei 2300 U/min

Höchstgeschwindigkeit: 60 km/h

Reichweite: 310 km

Der rumänische Kampfpanzer TR-85 ist eine stark verbesserte Variante des russischen T-55. Er hat einen neuen Turm, einen MAN-Dieselmotor – den gleichen wie der Leopard 1 – sowie ein umfassend überarbeitetes Laufwerk, ein stabilisiertes Hauptgeschütz und ein Laser-Zielsuchsystem. Der Panzer ist zum Selbstschutz mit Rauchgranaten und Detektoren ausgerüstet, die vor einer Laserzielerfassung warnen. Das neu entwickelte 100-mm-Wuchtgeschoss BM-412Sg verleiht der Kanone auf 1 km Entfernung eine Durchschlagleistung von 450 mm. Die rumänischen Streitkräfte haben 350 dieser Panzer im Dienst.

Modernisierungen

Der TR-85 M1 und das Folgemodell TR-85 M2 sind modernisierte Versionen des TR-85. Die rumänische Armee modernisiert zurzeit 150 alte Panzer, deren Technologie zum Teil bis ins Jahr 1985 zurückreicht. Der TR-85 M1 wird in Kooperation mit dem französischen Unternehmen Matra gebaut. Ende 1999 wurde die erste Reihe neuer Panzer zu Testzwecken ausgeliefert.

Unten: *Der TR-85 und seine Varianten sind zwar bei Weitem nicht so effizient wie die Panzer der führenden Nationen, haben aber den rumänischen Streitkräften bisher gute Dienste geleistet. Das Grundmodell TR-85 wurde mit französischer Hilfe umfassend modernisiert.*

Der moderne Blitzkrieg
1987 Südkorea

KAMPFPANZER TYPE 88 K1

Der Type 88 K1 ist eine kleinere Version des Kampfpanzers M1 Abrams und wurde zur Bekämpfung des nordkoreanischen T-62 aus russischer Fertigung entwickelt. Er besitzt ein computergestütztes Feuerleitsystem.

Oben: *Der südkoreanische Kampfpanzer K1 wurde zur Bekämpfung des nordkoreanischen T-62 entwickelt. Er wurde seit seiner Indienststellung 1987 umfassend modernisiert und auch nach Malaysia exportiert.*

Der Type 88 K1 wurde von der heutigen General Dynamics Land Systems Division entwickelt, von der auch der M1 stammt. Daher überrascht es wohl kaum, dass er einer verkleinerten Ausgabe des M1 Abrams gleicht. Er wurde 1983 als Prototyp in den USA fertiggestellt, die Serienfertigung erfolgte zwischen 1985 und 1986 bei der Hyundai Precision and Industrial Company. Mit dem K1 hatten die südkoreanischen Streitkräfte eine adäquate Antwort auf den nordkoreanischen T-62, der schon länger eine große Bedrohung gewesen war.

Varianten

Die modernisierte Version K1A1 gleicht dem Vorgängermodell, hat aber eine größere 120-mm-M-256-Kanone, die amerikanische Lizenzfertigung der Waffe von Rheinmetall, mit höherer Durchschlagskraft. Zudem besitzt das neuere Modell eine verbesserte Feuerleitanlage mit Wärmebildgeräten für den Schützen und den Kommandanten, einen neuen 32-Bit-Feuerleitcomputer und einen verbesserten Motorschutz. Die Variante K1M wurde speziell auf die Anforderungen der malaysischen Streitkräfte zugeschnitten.

Technische Daten

Bewaffnung: eine 105-mm-Kanone; zwei 7,62-mm-MG; ein 12,7-mm-MG

Panzerung: Verbundstahl; Stärke unbekannt

Besatzung: 4

Maße: Länge 9,67 m; Breite 3,59 m; Höhe 2,25 m

Gewicht: 51 100 kg

Antrieb: ein MTU-MB-871-Ka-501-Dieselmotor mit 894 kW (1215 PS)

Höchstgeschwindigkeit: 65 km/h

Reichweite: 437 km

Der moderne Blitzkrieg
1988 China

KAMPFPANZER TYPE 80

Der chinesische Kampfpanzer Type 80 geht in seiner Konstruktion auf das Jahr 1978 zurück. Er unterscheidet sich vom Type 69 durch eine neue Wanne und eine verbesserte Bewaffnung samt Feuerleitanlage.

Oben: *Der Type 80 verfügt über einen Schnorchel, der das Durchqueren tiefer Wasserstellen ermöglicht. Er wurde nicht in großen Stückzahlen gefertigt.*

Technische Daten

Bewaffnung: eine 105-mm-Kanone; ein 7,62-mm-MG; ein 12,7-mm-MG

Panzerung: Stahl; Verbundpanzerung möglich

Besatzung: 4

Maße: Länge 9,33 m; Breite 3,37 m; Höhe 2,29 m

Gewicht: 38 000 kg

Antrieb: ein Model-VR36-V-12-Dieselmotor mit 545 kW (741 PS)

Höchstgeschwindigkeit: 60 km/h

Reichweite: 430 km

Im Gegensatz zum älteren Type 69, der eine direkte Weiterentwicklung des Type 59 gewesen war, wies der Type 80 eine Reihe neuer Merkmale auf, allen voran eine neue Wanne. Die ersten Studien begannen 1978, doch die Produktion lief erst zehn Jahre später an. Der größte Hersteller war die NORINCO (China North Industries Corporation). Rund 500 Einheiten wurden für die chinesische Volksbefreiungsarmee gefertigt, etwa 20 Stück wurden an Myanmar (Burma) geliefert. Der Panzer kann zum Durchqueren tiefen Wassers mit einem Schnorchel ausgestattet werden und verfügt standardmäßig über ein Feuermelde- und -löschsystem. Bei Bedarf kann die Front mit einer Verbundpanzerung verstärkt werden. Beim zweiten Modell, dem Type 80-II (Type 88B) wurde eine verbesserte Feuerleitanlage hinzugefügt und das Schaltgetriebe durch eine Halbautomatik ersetzt. Das neue Feuerleitsystem wurde auch in einige ältere Type 80 nachträglich eingebaut. Ebenfalls Standard sind ein Bergebalken und die Möglichkeit, zugunsten einer größeren Reichweite am Heck zwei Zusatztanks zu montieren, die nach Gebrauch abgeworfen werden können.

Der moderne Blitzkrieg

1988 Italien

KAMPFPANZER ARIETE

Der Ariete ist Teil einer Familie von drei Panzerfahrzeugen, zu denen noch der Jagdpanzer Centauro und der Schützenpanzer Dardo gehören. Bei der italienischen Armee sind 200 dieser Kampfpanzer im Dienst.

Der Kampfpanzer Ariete war das Produkt eines 1987 gebildeten Konsortiums aus Otobreda und Iveco zur Entwicklung einer neuen Familie von Kampffahrzeugen für die italienische Armee. Die ersten der 200 bestellten Ariete wurden im Dezember 1995 ausgeliefert, die letzten im Jahr 2002.

Konstruktionsdetails

Der Ariete besitzt eine geschweißte Ganzstahlkonstruktion mit Verbundpanzerung an der Wannenfront sowie an Front und Seiten des Turmes, dazu Kettenschürzen, die die obere Hälfte des Fahrwerks schützen. Zudem verfügt der Panzer über einen Lasersensor vor der Luke des Ladeschützen. Der Turm sitzt in der Mitte der Wanne mit Kommandant und Schütze auf der linken und Ladeschütze auf der rechten Seite. Der Kommandant hat über acht Winkelspiegel Rundumsicht und verfügt über ein Nachtsichtgerät mit 2,5- und 10-facher Vergrößerung. Der Ladeschütze hat eine einteilige Luke mit zwei nach vorn bzw. nach links weisenden Winkelspiegeln. Dem Schützen steht ein stabilisiertes Nacht- und Wärmesichtgerät mit Laserentfernungsmesser zur Verfügung, das an einen mit Sensoren und Stabilisator verbundenen Feuerleitcomputer gekoppelt ist.

Technische Daten

Bewaffnung: eine 120-mm-Kanone; zwei 7,62-mm-MG

Panzerung: unbekannt

Besatzung: 4

Maße: Länge (Wanne) 7,59 m; Breite 3,60 m; Höhe 2,50 m

Gewicht: 54 000 kg

Antrieb: ein IVECO-V12-MTCA-12-Zylinder-Turbodiesel mit Ladeluftkühlung mit 970 kW (1319 PS)

Höchstgeschwindigkeit: 65 km/h

Reichweite: 550 km

Links: *Der Ariete hat neben einer umfassenden Schutzausstattung am Bug eine zusätzliche moderne Panzerung, die Schutz vor den neuesten Hohlladungsgefechtsköpfen bietet.*

Unten: *Der Ariete hat beiderseits des Turmes vier Nebelwerfer. Die Granaten können automatisch abgefeuert werden, sobald ein Laserwarnsystem eine Bedrohung erkennt. Der Sensor hierfür sitzt direkt vor der Luke des Ladeschützen.*

Der moderne Blitzkrieg

1988 USA

KAMPFPANZER STINGRAY

Der für den Export entwickelte leichte Kampfpanzer Stingray ist trotz seiner leichten Panzerung ein effizientes Kampffahrzeug, das Feuerkraft mit hervorragender Beweglichkeit verbindet.

Links: *Das Design des Stingray ist durchdacht. Die Flanken des keilförmigen Turms sind für maximalen Schutz abgeschrägt und mit Nebelwerfern versehen.*

Technische Daten

STINGRAY I

Bewaffnung: eine 105-mm-Kanone; ein 7,62-mm-MG; ein 12,7-mm-MG

Panzerung: Stahl; Stärke unbekannt

Besatzung: 4

Maße: Länge 9,30 m; Breite 2,71 m; Höhe 2,55 m

Gewicht: 21 205 kg

Antrieb: ein Detroit-92-TA-V8-Dieselmotor mit 399 kW (542 PS)

Höchstgeschwindigkeit: 67 km/h

Reichweite: 480 km

Der leichte Kampfpanzer Stingray begann als Privatprojekt der Textron Marine and Land Systems (ehemals Cadillac Gage Textron), deren Ziel die Konstruktion eines leichten, hoch mobilen Kampffahrzeuges mit der Feuerkraft eines Hauptkampfpanzers war. Der erste Prototyp wurde 1985 fertiggestellt und zu Testzwecken nach Thailand geliefert, woraufhin die thailändische Armee 106 Stück orderte. Der Stingray II von 1996 ist eine modernere Version mit der gleichen Bewaffnung wie der ursprüngliche Stingray, aber einem besseren digitalen Feuerleitsystem und ABC-Schutz. Die Hauptwaffe ist eine rückstoßarme Version der britischen 105-mm-L7-Kanone mit gezogenem Lauf.

Oben: *Der leichte Panzer Stingray ist für Aufklärungszwecke optimiert und besitzt eine hohe Feuerkraft und Beweglichkeit, aber er ist nicht für Gefechte mit schweren Panzern geeignet. Stingray ist das größte Kampffahrzeug, dass Cadillac Gage aus eigener Initiative entwickelt hat.*

Export

Bis 2006 kam die einzige Bestellung aus Thailand. Trotz der angeblichen Kombination aus Feuerkraft eines Hauptkampfpanzers mit einer hohen Beweglichkeit ist der Stingray für einen Gefechtseinsatz zu leicht gepanzert und in Wirklichkeit eher ein Aufklärer. Die Lieferung an Thailand wurde 1990 abgeschlossen, und der Hersteller konzentriert sich auf den des Stingray II.

Der moderne Blitzkrieg

1989 China

KAMPFPANZER TYPE 85-II, 85-III UND 96

Die Kampfpanzer der Typenreihe 85 gehen auf den russischen T-54/55 zurück, allerdings lassen die in den vergangenen Jahren erfolgten Konstruktionsänderungen eine Verwandtschaft kaum noch erkennen.

Oben: *Der Typ 85/96 ist einer der modernsten chinesischen Panzer und wurde gegenüber den Vorgängermodellen deutlich verbessert. Er ist mit einem Autolader russischer Bauart ausgerüstet, der eine Reduzierung der Besatzung auf drei Mann erlaubt.*

Der ebenfalls von NORINCO produzierte Type 85-II ist eine Weiterentwicklung des Kampfpanzers Type 80. Er weist zahlreiche Verbesserungen auf, wie zum Beispiel eine neu gestaltete Wanne und einen Turm mit deutlich verbesserter Panzerung aus geschweißten Stahlplatten anstelle von Gussstahl. Es gibt mehrere Modelle des Type 85-II, einschließlich der Typen 85-IIA und 85-IIM. Diese Variante ist mit einer chinesischen 125-mm-Glattrohrkanone und einer Kopie des russischen 2A46-Autoladers ausgestattet. Zudem besitzt der Panzer einen verbesserten Panzerschutz, eine modernere Feuerleitanlage und Nachtsichtfähigkeit. Das Fahrzeug wird in Pakistan als Type 85-IIAP gebaut. Eine Weiterentwicklung führte zum Type 85-III, zu dessen Verbesserungen auch ein Dieselmotor mit 745,7 kW (1014 PS) zählt. Der Type 85-III wurde 1996 von der Volksbefreiungsarmee übernommen und offiziell in Type 96 umbenannt.

Einsatz

Der Panzer wurde 1997 von der chinesischen Armee in Dienst gestellt. Bis 2005 wurden vermutlich 1500 Stück ausgeliefert. Neue Fotos der chinesischen Staatsmedien bestätigen, dass jetzt alle Elite-Panzerdivisionen mit dem Type 96 ausgestattet sind.

Technische Daten

(Typ 85-IIM)

Bewaffnung: eine 125-mm-Kanone; ein 7,62-mm-MG; ein 12,7-mm-MG

Panzerung: Stahl/Verbundstoff; Stärke unbekannt

Besatzung: 3

Maße: Länge 10,28 m; Breite 3,45 m; Höhe 2,30 m

Gewicht: 41 000 kg

Antrieb: ein V12-Turbodiesel mit 544 kW (740 PS)

Höchstgeschwindigkeit: 57 km/h

Reichweite: 500 km

Der moderne Blitzkrieg

1989 Deutschland

WAFFENTRÄGER WIESEL

Die leichten Kampffahrzeuge der Wiesel-Reihe wurden für den Luftlandeeinsatz entwickelt. Neben den bereits produzierten Versionen werden auch fortlaufend neue Varianten getestet.

Technische Daten

(Wiesel 1 TOW)

Bewaffnung: ein TOW-2-Abschusssystem mit sieben Geschossen

Panzerung: unbekannt

Besatzung: 3

Maße: Länge 3,31 m; Breite 1,83 m; Höhe 1,90 m

Gewicht: 2800 kg

Antrieb: ein VW-5-Zylinder-Dieselmotor mit 64,1 kW (87 PS)

Höchstgeschwindigkeit: 75 km/h (Straße)

Reichweite: 280 km

Der Waffenträger Wiesel wurde von Porsche für die Bundeswehr als luftverlastbares leichtes Panzerfahrzeug entwickelt. Die Produktion wurde von der Firma übernommen, die 1989 die ersten 345 Fahrzeuge an die Bundeswehr auslieferte. Davon wurden 210 mit TOW-Panzerabwehrwaffen und 135 mit einer 20-mm-Bordmaschinenkanone ausgerüstet. Daneben kann der Wiesel 1 eine Fülle weiterer Aufgaben übernehmen, wie etwa als mobiler Gefechtsstand, Aufklärer mit Radarausrüstung, Bergefahrzeug, Flugabwehrsystem mit Stinger-Raketen und Panzerjäger mit HOT-Panzerabwehr-Raketen.

Wiesel 2

Eine eigenständige Weiterentwicklung von MaK führte zum Wiesel 2, dessen erster Prototyp 1994 fertiggestellt wurde. Er ist größer als der Wiesel 1, hat ein zusätzliches Laufrad auf jeder Seite, eine höhere Wanne, einen stärkeren Motor und mehr Innenvolumen. Dadurch erweitern sich seine Einsatzmöglichkeiten erheblich. Man hielt den Wiesel sogar für geeignet, um ihn aus der Luft abzuwerfen. Das stellte sich bei Versuchen aber als Irrtum heraus: Alle vier Testmodelle wurden zerstört.

Unten: *Dieser Wiesel ist mit einer TOW-Panzerabwehrlenkwaffe ausgestattet.*

Der moderne Blitzkrieg
1990 China

MANNSCHAFTSTRANSPORTER TYPE 90

In den vergangenen Jahren hat sich die chinesische Volksbefreiungsarmee an die Spitze der Entwicklung von Mannschaftstransportern gesetzt und einige erfolgreiche Modelle für viele Aufgaben entwickelt.

Oben: *Der Mannschaftstransporter Type 90 ist ein effizientes Waffensystem der chinesischen Volksbefreiungsarmee und wird in sehr großen Stückzahlen gefertigt.*

Der aus dem WZ551 entwickelte Mannschaftstransporter Type 90 gehört zu einer Familie von zehn gepanzerten Kampffahrzeugen. Dazu zählen verschiedenste Fahrwerkskonfigurationen für eine Vielzahl von Aufgaben. Der Type 90 wurde 1986 eingeführt und beruht auf dem Chassis des dreiachsigen Lkw Tiema XC2200, das seinerseits auf deutscher Lkw-Technologie basiert. Dieser Typ steht bei den chinesischen Landstreitkräften seit 1992 im Dienst. Das Grundmodell hat ein Kampfgewicht von 15 550 kg. Der Type 90 hat eine Besatzung von drei Mann – Fahrer, Kommandant und Richtschütze –, bietet im Transportraum neun Infanteristen Platz und verfügt über eine Feuerlöschanlage sowie einen zentralisierten ABC-Schutz. Er ist voll amphibisch. Als erste Einheit wurde die 127. Motorisierte Infanteriedivision der 54. Armeegruppe in der Militärprovinz Jinan mit dem Type 90 ausgestattet. Die älteren Modelle werden nach und nach durch den moderneren Type 92 ersetzt. Die Mannschaftstransporter und Schützenpanzer vom Type 90 der chinesischen Armee sind die am häufigsten gebauten Gleiskettenfahrzeuge der Welt.

Technische Daten

Bewaffnung: ein 12,7-mm-MG
Panzerung: 18 mm Stahl
Besatzung: 3 plus 9
Maße: Länge 6,74 m; Breite 3,15 m; Höhe 1,72 m
Gewicht: 15 500 kg
Antrieb: ein 8-Zylinder-Turbodiesel mit 268 kW (364 PS)
Höchstgeschwindigkeit: 67 km/h
Reichweite: 500 km

Der moderne Blitzkrieg

1990 Japan

SCHÜTZENPANZER TYPE 89

Der Schützenpanzer Type 89 ist heute bei der japanischen Armee im Einsatz. Er hat den Type 75 ersetzt, der wegen mangelnder Panzerung und Feuerkraft außer Dienst gestellt wurde.

Technische Daten

Bewaffnung: eine 35-mm-Oerlikon-Kanone; ein 7,62-mm-MG; zwei Jyu-MAT-PzAbwLFK-Systeme

Panzerung: Stahl; Stärke unbekannt

Besatzung: 3 plus 7

Maße: Länge 6,70 m; Breite 3,20 m; Höhe 2,50 m

Gewicht: 27 000 kg

Antrieb: ein Mitsubishi-Dieselmotor mit 447 kW (608 PS)

Höchstgeschwindigkeit: 70 km/h

Reichweite: 400 km

Die Entwicklung des Schützenpanzers Type 89 für die japanischen Selbstverteidigungsstreitkräfte begann im Jahr 1984. Nach einer erfolgreichen Testphase ging er schließlich in Produktion. Der Hauptauftragnehmer war Mitsubishi Heavy Industries mit Komatsu als Subunternehmer. Die Konstruktion war konventionell mit dem Fahrer vorn rechts neben dem Motor. Der Zwei-Mann-Turm sitzt mittig vor dem Transportraum, der mit Heckluke, Dachluken und Kugelblenden versehen ist. Der Kommandant sitzt auf der rechten Seite des Turms, der Schütze auf der linken. Beide haben eine einteilige Dachluke, Winkelspiegel und ein Zielsichtgerät. Es gibt keine Varianten des Type 89, jedoch kann das Fahrzeug mit einer Minenräumausrüstung am Bug versehen werden. Hauptwaffe ist eine 35-mm-Kanone. Der Type 89 hat den Type 75 fast vollständig ersetzt, der aufgrund mangelnder Panzerung und Feuerkraft ausgemustert wurde.

Unten: *Der Type 89 stellt gegenüber dem alten Schützenpanzer Type 75 mit seiner schwachen Panzerung und Feuerkraft eine große Verbesserung dar. Er ist konventionell, schlicht und effizient.*

Der moderne Blitzkrieg

1990 Sowjetunion

SCHÜTZENPANZER BMP-3

Oben: *Blick von oben auf den Turm des BMP-3 mit dem Fahrerplatz in der Mitte zwischen den zusätzlichen Mannschaftsluken. An den Turmseiten sind die Granatwerfer zu erkennen.*

Der BMP-3 ist sehr gut bewaffnet. Sein Turm trägt eine 100-mm-Kanone, eine 30-mm-MK und ein 7,62-mm-MG. Die Hauptkanone verfügt über 40 Schuss, davon 22 in einem Autolader.

Der von der Kurgan-Maschinenbaufabrik entwickelte Schützenpanzer BMP-3 ging 1989 in Produktion. Er steht bei der russischen Armee in Dienst, die mit ihm den älteren BMP-2 vollständig ersetzen wollte. Wegen fehlender Mittel wurden wesentlich weniger Einheiten ausgeliefert als vorgesehen. Nichtsdestotrotz erwies sich das Fahrzeug als großer Erfolg: Mehr als 600 Stück wurden in verschiedene Länder wie die Vereinigten Arabischen Emirate, Zypern, Kuwait und Südkorea exportiert.

Varianten

Der BMP-3 ist ein gepanzertes, amphibisches Kettenfahrzeug für den Kampf gegen gepanzerte Boden- und Luftziele sowohl im Stand als auch aus der Bewegung heraus. Der BMP-3K ist eine Befehlstandsversion, die dem BMP-3 gleicht, hat aber zusätzliche Kommunikations- und Navigationsausstattung. Der BMP-3F ist für ausgedehnte Schwimmeinsätze ausgelegt. Er kann sieben Stunden lang auf See bleiben und bei relativ hohem Wellengang zielgenau feuern. Mit dem BRM-3 hat die russische Armee auch eine Aufklärungsversion im Einsatz.

Unten: *Der BMP-3 ist aufgrund einer 100-mm-Kanone mit gezogenem Lauf, einer 30-mm-Maschinenkanone und einem 7,62-mm-MG der vermutlich am besten bewaffnete Schützenpanzer der Welt.*

Technische Daten

Bewaffnung: eine 100-mm-2A70-Kanone mit gezogenem Lauf; eine 30-mm-2A72-MK; ein 7,62-mm-PKT-MG

Panzerung: unbekannt

Besatzung: 3 plus 7

Maße: Länge 7,20 m; Breite 3,23 m; Höhe 2,30 m

Gewicht: 18 700 kg

Antrieb: ein UTD-29-6-Zylinder-Dieselmotor mit 373 kW (507 PS)

Höchstgeschwindigkeit: 70 km/h

Reichweite: 600 km

Der moderne Blitzkrieg

1990 Taiwan

KAMPFPANZER M48H (CM-11)

Die taiwanesischen M84 sind im Lauf der Jahre umfangreich modernisiert worden. Mit neuen Kanonen, neuer Panzerung und modernen Sichtsystemen sind sie eine nicht zu unterschätzende Waffe.

Rechts: *Der taiwanesische Kampfpanzer CM-11 hätte gegen die neueren Kampfpanzer der Volksrepublik China einen schweren Stand. Seine geringere Kampfkraft macht er aber teilweise durch seine Anzahl wett, denn er bildet noch immer einen wichtigen Teil der taiwanesischen Streitkräfte.*

Technische Daten

Bewaffnung: eine 105-mm-Kanone; ein 7,62-mm-MG
Panzerung: 143 mm
Besatzung: 4
Maße: Länge 9,31 m; Breite 3,63 m; Höhe 3,09 m
Gewicht: 50 000 kg
Antrieb: ein General-Dynamics-AVDS-1790-2C-Dieselmotor mit 559 kW (760 PS)
Höchstgeschwindigkeit: 48 km/h
Reichweite: 500 km

Der M48H ist die taiwanesische Version des weitverbreiteten Kampfpanzers Patton. 1990 modernisierte Taiwan das Konzept und schuf eine Variante namens CM-11, eine Mischform aus dem modifizierten Turm des M48H und der Wanne eines neuen M60. Der Panzer hat ein modernes computergestütztes Feuerleitsystem mit einem stabilisierten Zielsichtgerät mit Wärmebildprogramm auf dem Dach, das dem des amerikanischen M1 Abrams gleicht. Hinzu kommt eine zielgenaue 105-mm-Kanone. Die Stabilisierung auf zwei Achsen erlaubt eine verbesserte Zielerfassung aus der Bewegung heraus. Feuerkraft und Beweglichkeit des CM-11 entsprechen denen des M60A3, aber die Turmpanzerung ist wesentlich schwächer und kann modernen Panzerabwehrwaffen nicht standhalten. Die taiwanesische Version wurde „Tapferer Tiger" getauft. Der M48H/CM-11 bildet einen Großteil der gepanzerten Einheiten des Landes.

Demonstrative Manöver

Der Panzer spielte eine wichtige Rolle in einem groß angelegten Manöver im April 2006, mit dem Taiwans Fähigkeit demonstriert werden sollte, jeden potenziellen Angreifer – gemeint war die Volksrepublik China – abzuwehren.

Der moderne Blitzkrieg

1991 Italien

JAGDPANZER CENTAURO

Die Centauro-Familie von 8x8-Radpanzern besteht aus dem Aufklärungs- und Jagdpanzer, dem Schützenpanzer VBC und dem Mannschaftstransporter, die alle das gleiche Chassis nutzen.

Oben: *Der erste Prototyp des Centauro entstand 1987. Im Bild ist die flache Silhouette des Fahrzeugs mit der in Fahrtstellung arretierten Kanone zu erkennen. Der Turm dreht sich um 360 Grad und hat einen Richtbereich von −6 bis +15 Grad.*

Die Radpanzer der Centauro-Familie wurden von dem Firmenkonsortium Iveco-Fiat-Oto-Melara entwickelt. Iveco und Fiat waren für die Entwicklung von Fahrzeug und Antrieb verantwortlich, während Oto Melara die Türme und Waffensysteme entwarf. Der Centauro ging 1991 in Produktion. Insgesamt übernahm die italienische Armee 400 Stück. Die spanische Armee besitzt 22 Centauro in der Aufklärungspanzer-Variante mit zusätzlicher Reaktivpanzerung an der Front und bestellte im Februar 2002 weitere 62 Fahrzeuge.

Bewaffnung und Panzerung

Der Centauro hat eine gepanzerte Wanne aus geschweißtem Ganzstahl, die Schutz vor Geschossen bis 12,7 mm und Granatsplittern bietet. Die verstärkte Frontpanzerung widersteht 20-mm-Geschossen. Das Belüftungssystem ist mit einem integrierten ABC-Schutz gegen atomare, biologische und chemische Kampfmittel ausgestattet. Auf dem Centauro lässt sich ein Lasersensor montieren. Er kann bei Tag und Nacht im Stand und während der Fahrt auf bewegliche und stationäre Ziele feuern.

Technische Daten

Bewaffnung: eine 105-mm-Kanone; zwei 7,62-mm-MG

Panzerung: unbekannt

Besatzung: 4

Maße: Länge 7,40 m; Breite 2,94 m; Höhe 2,43 m

Gewicht: 24 000 kg

Antrieb: ein Iveco-V6-Turbodiesel mit 388 kW (528 PS) bei 2300 U/min

Höchstgeschwindigkeit: 100 km/h

Reichweite: 800 km

Der moderne Blitzkrieg

1991 Japan

KAMPFPANZER TYPE 90

Der Type 90 gilt als einer der modernsten Kampfpanzer der Welt. Mit 200 Einheiten bildet er einen Großteil der gepanzerten japanischen Einheiten.

Technische Daten

Bewaffnung: eine 120-mm-Kanone; ein 12,7-mm-MG; ein 7,62-mm-MG

Panzerung: Stahl/Verbundstoff; Stärke unbekannt

Besatzung: 3

Maße: Länge 9,76 m; Breite 3,43 m; Höhe 2,34 m

Gewicht: 50 000 kg

Antrieb: ein Mitsubishi-10ZG-10-Zylinder-Dieselmotor mit 1118 kW (1520 PS)

Höchstgeschwindigkeit: 70 km/h

Reichweite: 400 km

Die Entwicklung des Kampfpanzers Type 90 begann Mitte der 1970er-Jahre, als das japanische Verteidigungsministerium und Mitsubishi Heavy Industries mit der Arbeit an einem neuen Hauptkampfpanzer namens TK-X begannen. Die ersten Prototypen wurden Mitte der 1980er-Jahre fertiggestellt und 1989 unter dem Namen Type 90 als einsatzbereit genehmigt. Die ersten Serienmodelle liefen 1992 vom Band. Die 120-mm-Kanone des Type 90 wurde von Japan Steel Works hergestellt. Diese Glattrohrkanone entspricht der in Japan in Lizenz gefertigten deutschen Rheinmetall-Kanone, hat aber eine eigene Rückstoßdämpfung und Lafette. Der Turm ähnelt dem des Leopard 2. Dank Autolader sind nur drei Mann Besatzung nötig.

Oben: *Der Kampfpanzer Type 90 erinnert an den deutschen Leopard 2, was kaum überrascht, da er die gleiche Turmkonstruktion mit der 120-mm-Rheinmetall-Glattrohrkanone des Leopard 2 kombiniert. Er besitzt eine wirksame Rückstoßdämpfung. Der Type 90 gilt als einer der modernsten Kampfpanzer seiner Klasse.*

Bewaffnung

Die 120-mm-Kanone ist mit einem Autolader versehen und feuert Hohlladungs- und Wuchtgeschosse mit teilverbrennbaren Hülsen. Das computergesteuerte Feuerleitsystem ermöglicht sowohl dem Kommandanten als auch dem Richtschützen das Zielen und Feuern aus dem Stand und aus voller Fahrt. Es hat eine sehr hohe Trefferrate.

Der moderne Blitzkrieg

1991 Pakistan

KAMPFPANZER AL-KHALID

Der Al-Khalid ist eine Gemeinschaftsentwicklung Pakistans, Chinas und der Ukraine. Er ist ein sehr effizientes Gefechtsfahrzeug. Der zuverlässige Motor ist einer der besten seiner Art.

Der ursprünglich als MBT 2000 bekannte Kampfpanzer Al-Khalid (dt.: Schwert) wurde von Pakistan, China und der Ukraine gemeinsam entwickelt. Die Arbeit begann 1988 in Pakistan, und im Januar 1990 wurde ein Vertrag mit China über die gemeinsame Entwicklung und Fertigung geschlossen. Mehrere in China gebaute Prototypen wurden 1992 auf ihre Tauglichkeit in der Hitze und dem schwierigen Terrain Pakistans getestet. Diese Faktoren diktierten die Entscheidung. Schließlich fiel die Wahl auf den leicht modifizierten ukrainischen Dieselmotor 6TD mit seinen 895 kW (1217 PS). Die Serienfertigung übernahm im Jahr 2000 Taxila Heavy Industries, die ersten Kampfpanzer wurden 2001 in Pakistan in Dienst gestellt. Angeblich haben die pakistanischen Streitkräfte 600 Einheiten bestellt.

Oben: *Der Al-Khalid entstand als gemeinschaftlicher Versuch, einen effizienten Kampfpanzer durch Kostenteilung preiswert herzustellen. Seine größte Stärke ist der in der Ukraine hergestellte Motor, der auf die klimatischen Bedingungen optimiert wurde, unter denen der Panzer operieren soll.*

Konstruktionsdetails

Der Panzer kann beim Nachteinsatz Ziele erfassen und automatisch verfolgen. Er ist mit seiner dreiköpfigen Besatzung kleiner als die meisten anderen Panzer seiner Art und verfügt über hochmoderne automatische Feuerlösch- und Detonationsdämpfungssysteme.

Technische Daten

Bewaffnung: eine 125-mm-Kanone; ein 7,62-mm-MG, ein 12,7-mm-MG

Panzerung: unbekannt

Besatzung: 3

Maße: Länge 6,90 m; Breite 3,40 m; Höhe 2,30 m

Gewicht: 46 000 kg

Antrieb: ein wassergekühlter 8-Zylinder-Dieselmotor mit 895 kW (1217 PS)

Höchstgeschwindigkeit: 70 km/h

Reichweite: 400 km

Der moderne Blitzkrieg

1992 Deutschland/Niederlande

SPÄHWAGEN FENNEK

Der Spähwagen Fennek ist eine Gemeinschaftsentwicklung Deutschlands und der Niederlande. Er ist ein leichtes und vielseitiges Fahrzeug, das an eine Vielzahl von Aufgaben angepasst werden kann.

Rechts: *Der Fennek ist ein Mehrzweck-Panzerfahrzeug, das für die verschiedensten Aufgaben geeignet ist. Der Innenraum bietet Platz für Besatzung, Elektronik und reichlich Versorgungsmaterial. Außerdem lässt sich eine leichte Waffenlafette montieren, wie hier zu sehen ist.*

Technische Daten

Bewaffnung: ein 40-mm-Granatwerfer; ein 12,7-mm-MG oder ein 7,62-mm-MG

Panzerung: unbekannt

Besatzung: 3

Maße: Länge 5,58 m; Breite 2,55 m; Höhe (Dach) 1,79 m

Gewicht: 11 000 kg

Antrieb: ein DAF-6-Zylinder-Turbodiesel mit 177 kW (237 PS)

Höchstgeschwindigkeit: 112 km/h

Reichweite: 1000 km (Straße); 460 km (Gelände)

Der ursprünglich als Multi-Purpose Carrier (MPC) bezeichnete Fennek ist ein vielseitiges, leicht gepanzertes Fahrzeug, dessen modularer Aufbau es äußerst anpassungsfähig macht. Es wurde von Deutschland und den Niederlanden gemeinsam entwickelt. 2006 bestellte die Bundeswehr 206 Fahrzeuge, die Niederländer orderten 410. Für die Produktion zeichnet die Arbeitsgemeinschaft Fennek verantwortlich, die aus SP in den Niederlanden und Krauss-Maffei Wegmann in Deutschland besteht.

Konstruktionsdetails

Die Auslieferung des Fennek soll 2007 abgeschlossen werden. Der Wagen hat eine ganz geschweißte Aluminiumkarosserie mit Keramik-Verbundpanzerung, sein Innenraum kann flexibel an diverse Aufgaben angepasst werden. Er soll vor allem als bodengestützter Spähpanzer bei den Panzeraufklärern und als vorgeschobener Beobachter der Artillerie zum Einsatz kommen. Der Fennek verfügt über einen Sensorenmast, mit dem die Besatzung die Umgebung aus der Deckung heraus aufklären kann.

Kapitel 9

PANZER FÜR DAS 21. JAHRHUNDERT

Der Einsatz von Panzern für den schnellen Bodengewinn und den vernichtenden Angriff auf den Feind ist eine Taktik, die heute ebenso gültig ist wie in den 1930er-Jahren. Ein gut ausgeführter Panzerangriff verwirrt und demoralisiert den Feind. Das war 1940 in Frankreich nicht anders als 1991 im Irak. Der Kampfpanzer ist nach wie vor die wichtigste Angriffswaffe und wird dies wohl auch bleiben.

Oben: *Der Serval von Rheinmetall Landsysteme ist eines der modernsten Fahrzeuge seiner Art mit umfangreichem Selbstschutz, wie Nebelwerfer vorn und hinten sowie Reifen mit Notfahreigenschaften.*

Links: *Der Challenger II ist einer der besten modernen Kampfpanzer. Er wird von der britischen Armee und der Königlichen Armee von Oman eingesetzt.*

Dank der hohen Schutzwirkung moderner Panzerungen ist der Panzer noch lange nicht veraltet. Die größte Bedrohung für eine Panzerbesatzung ist ein gleichwertiger Panzer mit Hochgeschwindigkeitsmunition. Mehr denn je zählt heute der erste Schuss – und der hängt von einer modernen Stabilisierung und einem digitalen Feuerleitsystem ab.

Die Entwicklung geht weiter. Es gibt bereits Prototypen von „Stealth"-Panzern, die auf dem Schlachtfeld praktisch nicht mehr zu entdecken sind, zumal die meisten Schlachten heute im Dunkel der Nacht stattfinden. Die Zukunft gehört dem unbemannten Turm, der von der Besatzung in der Wanne aus ferngesteuert wird. Der Autolader wird Munition zuführen, die für menschliche Ladeschützen zu schwer ist. Zudem lässt sich Munition wesentlich effizienter lagern, da der Platz im Turm frei wird.

Panzer für das 21. Jahrhundert

1992 Großbritannien

CHALLENGER 2

Der britische Challenger 2 ist zurzeit vermutlich der beste Kampfpanzer der Welt. Er verdankt seine Konstruktion den Erfahrungen aus dem Golfkrieg von 1991.

Der Kampfpanzer Challenger 2 ist der Hauptkampfpanzer der neuen Generation in der britischen Armee und bei den Streitkräften Omans. Er wurde aus dem Challenger 1 entwickelt, der sich im Golfkrieg trotz einer Reihe von Schwächen, wie zum Beispiel dem mangelhaften Feuerleitsystem mit seiner niedrigen Feuerrate, gut bewährt hat. Der Challenger 2 hat einen völlig neuen Turm und eine moderne Panzerung. Er wurde im Juni 1998 von der britischen Armee in Dienst gestellt und zuerst bei den Royal Scots Dragoon Guards eingesetzt. Britische Challenger 2 operierten in Bosnien und im Kosovo und kamen 2003 im Rahmen der Operation Iraqi Freedom zum Einsatz.

Unten: *Auch wenn der Challenger 2 seinem Vorgänger Challenger 1 sehr ähnlich sieht, ist er doch ein völlig neuer Panzer mit über 150 Verbesserungen alleine an der Wanne.*

Technische Daten

Bewaffnung: eine 120-mm-L30A1-Kanone; drei 7,62 mm-MGs
Panzerung: Mehrschicht
Besatzung: 4
Maße: Länge 11,50 m; Breite 3,52 m; Höhe 2,49 m
Gewicht: 62 500 kg
Antrieb: ein Perkins-Engines-CV-12-Condor-V-12-12-Zylinder-26,1-Liter-Dieselmotor mit 894,8 kW (1217 PS) bei 2300 U/min
Höchstgeschwindigkeit: 60 km/h
Reichweite: 450 km

Oben: *Ein Challenger 2 in voller Fahrt. Der Panzer musste anspruchsvolle Testreihen – nach Angaben des britischen Verteidigungsministeriums die härtesten aller Zeiten – durchlaufen, bevor er in Dienst gestellt wurde. Der Challenger 2E ist eine Exportversion.*

Export

Der Challenger 2 wird von BAE Systems Land Systems (früher Vickers Defence Systems, dann Alvis Vickers Ltd.) gebaut. Großbritannien orderte 1991 127 Stück und 1994 weitere 259, von denen die letzten im April 2002 ausgeliefert wurden. 1993 bestellte Oman 18 Challenger 2 und im November 1997 weitere 20 Einheiten. Die Auslieferung wurde 2001 abgeschlossen.

Konstruktionsdetails

Das vollständig integrierte Feuerleitsystem bietet sowohl dem Kommandanten als auch dem Richtschützen eine unabhängige, kreiselstabilisierte Zielerfassung mit Wärmebildfunktion und Laserentfernungsmesser. Der Schütze hat ein eingeschränktes, der Kommandant hingegen ein volles Sichtfeld. Der Panzer verfügt über Wärmesichtgeräte der zweiten Generation. Das Feuerleitsystem ermöglicht eine Erfassung und Zerstörung mehrerer Ziele mit der neuen 120-mm-L30-Kanone. Um die überlegene Feuerkraft auch voll nutzen zu können, wurde die Arbeitsumgebung der Besatzung ergonomisch optimiert. Lärm und Vibrationen wurden reduziert, gefilterte Luft sorgt für angenehmes Klima, und die Anordnung der Bedienelemente erhöht die Treffgenauigkeit unter allen Bedingungen.

Panzerung und Schutz

Tarnkappentechnologie soll die Wahrscheinlichkeit einer Entdeckung auf dem Schlachtfeld durch optische, elektronische und thermale Aufklärung verringern. Alles explosive Material ist in gepanzerten Behältern unter dem Turmkranz gelagert, und ein ABC-Filtersystem sorgt durch konstanten Überdruck für Kontaminationsschutz. Die moderne Panzerung widerstand in Versuchen über längere Zeit dem wiederholten Beschuss mit unterschiedlichsten Panzerabwehrwaffen.

Panzer für das 21. Jahrhundert

1993 Polen

PT-91

Dank der Weiterentwicklung des russischen T-72 sind die polnischen Streitkräfte mit einem Kampfpanzer ausgestattet, der noch einige Zeit im Dienst bleiben kann und teure Neuanschaffungen überflüssig macht.

Technische Daten

Bewaffnung: eine 125-mm-Kanone; ein 7,62-mm-MG; ein 12,7-mm-Fla-MG

Panzerung: unbekannt

Besatzung: 3

Maße: Länge 6,95 m; Breite 3,59 m; Höhe 2,19 m

Gewicht: 45 300 kg

Antrieb: ein S-12U V-12-Turbodiesel mit 634 kW (862 PS) bei 2300 U/min

Höchstgeschwindigkeit: 60 km/h

Reichweite: 650 km

Links: *Der Turm dieses PT-91 ist mit einer Reaktivpanzerung versehen und mit Front- und Kettenschürzen gegen Hohlladungsgeschosse gepanzert. Die Entwicklung des PT-91 wurde durch den gescheiterten Ankauf neuer russischer Panzer im Jahr 1989 beschleunigt.*

Der polnische Kampfpanzer PT-91 ist eine umfangreich modifizierte Version des russischen T-72M1. Er ist das Resultat eines Modernisierungsprogramms des polnischen Verteidigungsministeriums aus den späten 1980er-Jahren für die neueren russischen Panzer in polnischen Diensten. Die polnische Armee hatte bereits ihre T-55 erfolgreich zum T-55AM aufgewertet. Deshalb entschloss man sich, ein vergleichbares Projekt für den T-72M1 aufzulegen. Die Arbeit begann zunächst langsam, da der Generalstab den Kauf einer neuen T-72-Variante, des T-72S, erwog. Durch den Zerfall der Sowjetunion kam dieses Geschäft jedoch nicht zustande und so wurde die Arbeit am T-72M1 vorangetrieben.

PT-91 Twardy

Der modernisierte Panzer mit der Bezeichnung PT-91 Twardy (dt.: hart) wurde erstmals 1995 eingesetzt. Zu den Neuerungen zählten eine neue stabilisierte Feuerleitanlage, Reaktivpanzerung und ein etwas stärkerer S12-U-Motor mit 634 kW (862 PS) sowie ein hydrostatisches Getriebe mit sieben Vorwärtsgängen und einem Rückwärtsgang. 1995 durchlief der PT-91 eine zweite Modernisierung mit einem 745-kW-Motor (1013 PS), einer moderneren Feuerleitanlage und einem Autolader. Das modernisierte Fahrzeug erhielt die Bezeichnung PT-91A.

Links: *Auf diesem Bild des PT-91 ist die Reaktivpanzerung gut zu erkennen. Gut sichtbar auch die Nebelmittelwerfer am Turm.*

Panzer für das 21. Jahrhundert

1993 Russland

T-90

Der russische Kampfpanzer T-90 ist die letzte Entwicklungsstufe der T-72-Reihe und wird in großer Zahl eingesetzt. Er wurde auch nach Indien verkauft und dort umfangreich modifiziert.

Technische Daten

Bewaffnung: eine 125-mm-2A46M-Rapira-3-Glattrohrkanone; ein koaxiales 7,62-mm-PK-MG; ein 12,7-mm-Fla-MG
Panzerung: unbekannt
Besatzung: 3
Maße: Länge (Wanne) 6,86 m; Breite 3,37 m; Höhe 2,23 m
Gewicht: 46 500 kg
Antrieb: ein V-84MS-12-Zylinder-Vielstoffmotor mit 627 kW (852 PS) bei 2000 U/min
Höchstgeschwindigkeit: 65 km/h
Reichweite: 650 km

Der T-90 ist der modernste Kampfpanzer der russischen Armee und eine Weiterentwicklung des T-72. Er ging 1993 in Produktion und enthält einige Subsysteme des T-80. Daneben verfügt er über die neueste Kontakt-5-Reaktivpanzerung als Schutz gegen chemische und Wuchtgeschosse. Mitte der 1990er-Jahre standen über 100 T-90 bei den Panzerdivisionen im russischen Fernen Osten im Dienst. 1996 erschien ein modernisiertes Modell mit geschweißtem Turm. 2006 waren 241 T-90 in der russischen 5. Panzerdivision in Sibirien stationiert. 2001 stand Indien vor dem Problem des gescheiterten Kampfpanzerprojekts Arjun und kaufte 310 T-90 von Russland. Einige Einheiten davon wurden zerlegt für den Zusammenbau vor Ort geliefert.

Indische Variante

Indien hat eine verbesserte Version namens T-90S Bishma entwickelt. Der Name bedeutet „Der mit dem schrecklichen Schwur“ und bezieht sich auf einen Helden der indischen Mythologie.

Unten: *Der T-90 wird von Russland zwar als neuer Panzer vermarktet, ist aber eigentlich eine Modernisierung des bewährten T-72. Er besitzt sowohl passiven als auch reaktiven Panzerschutz.*

Panzer für das 21. Jahrhundert

1993 Schweden

SCHÜTZENPANZER 90 (CV-90)

Die CV-90-Reihe kombiniert die Feuerkraft eines leichten Panzers mit dem Laderaum eines Mannschaftstransporters. Die Hauptwaffe des CV-90 ist größer als die der meisten Schützenpanzer.

Technische Daten

(CV9040)

Bewaffnung: eine 40-mm-Kanone; ein 7,62-mm-MG
Panzerung: unbekannt
Besatzung: 3 plus 8
Maße: Länge 6,47 m; Breite 3,01 m; Höhe 2,50 m
Gewicht: 22 400 kg
Antrieb: ein Scania-DS14-4-Zylinder-Dieselmotor mit 410 kW (557 PS)
Höchstgeschwindigkeit: 70 km/h
Reichweite: unbekannt

Links: *Die Wanne des CV-90 besitzt eine stark geneigte Frontplatte, der Turm ist leicht nach links versetzt. Seiten und Heck der Wanne sind senkrecht, und im Heck befindet sich eine große Luke.*

Der Schützenpanzer 90 (CV-90) gehört zu einer Reihe von Militärfahrzeugen, die von BAE Systems Land Systems Hägglunds entwickelt wurde. Den Anstoß dazu gab 1984 die schwedische Armee, die nach einer Familie von gepanzerten Kampffahrzeugen mit taktischer Beweglichkeit, Flieger- und Panzerabwehrfähigkeit und guten Schutzeigenschaften suchte. Die Produktion begann 1993, und die Streitkräfte Schwedens, Norwegens, Finnlands und der Schweiz orderten mehr als 1125 Fahrzeuge. Die geschweißte Ganzstahlwanne des CV-90 kann mit Zusatzpanzerung verstärkt werden, die Schutz gegen 30-mm-Wuchtgeschosse bietet. Das Fahrzeug besitzt niedrige Radar-, akustische und Infrarotsignaturen. Es verfügt über ein Feuerwarn- und -löschsystem und bietet vollständigen ABC-Schutz.

Varianten

Zu den Varianten des CV-90 gehören der CV-9040 mit 40-mm-Kanone und die Exportversion CV-9030 mit 30-mm-Kanone. Der CV-9040 wird seit 1993 von der schwedischen Armee eingesetzt, die rund 500 Fahrzeuge orderte. Er ist mit einer 40-mm-Bofors-L/70-Kanone ausgestattet. Die letzten Fahrzeuge wurden im September 2002 ausgeliefert.

Links: *Der Turm der 40-mm-Version hat eine abgeschrägte Front mit vertikalen Seiten und Rückwand. Die 40-mm-Kanone hat einen charakteristischen Lauf mit einem großen Zielsichtgerät rechts oben auf dem Turm.*

Panzer für das 21. Jahrhundert

1993 USA

M1114 HUMVEE

Oben: *Der Humvee mit aufmontiertem MG bei einer nächtlichen Patrouille. Das Fahrzeug wurde erstmals 1989 im Rahmen der Operation Just Cause, der Invasion Panamas, eingesetzt.*

Der Humvee wird von den amerikanischen Streitkräften seit einigen Jahren in großen Stückzahlen eingesetzt. Hohe Verluste machten eine nachträgliche Panzerung notwendig.

Der M1114 Humvee verdankt seinen Ursprung – und seinen Namen – der Anforderung der US-Armee nach einem „High Mobility Multi-Purpose Wheeled Vehicle" (HMMWV, vereinfacht Humvee). Es sollte nach und nach die Jeeps und andere ungepanzerte Radfahrzeuge ersetzen. Die amerikanische Regierung vergab den Entwicklungsauftrag an AM General, einen amerikanischen Nutzfahrzeughersteller in South Bend, Indiana, der durch das zivile SUV Hummer Berühmtheit erlangte. Das Unternehmen begann im Juli 1979 mit der Entwicklung und präsentierte ein knappes Jahr später den ersten Prototyp namens M998. Nach der Erprobung weiterer Prototypen erhielt das Unternehmen einen Produktionsvertrag der US-Armee über 55 000 Fahrzeuge, die bis 1985 ausgeliefert sein sollten. Der Humvee wurde erstmals 1989 in der Operation Just Cause, der amerikanischen Invasion in Panama, eingesetzt. Bei der Operation Iraqi Freedom 2003 kamen über 10 000 Fahrzeuge zum Einsatz.

M1114

Aufgrund der hohen Verluste an ungepanzerten Humvee durch Beschuss mit leichten Waffen und Panzerfäusten wurde die Entwicklung der verbesserten Version M1114 vorangetrieben. Sie hat einen größeren und stärkeren Motor mit Turbolader, eine Klimaanlage und ein verstärktes Fahrwerk. Darüber hinaus hat sie eine voll gepanzerte Fahrgastzelle aus gehärtetem Stahl und kugelsicherem Glas. Diese Version macht heute den Großteil der Humvee-Produktion aus.

Unten: *Der M1114 Humvee hat eine vertikale Front mit senkrechten Schlitzen zwischen den Scheinwerfern.*

Technische Daten

Bewaffnung: ein 7,62-mm-M60-MG oder ein 12,7-mm-MG oder ein 40-mm-Granatwerfer

Panzerung: Stahl; Stärke unbekannt

Besatzung: 3–4

Maße: Länge 4,99 m; Breite 2,30 m; Höhe 1,90 m

Gewicht: 5489 kg

Antrieb: ein V-8-Turbodiesel mit Einspritzung und 141,8 kW (193 PS)

Höchstgeschwindigkeit: 125 km/h

Reichweite: 443 km

Panzer für das 21. Jahrhundert

1994 Österreich

PANDUR

Der österreichische Pandur kann mit verschiedensten Sensoren und Waffen ausgerüstet werden, ist voll amphibisch und mit einem Jetantrieb ausgestattet. Zur Schutzausstattung zählen Motor- und Auspuffschalldämpfung.

Technische Daten

Bewaffnung: ein 12,7-mm-M2-MG

Panzerung: unbekannt

Besatzung: 2 plus 8

Maße: Länge 5,70 m; Breite 2,50 m; Höhe 1,82 m

Gewicht: 13 500 kg

Antrieb: ein Steyr-WD-612-6-Zylinder-Dieselmotor mit 191 kW (260 PS)

Höchstgeschwindigkeit: 100 km/h

Reichweite: 700 km

Der von dem österreichischen Unternehmen Steyr-Daimler-Puch produzierte 6x6-Mannschaftstransporter Pandur wurde in Eigeninitiative entwickelt. Die ersten Prototypen erschienen 1985. 1994 orderte das österreichische Bundesheer 68 Fahrzeuge für Einsätze im Rahmen eines UN-Mandats. Der Pandur wird auch von Kuwait (70 Stück), Belgien (54) und Slowenien (10) genutzt. Das Fahrzeug wird in den USA in kleinen Stückzahlen bei AV Technology International, einer Abteilung von General Dynamics, gefertigt. Der Pandur 8x8 ist eine verbesserte Version, die viele Eigenschaften des 6x6 mit Neuerungen kombiniert. Er kann in einer Lockheed Martin C-130 luftverlastet werden. Der Fahrer des Pandur sitzt vorn links neben dem Motor, unter einer einteiligen Luke mit drei Winkelspiegeln, von denen einer gegen ein passives Nachtsichtgerät ausgetauscht werden kann. Das Fahrzeug ist mit einem zweistufigen, synchronisierten Verteilergetriebe für Straßen- und Geländefahrten ausgestattet. Für optimale Geländetauglichkeit wird eine verbesserte Federung montiert.

Oben: *Ein Pandur 6x6 nach einer Flussdurchquerung. Unter der Steuerbordseite ist deutlich der Jetantrieb zu erkennen. Die gepanzerte Frontplatte bietet Schutz vor 12,7-mm-Geschossen.*

Unten: *Der Pandur lässt sich, wie hier zu sehen ist, mit unterschiedlichsten Sensorenkombinationen ausstatten. Dieses Modell trägt zudem zwei Euromissile-UTM-800-Werfer für HOT-Panzerabwehrraketen.*

Panzer für das 21. Jahrhundert

1994 Russland

BTR-90

Die russische Armee hat ihre Schützenpanzer mit zum Teil bemerkenswerten Resultaten konstant modernisiert. Einer der modernsten ist der BTR-90.

Oben: *Russland verfügt über langjährige Erfahrungen beim Bau hervorragender Schützenpanzer, die weltweit exportiert werden.*

Technische Daten

Bewaffnung: eine 30-mm-2A42-Kanone; ein koaxiales 7,62-mm-PKT-MG; ein 30-mm-AG-17-Granatwerfer; ein Startgerät für AT-5-Spandrel-Panzerabwehrrakete

Panzerung: unbekannt

Besatzung: 3 plus 7

Maße: Länge 7,64 m; Breite 3,20 m; Höhe 2,98 m

Gewicht: 20 900 kg

Antrieb: ein Vielstoffmotor mit Turbolader

Höchstgeschwindigkeit: 100 km/h

Reichweite: 800 km

Die Entwicklung des BTR-90 begann Anfang der 1990er-Jahre, sein erster Prototyp wurde 1994 fertiggestellt. Das Fahrzeug ist im Prinzip eine vergrößerte Version des BTR-80 mit verbesserter Panzerung und größerer Zuladung, die eine größere Auswahl an möglichen Bewaffnungen erlaubt.

Konstruktion

Die Konstruktion des BTR-90 entspricht fast dem Design der älteren Modelle BTR-80/BTR-80A: Vorn sitzen Kommandant und Fahrer, in der Mitte liegen Transportraum und Turm und im Heck ist der Motor. Das erste Exemplar des BTR-90 war mit dem kompletten Zwei-Mann-Turm des Schützenpanzers BMP-2 der Kurgan-Maschinenbaufabrik versehen. Dieser war mit einer 30-mm-Kanone und einem koaxialem 7,62-mm-Maschinengewehr sowie auf dem Dach mit einer Panzerabwehrlenkwaffe mit einer Reichweite von 4000 m bewaffnet. Neuere Versionen des BTR-90 verfügen über einen neuen Turm, der aus dem des BMP-3 entwickelt wurde. Dieser Turm besitzt eine 100-mm-Kanone und verschießt neben konventioneller Munition auch lasergesteuerte Hohlladungsmehrzweckgeschosse (HEAT). Der BTR-90 ist voll schwimmfähig und besitzt einen Jetantrieb.

Panzer für das 21. Jahrhundert

1996 Kanada

LAV-25 COYOTE

Der LAV-25 Coyote der kanadischen Streitkräfte ist ein hervorragender Aufklärungspanzer mit hochmodernen optischen Systemen und einer umfangreichen Kommunikationsausstattung.

Technische Daten

Bewaffnung: eine 25-mm-MK; ein 7,62-mm-MG

Panzerung: unbekannt

Besatzung: 4

Maße: Länge 6,39 m; Breite 2,50 m; Höhe 2,69 m

Gewicht: 13 400 kg

Antrieb: ein Detroit-Diesel-Modell-6V-53T mit 205 kW (279 PS) bei 2800 U/min

Höchstgeschwindigkeit: 100 km/h

Reichweite: 660 km

Das Light Armoured Vehicle 25 (LAV-25) wurde von der Diesel Division von General Motors of Canada, Alvis und Cadillac Gage nach Spezifikationen des US Marine Corps entwickelt. Der 8x8-Radpanzer basiert auf der Piranha-Serie der schweizerischen MOWAG GmbH. Nach der Erprobung wurden 758 Stück bestellt, lieferbar über einen Zeitraum von fünf Jahren. Die ersten Serienmodelle des LAV-25 wurden im Oktober 1985 ausgeliefert, die letzten 1987. 1992 wurde der LAV-25 als Basis für einen Aufklärungspanzer der kanadischen Streitkräfte ausgewählt, und 1993 folgte die Bestellung von 203 Fahrzeugen mit der Bezeichnung LAV-25 Coyote.

Konstruktionsdetails

Der Coyote ist mit einer 25-mm-Bushmaster-M242-Maschinenkanone und einem koaxialen 7,62-mm-M240-Maschinengewehr in einem voll stabilisierten Turm, ähnlich dem des M2 Bradley, bewaffnet. Er verfügt über eine umfangreiche Sensorenausstattung mit äußerst präziser Zielerfassung und -identifikation. Dazu gehört eine lichtstarke Fernsehkamera mit leistungsfähiger Infrarotfunktion. Diese ermöglicht eine witterungs- und tageslichtunabhängige Zielerfassung auf bis zu 15 km und eine Erkennung auf bis zu 10 km Distanz. Ein Laserentfernungsmesser kann zusammen mit dem GPS des Fahrzeugs die Zielposition in bis zu 10 km Entfernung bestimmen.

Rechts: *Ein Spähpanzer LAV-25 mit aufgerichtetem Sensorenmast. Dieser ermöglicht dem Kommandanten einen Rundumblick über das Terrain, während das Fahrzeug in Deckung bleibt.*

Panzer für das 21. Jahrhundert

1996 Österreich/Spanien

SCHÜTZENPANZER ASCOD

Unten: *Der Schützenpanzer ASCOD wird mit verschiedenen Bewaffnungen angeboten. Hier ein leichter Panzer LT-105 mit einer 105-mm-Kanone. Darüber hinaus stehen zwei Motoren zur Wahl.*

Der auch als leichter Panzer verfügbare Schützenpanzer ASCOD ist eine österreichisch-spanische Kooperation zur Entwicklung eines beweglichen und effizienten Kampffahrzeugs mit modernster Technologie.

Technische Daten

Bewaffnung: eine 105-mm-Kanone; zwei 7,62-mm-MGs
Panzerung: unbekannt
Besatzung: 4
Maße: Länge 6,61 m; Breite 3,15 m; Höhe 2,76 m
Gewicht: 28 500 kg
Antrieb: ein MTU-8V-183-TE22-Dieselmotor mit 447,42 kW (608 PS)
Höchstgeschwindigkeit: 70 km/h
Reichweite: 500 km

Der Schützenpanzer ASCOD (Austrian Spanish Cooperation Development) ist das Ergebnis einer Zusammenarbeit zwischen der österreichischen Steyr-Daimler-Puch Spezialfahrzeug GmbH und der spanischen Santa Bárbara Sistemas SA. Als erste orderte die spanische Regierung 1996 146 Einheiten. Das Fahrzeug trägt bei der spanischen Armee den Namen Pizarro. Es folgte eine Nachbestellung über 170 Einheiten, die 2010 ausgeführt sein soll. Das österreichische Bundesheer hat 112 Einheiten gekauft und Ulan genannt. Der Schützenpanzer ist mit einer 30-mm-Maschinenkanone Mauser K30-1 und einem koaxialen 7,62-mm-Maschinengewehr bewaffnet. Der Turm ist kreiselstabilisiert, um in voller Fahrt zielsicher feuern zu können. Es gibt eine computergestützte Feuerleitanlage, Nachtsichtausrüstung und ein Laserzielgerät. Der österreichische Ulan wird von einem 730 PS starken MTU-8V-1999-Dieselmotor angetrieben, während der spanische Pizarro einen MTU-8V-183-TE22 Diesel mit 608 PS hat.

Varianten

Der leichte Panzer LT-105 ist mit einer 105-mm-Kanone bewaffnet. Thailand kaufte 15 Stück von dieser Variante. Daneben gibt es weitere Varianten, wie zum Beispiel Bergepanzer und Gefechtsstandfahrzeuge.

Panzer für das 21. Jahrhundert

1996 Iran

TYPE 72Z

In den vergangenen Jahren hat die iranische Armee versucht, ihre Panzereinheiten durch Modernisierungen vorhandener Modelle und den Bau von Hybriden aus Ersatzteilen zu verstärken.

Unten: *Die iranische Armee hat im Irakkrieg der 1980er-Jahre schwere Materialverluste erlitten. Um die Lücken zu füllen, wurden der T-54/55 und der T-72 modernisiert.*

Der Type 72T ist eine iranische Modernisierung des Kampfpanzers T-54/55 mit einer M68-105-mm-Kanone mit gezogenem Lauf. Diese Waffe war auch in den amerikanischen M60A1 eingebaut, die Iran vor 1979 von den USA gekauft hatte. Um die Trefferwahrscheinlichkeit zu erhöhen, wurde der Type 72Z mit einer in Slowenien entwickelten, computergestützten Fontana-EFCS-3-Feuerleitanlage versehen, die eine Zielerfassung während der Fahrt erlaubt. Das koaxiale 7,62-mm- und das auf dem Dach montierte 12,7-mm-Maschinengewehr blieben ebenso erhalten wie die Möglichkeit, durch Einspritzen von Dieselöl in den linken Auspuff eine Nebelwand zu erzeugen. Zudem wurden beiderseits des Turms je vier Nebelwerfer montiert. Mindestens ein Type 72Z wurde mit einem auf dem Dach montierten Laserwarnsystem ausgestattet, das vermutlich mit einem Display für den Kommandanten gekoppelt ist und die Nebelwerfer selbstständig auslöst. Die iranische Armee hat in den vergangenen Jahre große Modernisierungsanstrengungen unternommen und sogar einen Hybrid-Kampfpanzer gebaut. Er trägt die Bezeichnung Zulfiquar und besteht aus Teilen der Kampfpanzer T-72, M-48 und M-60.

Technische Daten

Bewaffnung: eine 105-mm-Kanone; ein 12,7-mm-MG; ein 7,62-mm-MG

Panzerung: 20–80 mm

Besatzung: 4

Maße: Länge 6,54 m; Breite 3,35 m; Höhe 2,37 m

Gewicht: 36 500 kg

Antrieb: ein wassergekühlter V46-6-12-Zylinder-Viertakt-Dieselmotor mit 582 kW (791 PS) bei 2000 U/min

Höchstgeschwindigkeit: 65 km/h

Reichweite: unbekannt

Panzer für das 21. Jahrhundert

1997 Singapur

SCHÜTZENPANZER BIONIX 25

Der Schützenpanzer Bionix 25 wurde speziell für die Bedürfnisse der Streitkräfte Singapurs konzipiert. Es gibt ihn in zwei Varianten, den Bionix 25 und den Bionix 40/40.

Technische Daten

(Bionix 25)

Bewaffnung: eine M-242-25-mm-MK, ein 7,62 mm MG

Panzerung: unbekannt; Verstärkung möglich

Besatzung: 2 plus 9

Maße: Länge 5,90 m; Breite 2,70 m; Höhe 2,60 m

Gewicht: 23 000 kg mit Zusatzpanzerung

Antrieb: ein Detroit-Diesel-6V-92TA mit 354 kW (481 PS)

Höchstgeschwindigkeit: 70 km/h

Reichweite: 415 km

Der Schützenpanzer Bionix 25 wurde von der Singapore Automotive Technologies für die Streitkräfte Singapurs entwickelt. Nach Erprobungen von Prototypen und Vorserienmodellen wurden 1997 die ersten Fahrzeuge aus der Serienfertigung ausgeliefert. Die Infanteristen sitzen durch eine hydraulische Heckklappe auf und ab, und auf dem Dach kann ein 7,62-mm-Maschinengewehr montiert werden.

Varianten

Das Modell 40/50 ist mit einer Ein-Mann-Kuppel mit einem 40-mm-Granatwerfer und einem 12,7-mm-Maschinengewehr bestückt.

Oben: *Der Bionix-Schützenpanzer hat eine stark geneigte Frontplatte mit dem Fahrer auf der linken Seite. Der große Turm mit seiner abgeschrägten Front und den abgeschrägten Seiten sitzt mittig auf der Wanne.*

Die Bionix-Fahrzeuge bieten eine große Modellvielfalt für das gesamte militärische Aufgabenspektrum. Durch ihren modularen, erweiterungsfähigen Aufbau können die Panzer mit den verschiedensten Waffensystemen ausgerüstet und für Befehls-, Berge- und unterstützende Aufgaben eingesetzt werden.

Panzer für das 21. Jahrhundert
1998 Kanada

LAV III

Der Schützenpanzer LAV III steht bei den Streitkräften der USA, Kanadas und Neuseelands im Dienst und hat sich bereits bei zahlreichen Gelegenheiten im Rahmen von UN-Einsätzen bewährt.

Unten: *Der LAV III ist ein robustes Kampffahrzeug. Er wird in großem Umfang von den kanadischen Streitkräften genutzt und wurde bereits bei diversen UN-Missionen eingesetzt.*

Der LAV III ist der jüngste Sprössling dieser Schützenpanzer-Familie. Er basiert auf dem schweizerischen Piranha, der ursprünglich für die amerikanische Marineinfanterie entwickelt wurde. Der mit 651 Stück größte Abnehmer des LAV III ist die kanadische Armee, die ihn für verschiedenste Aufgaben einsetzt, wie zum Beispiel als Mannschaftstransporter, Gefechtsstand, vorgeschobenen Beobachtungsposten, Pionierfahrzeug und TOW-Waffenträger. Der LAV III kam erstmals 1999 bei der kanadischen Armee zum Einsatz. Die neuseeländische Armee nahm 105 Einheiten ab. Der Mannschaftstransporter kann bis zu sieben Infanteristen und drei Mann Besatzung – Richtschütze, Fahrer und Kommandant – befördern. Neben der 25-mm-Maschinenkanone verfügt der Turm des LAV III über ein koaxiales 7,62-mm-Maschinengewehr und ein auf dem Dach montiertes mit Kaliber 7,62 mm oder 5,56 mm sowie einen 76-mm-Granatwerfer. Die kanadischen LAV III wurden mehrfach bei UN-Missionen in Übersee eingesetzt.

Der Stryker

Bei den amerikanischen Truppen trägt der LAV III den Namen Stryker zu Ehren zweier nicht miteinander verwandter Soldaten, die im Zweiten Weltkrieg bzw. in Vietnam fielen.

Technische Daten

Bewaffnung: eine 25-mm-MK; ein koaxiales 7,62-mm-MG; ein 5,56-mm- oder 7,62-mm-MG; ein 76-mm-Granatwerfer

Panzerung: unbekannt

Besatzung: 3 plus 8

Maße: Länge 6,93 m; Breite 2,67 m; Höhe 2,82 m

Gewicht: 15 500 kg mit Zusatzpanzerung

Antrieb: ein Caterpillar-3126-Dieselmotor mit 261 kW (355 PS)

Höchstgeschwindigkeit: 100 km/h

Reichweite: 500 km

Panzer für das 21. Jahrhundert

1998 China

KAMPFPANZER TYPE 98

Technische Daten

Bewaffnung: eine 125-mm-Kanone; ein 7,62-mm-MG; ein 12,7-mm-MG
Panzerung: unbekannt
Besatzung: 3
Maße: Länge 11,00 m, Breite 3,40 m, Höhe 2,20 m
Gewicht: 52 000 kg
Antrieb: flüssigkeitsgekühlter Dieselmotor mit 1200 PS
Höchstgeschwindigkeit: 70 km/h
Reichweite: 450 km

Der von NORINCO gebaute Kampfpanzer Type 98 schnitt in der Erprobungsphase bei der chinesischen Armee ziemlich schlecht ab und musste umfangreich modifiziert werden.

Unten: *Der Type 98 hat ein geringes Gewicht, was ihn zu einem schnellen und beweglichen Fahrzeug macht.*

Der Panzer wurde der Öffentlichkeit erstmals 1999 bei einer Parade anlässlich des 50. Geburtstags der Volksrepublik China präsentiert. Es handelte sich dabei um den Prototyp eines chinesischen Kampfpanzers der dritten Generation. Zwischen 1995 und 1996 wurden vier Prototypen des ursprünglichen Type 98 getestet. Er ist eine modernisierte und verbesserte Version des Type 90, der für den Export aus einem T-72 entwickelt wurde. Für den Type 98 wurde das Chassis eines T-72 verwendet, auf das ein Zwei-Mann-Turm mit einer 125-mm-Glattrohrkanone mit Autolader gesetzt wurde.

Oben: *Ein Kampfpanzer Type 98 steht bedrohlich auf einem verschneiten Feld.*

Type 98

Der Type 98 wurde in limitierter Stückzahl produziert und wich dem Type 98G, der einen modifizierten Turm hat, und heute als Type 99 bezeichnet wird. Der Type 99 verfügt über eine moderne digitale Feuerleitanlage, die ihm das Feuern während der Fahrt erlaubt. Die 125-mm-Kanone kann lasergesteuerte Projektile verschießen. Der Panzer besitzt ein geringes Gewicht und ist damit sehr schnell und beweglich.

Panzer für das 21. Jahrhundert

1998 Schweden

CV 90-120

Technische Daten

Bewaffnung: eine 120 mm-Kanone; ein MG
Panzerung: unbekannt
Besatzung: 4
Maße: Länge 6,47 m; Breite 3,10 m; Höhe 2,90 m
Gewicht: 25 000 kg
Antrieb: ein Scania-4-Zylinder-Dieselmotor mit 448 kW (609 PS) bei 2200 U/min
Höchstgeschwindigkeit: 70 km/h
Reichweite: 670 km

Dieser hervorragende schwedische Schützenpanzer vereint die Leichtigkeit eines Aufklärers oder Spähpanzers mit der starken Bewaffnung eines Kampfpanzers.

Dieser leichte Panzer wurde von BAE Systems Land Systems Hägglunds aus dem Schützenpanzer CV-90 entwickelt und hat einen völlig neuen Turm. Der CV 90-120 ist ein beeindruckender leichter Panzer mit einer starken Waffe. Er weist immer noch Merkmale des zugrunde liegenden CV-90 auf, zum Beispiel die Heckluke und die Transportkapazität von vier Infanteristen. Der Panzer hat eine geschweißte Ganzstahlwanne. Der Fahrer sitzt vorn links neben dem Motor, Richtschütze und Kommandant sitzen auf der rechten Seite und der Ladeschütze links vom geschweißten Stahlturm. Kommandant und Richtschütze haben eigene Dachluken mit Winkelspiegeln. Links neben der Kanone sitzt ein koaxiales Maschinengewehr zusammen mit elektrisch gesteuerten Nebelwerfern. Der Panzer verfügt über ein Flugabwehrzielgerät und eine halbautomatische Ladeanlage.

Bewaffnung und Panzerung

Die Hauptwaffe ist eine kompakte 120-mm-Kanone, die von der Swiss Ordnance Enterprise Corporation entwickelt wurde. Die Kanone besitzt ein senkrechtes Hinterladermagazin, eine Mündungsbremse, eine thermische Rohrschutzhülle und einen Rauchabsauger. Der CV 90-120 verfügt über eine aktive Schutzausstattung. Er wiegt mit Zusatzpanzerung nur 32 Tonnen, bewahrt aber den hohen Schutzfaktor und die Feuerkraft eines konventionellen Panzers.

Unten: *Das Missverhältnis in der Größe zwischen dem CV 90-120 und seiner Kanone wird auf diesem Foto deutlich. Die L/50-Hochdruck-Glattrohrkanone ist voll stabilisiert und hat eine maximale Feuerrate von zwölf Schuss pro Minute.*

Panzer für das 21. Jahrhundert

🛠 **1999 Australien**

BUSHMASTER

Technische Daten

Bewaffnung: ein 12,7-mm-MG (optional)

Panzerung: unbekannt

Besatzung: 2 plus 8

Maße: Länge 7,02 m; Breite 2,50 m; Höhe 2,65 m

Gewicht: 14 000 kg

Antrieb: ein Caterpillar-3126-ATAAC-6-Zylinder-Dieselmotor mit 224 kW (305 PS)

Höchstgeschwindigkeit: 120 km/h

Reichweite: 800 km

Der Bushmaster Mannschaftstransporter bietet seiner Besatzung ein hohes Maß an Schutz vor Landminen und Raketengeschossen.

Der Bushmaster wurde von Australian Defence Industries gezielt auf die Forderung der australischen Streitkräfte nach einem äußerst beweglichen, sicheren Infanterietransporter hin entwickelt. Der Bushmaster bietet bis zu zehn Infanteristen einschließlich Fahrer eine klimatisierte Umgebung, die Ermüdung vorbeugen soll. Der Transportraum kann so gestaltet werden, dass sich acht Mann gegenüber sitzen, während der Fahrer und ein Beifahrer vorn Platz finden. Die großen Treibstofftanks ermöglichen eine Reichweite von 800 km bei einer Geschwindigkeit von 100 km/h.

Einsatz in unsicherer Umgebung

Die V-förmige, gepanzerte Karosserie schützt die Insassen vor Landminen und Sprengfallen, wie sie sich zum Beispiel im Irak finden, wo der Bushmaster eingesetzt wird. Treibstoff- und Hydrauliktanks liegen außerhalb des Transportraums, um die Besatzung vor Feuer zu schützen. Ein geschützter Nottank sichert das Fortkommen in gefährlichen Situationen.

Unten: *Der Bushmaster ist eine sehr praxisorientierte Konstruktion, die vor der Indienststellung bei der australischen Armee ausführlich getestet wurde. Unter anderem bestand er einen 250 000-km-Dauertest.*

Panzer für das 21. Jahrhundert

1999 Kroatien

M-95 DEGMAN

Der kroatische Kampfpanzer M-95 Degman ist ein modernisierter M-84, dessen Systeme teilweise aus Schweden stammen. Er soll zur Bekämpfung des serbischen M-84 dienen.

Unten: *Der Kampfpanzer Degman ist eine kroatische Weiterentwicklung des jugoslawischen M-84A.*

Der in Kroatien entwickelte Kampfpanzer M-95 Degman ist eine modifizierte Version des jugoslawischen M-84. Dieser steht bei der serbischen Armee im Dienst und ist genau der Panzer, den der M-95 bei Bedarf bekämpfen soll. Der wassergekühlte 12-Zylinder-Viertakt-Vielstoff- bzw. Turbodieselmotor ist identisch mit dem der Varianten M-84A und M-84AB. Die wichtigste Verbesserung gegenüber dem M-84 ist die Anbringung von Reaktivpanzerung am Turm, an der Wannenfront und den Kettenschürzen, die besseren Schutz gegen Hohlladungsgeschosse bietet. Der Hersteller Duro Dakoviç bietet zusätzlich Wärmebildgeräte für erhöhte Nachtkampftauglichkeit und einen 894,84-kW-Motor (1217 PS) an, der das Leistungsgewicht auf rund 27 PS/t bringt. Darüber hinaus gibt es zahlreiche kleinere Veränderungen, zum Beispiel an der Feuerleitanlage und den Kommunikationssystemen.

Produktionsverzögerungen

2006 war der M-95 aus finanziellen Gründen immer noch nicht in Produktion, obwohl er im Vergleich zu anderen Kampfpanzern relativ preiswert ist und sich dadurch möglicherweise im Export bewähren wird. Zwei von der kroatischen Regierung bestellte Prototypen befinden sich zur Zeit in der Erprobung.

Technische Daten

Bewaffnung: eine 125-mm-Kanone; ein 7,62-mm-MG; ein 12,7-mm-Fla-MG

Panzerung: Komposit- und Reaktivpanzerung

Besatzung: 3

Maße: Länge 10,10 m, Breite 3,60 m, Höhe 2,20 m

Gewicht: 44 500 kg

Antrieb: 12-Zylinder-Diesel mit 746 kW (1014 PS)

Höchstgeschwindigkeit: 70 km/h

Reichweite: 700 km

Panzer für das 21. Jahrhundert

1999 Iran

BORAGH

Der heute in verschiedenen Versionen erhältliche Mannschaftstransporter Boragh ist ein Versuch der iranischen Regierung, sich von Rüstungsimporten unabhängig zu machen.

Technische Daten

Bewaffnung: ein 12,7-mm-MG
Panzerung: unbekannt
Besatzung: 2 plus 8 oder 12
Maße: Länge 6,72 m; Breite 3,10 m; Höhe 1,60 m
Gewicht: 13 000 kg
Antrieb: ein luftgekühlter V8-Turbodiesel mit 246 kW (334 PS) bei 2300 U/mn
Höchstgeschwindigkeit: 65 km/h
Reichweite: 600 km

Der iranische Mannschaftstransporter Boragh ist unverkennbar mit dem russischen BMP-1 und dem chinesischen NORINCO WZ 501 verwandt. Er entstand im Verlauf des Krieges gegen den Irak in den 1980er-Jahren. In dieser Zeit erlitt die iranische Armee erhebliche Verluste an Waffen aus russischer Produktion, die man infolge des Lieferstopps des Westens nach der Islamischen Revolution eingekauft hatte. Die iranische Regierung wollte sich von Rüstungsimporten unabhängig machen und legte ein Entwicklungsprogramm auf, aus dem auch der Boragh entstand. Das Fahrzeug ist mit einem überschweren 12,7-mm-MG bewaffnet. Er ist voll amphibisch, verfügt über ABC-Schutz und eine Infrarot-Nachtsichtausrüstung für Kommandant, Fahrer und Richtschütze.

Oben: *Der Boragh ist einer der gelungeneren iranischen Versuche, eine Familie heimischer Kampffahrzeuge zu entwickeln.*

Varianten

Im Mai 2002 meldete die iranische Behörde für Wehrbeschaffung (Defence Industries Organisation – DIO) die Entwicklung von drei neuen Varianten des Boragh: eines 120-mm-Mörserträgers, eines Munitionstransporters und eines Mannschaftstransporters mit verbesserter Bewaffnung.

Panzer für das 21. Jahrhundert
1999 Israel

SABRA

Israel sorgt sich ständig darum, seine älteren Kampfpanzer mit neuester Technologie aufzurüsten und damit mittelfristig einsatzfähig zu halten.

Der Kampfpanzer Sabra ist ein modernisierter und aufgerüsteter M60A3, der von Israeli Military Industries im Werk Slavin bei Ramat Hasharon gebaut wird. Er ist mit einer 120-mm-Glattrohrkanone bewaffnet, ähnlich der, die für den Merkava entwickelt wurde. Die Kanone besitzt einen Rauchabsauger und eine thermische Rohrschutzhülle, die die Trefferwahrscheinlichkeit erhöhen und ein Verziehen des heißen Laufs verhindern soll. Der Panzer kann 42 Schuss 120-mm-NATO-Standard-Munition laden. Er ist mit einer automatischen Feuerlöschanlage, einem Laserwarnsystem und Nebelwerfern ausgestattet. Er verfügt über modulare passive Panzerung, die beim Sabra Mark II durch Reaktivpanzerung ersetzt wurde. Die digitale Feuerleitanlage stammt von den Firmen El-Op Industries Ltd. in Rehovot und Elbit Systems in Haifa. Die türkische Armee modernisiert zurzeit 170 ihrer M60 mit dem Sabra-Mark-II-Paket.

Unten: *Der Sabra ist ein sehr bewegliches Kampffahrzeug mit einem guten Leistungsgewicht. Er kann in 9,6 Sekunden von 0 auf 32 km/h beschleunigen.*

Technische Daten

Bewaffnung: eine 120-mm-Kanone; drei 7,62-mm-MGs
Panzerung: unbekannt
Besatzung: 4
Maße: Länge 8,26 m; Breite 3,63 m; Höhe 3,05 m
Gewicht: 55 000 kg
Antrieb: ein General-Dynamics-V12-Turbodiesel mit 678 kW (922 PS) bei 2400 U/min
Höchstgeschwindigkeit: 48 km/h
Reichweite: 450 km

Panzer für das 21. Jahrhundert

1999 Japan

TYPE 96

Aufgrund seiner langen Küste, die zahlreiche Stellen für eine mögliche amphibische Landung aufweist, setzt Japan auf schnelle Truppenverlegungen mit Fahrzeugen wie dem Type 96.

Oben: *Der Mannschaftstransporter Type 96 ist auf die Bedürfnisse der japanischen Selbstverteidigungsstreitkräfte zugeschnitten.*

Technische Daten

Bewaffnung: ein 12,7-mm-MG oder ein 40-mm-Granatwerfer
Panzerung: unbekannt
Besatzung: 2 plus 8
Maße: Länge 6,84 m, Höhe 1,85 m Breite 2,84 m
Gewicht: 14 000 kg
Antrieb: wassergekühlter 6-Zylinder-Dieselmotor mit 360 PS bei 2200 U/min
Höchstgeschwindigkeit: 100 km/h
Reichweite: 500 km

Der 8x8-Mannschaftstransporter Type 96 wird zurzeit exklusiv für die japanischen Selbstverteidigungsstreitkräfte hergestellt. Mit einer Höhe von nur 1,85 m hat das Fahrzeug ein sehr niedriges Profil. Es kann neben dem Fahrer und dem Kommandanten bis zu acht voll ausgerüstete Infanteristen transportieren und ist mit einem 40-mm-Granatwerfer und einem 12,7-mm-Maschinengewehr bewaffnet. Alle drei Waffengattungen der Selbstverteidigungsstreitkräfte setzen Truppentransporter ein, auch die Marine und die Schutzeinheiten der Luftwaffe. Der Type 96 soll einen möglichst hohen Schutz vor Landminen, leichten Maschinenwaffen und Panzerfäusten bieten. Die schnelle Verlegung von Truppen ist ein Schlüsselelement der japanischen Verteidigungsstrategie, da es auf den Inseln viele Stellen gibt, an denen ein Angreifer landen und einen Brückenkopf einrichten kann. Die japanischen Streitkräfte haben eine unbekannte Stückzahl des Type 96 geordert.

Panzer für das 21. Jahrhundert

2002 Italien

DARDO

Dieser Schützenpanzer wurde vom Consorzio Iveco Oto für die italienische Armee entwickelt, die ein modernes Fahrzeug für UN-Missionen suchte. Er trug früher die Bezeichnung VCC-80 IV.

Technische Daten

Bewaffnung: eine 25-mm-Kanone; ein koaxiales 7,62-mm-MG

Panzerung: geschweißtes Aluminium mit ballistischen Stahlplatten an Wanne und Turm

Besatzung: 2 plus 7

Maße: Länge 6,71 m; Breite 3,00 m; Höhe 2,64 m

Gewicht: 23 000 kg

Antrieb: ein Iveco-8260 V-6-Dieselmotor mit 388 kW (528 PS)

Höchstgeschwindigkeit: 70 km/h

Reichweite: 500 km

Der Dardo ist ein Schützenpanzer, der mit Kampfpanzern zusammen operieren und einem Infanterietrupp Schutz, schnelle Verlegung und Feuerunterstützung bieten soll. 1999 bestellte die italienische Armee 200 Stück des Dardo als Basisversion mit einem 25-mm-HITFIST-Turm von Oto Melara sowie Fahrzeuge in vier Spezialausführungen: Befehlsstand, Ambulanz, Mörserträger und Panzerabwehr. Der erste Dardo wurde im Mai 2002 ausgeliefert. Mit diesem Fahrzeugtyp verfügt die italienische Armee über ein modernes System. Er ist sehr gut geschützt, da Wanne und Turm aus geschweißtem Aluminium mit gehärteten Stahlplatten bestehen, und mit einem Iveco-Motor und Automatikgetriebe erreicht er mehr als 70 km/h. Hinzu kommt eine hochpräzise TOW-Panzerabwehrwaffe. Die italienische Armee erwägt den erneuten Kauf von mehreren 100 Fahrzeugen, einschließlich Spezialversionen.

Oben: *Der Schützenpanzer Dardo kann sich mittels zweier TOW-Panzerabwehrwaffen, die beiderseits des Turms montiert sind, selbst gegen Panzer verteidigen. Ihre Reichweite beträgt mehr als 3000 m.*

Unten: *Hier ist die große Heckrampe zu sehen, über die die Infanteristen auf- und absitzen. Sie ist motorisiert, kann im Notfall aber auch manuell bedient werden.*

Oben: *Der Serval, hier von vorn zu sehen, kann unter anderem mit einem 40-mm-Granatwerfer bewaffnet werden.*

Panzer für das 21. Jahrhundert

2003 Deutschland

SERVAL

Der Serval ist das modernste Fahrzeug seiner Art und für den Einsatz bei Eliteeinheiten optimiert. Er ist per Helikopter oder Transportflugzeug luftverlastbar.

Nach Vertragsabschluss im März 2002 entwickelte die Rheinmetall Landsysteme GmbH in nur zehn Monaten ein Aufklärungs- und Gefechtsfahrzeug (AGF) für Spezialeinheiten. Der ersten 21 Fahrzeuge wurden im Januar 2003 ausgeliefert. Die kleine Produktionsreihe wurde Mitte des Jahres abgeschlossen. Das Fahrzeug basiert auf dem neuen Wolf G 270 CDI von DaimlerChrysler.

Konstruktionsdetails

Das zulässige Gesamtgewicht beträgt 4500 kg, die Nutzlast 1200 kg. Der Motor leistet 115 kW (156 PS). Ein AGF kann von einem Transporthelikopter CH-53 befördert werden und hat eine Besatzung von vier Mann. Der Serval fährt auch mit zerschossenen Reifen und verfügt über Nebelwerfer hinter der Stoßstange. Die RLS-609-K-Lafette kann für den Lufttransport demontiert werden und ein 12,7-mm-Maschinengewehr oder einen 40-mm-Granatwerfer aufnehmen. Ein 7,62-mm-Maschinengewehr kann vorn oder hinten auf dem Fahrzeug montiert werden. Der Serval wird auch als LIV (SO), Light Infantry Vehicle (Special Operations), bezeichnet.

Technische Daten

Bewaffnung: ein 12,7-mm-MG oder ein 40-mm-Granatwerfer

Panzerung: keine, Minenschutz/ballistischer Schutz nachrüstbar

Besatzung: 4

Maße: Länge 5,64 m; Breite 2,50 m; Höhe 2,30 m

Gewicht: 3300–5200 kg

Antrieb: ein DC-270-CDI-EURO-III mit 115 kW (156 PS)

Höchstgeschwindigkeit: 120 km/h

Reichweite: unbekannt

Unten: *Einer der größten Vorteile des Serval ist seine Kombination aus hoher Geländegängigkeit und niedrigen Betriebskosten.*

Panzer für das 21. Jahrhundert

2006 Südafrika

MANNSCHAFTSTRANSPORTER RG31 NYALA

Der hochmoderne südafrikanische Mannschaftstransporter RG31 Nyala wird bei UN-Einheiten in Krisenregionen auf der ganzen Welt eingesetzt.

Oben: *Der Nyala ist ein beliebtes Einsatzfahrzeug der UN-Friedenstruppen in aller Welt.*

Oben: *Die V-förmige, selbsttragende Stahlkarosserie des Nyala und die große Bodenfreiheit sollen der Besatzung vor der Wucht zweier gleichzeitig detonierender TM-57-Panzerminen Schutz bieten.*

Technische Daten

Bewaffnung: 7,62 x 39 mm AK; 5,56 x 45 mm NATO

Panzerung: Minenschutz: bis 14 kg Sprengstoff unter dem Rad; bis 7 kg unter der Karosserie

Besatzung: 1 plus 9

Maße: Länge 5,46 m; Breite 2,21 m; Höhe 2,50 m

Gewicht: 6800 kg

Antrieb: 6-Zylinder-5,7-Liter-Daimler-OM352A mit 92 kW (125 PS)

Höchstgeschwindigkeit: 100 km/h

Reichweite: 900 km

Der 4x4-Mannschaftstransporter RG31 von BAE Land Systems/OEG ist gut gegen Landminen und Sprengfallen am Straßenrand gesichert, was ihn für Militäreinheiten in terrorgefährdeten Regionen sehr attraktiv macht. Er hat eine Wanne aus geschweißtem Ganzstahl in Monocoque-Bauweise und bietet zehn Mann einschließlich Fahrer Platz.

Einsatzgebiete

Der RG31 steht zurzeit bei der amerikanischen Task Force Pathfinder in Dienst, die mit der 82. Luftlandedivision im Irak ist. Er wird auch vom Kampfmittelräumdienst der amerikanischen Marineinfanterie eingesetzt. Außerdem nutzen ihn die kanadischen Streitkräfte, deren Version eine ferngesteuerte Kongsberg-Protector-M151-Lafette besitzt und mit Nachtsichtausrüstung ausgestattet ist. Damit kann der Schütze aus dem Schutz des Fahrzeugs heraus feuern. Die kanadischen RG31 wurden unter Gefechtsbedingungen in Afghanistan erprobt. Weitere Nyala wurden in großem Maßstab von NATO-Einheiten im ehemaligen Jugoslawien und von UN-Truppen im Libanon, in Georgien, Syrien, Bosnien und Herzegowina und im Kosovo eingesetzt.

Panzer für das 21. Jahrhundert
2007 **Deutschland/Niederlande**

GTK BOXER

Das Gepanzerte Transport-Kraftfahrzeug (GTK) Boxer begann als Gemeinschaftsarbeit von Großbritannien, Deutschland und den Niederlanden, aber die Briten zogen sich 2003 aus dem Projekt zurück.

Technische Daten

Bewaffnung: flexibel dem Einsatzzweck anpassbar
Panzerung: unbekannt
Besatzung: bis zu 11
Maße: Länge 7,93 m; Breite 2,99 m; Höhe 2,37
Gewicht: 25 604 kg
Antrieb: 530 kW (721 PS)
Höchstgeschwindigkeit: 103 km/h
Reichweite: 1050 km

Links: *Der Boxer ist als 8x8-Mannschaftstransporter (im Bild) und als Gefechtsstandfahrzeug geeignet und erlaubt die Entwicklung weiterer Varianten auf der gleichen Fahrzeugbasis.*

Im November 1999 unterzeichneten die Regierungen Großbritanniens und Deutschlands einen Vertrag über die gemeinsame Entwicklung und Produktion einer Familie gepanzerter Transportfahrzeuge der nächsten Generation. Das Programm trug in Großbritannien die Bezeichnung Multi-Role Armoured Vehicle (MRAV) und hieß in Deutschland Gepanzertes Transport-Kraftfahrzeug (GTK). Im Februar 2001 traten die Niederländer dem Projekt per Vertrag bei. Das niederländische Programm hieß Pantser Wiel Voertuig (PWV). Im Dezember 2002 erhielt das Fahrzeug offiziell den Namen Boxer. Das Unternehmen ARTEC GmbH, bestehend aus Krauss-Maffei Wegmann und Rheinmetall Landsysteme aus Deutschland und Stork aus den Niederlanden, erhielt den Auftrag für das Programm. Die Briten zogen sich 2003 aus dem Projekt zurück, aber die beiden übrigen Nationen machten weiter.

Prototypen und Serienmodelle

Der erste Prototyp, ein deutscher Transportpanzer, wurde im Dezember 2002 fertiggestellt und der erste niederländische Prototyp, ein Gefechtsstandfahrzeug, im Oktober 2003 vorgestellt. Deutschland hat 272 Fahrzeuge geordert, die Niederlande 200. Der Boxer wird die Fahrzeuge M113 und Fuchs Tpz 1 der Bundeswehr und die Modelle YPR und M577 der Koninklijke Landmacht ersetzen.

Links: *Im Juli 2003 kündigte das britische Verteidigungsministerium den Rückzug aus dem Boxer-Programm zugunsten des heimischen Future Rapid Effect System (FRES) an, da man ein leichteres und einfacher zu verladendes Fahrzeug suchte.*

REGISTER

Kursive Seitenzahlen beziehen sich auf Bildunterschriften.